CAD/CAM/CAE 工程应用丛书

Autodesk Inventor Professional 2018 中文版从入门到精通
第 2 版

解江坤　康士廷　等编著

机械工业出版社

本书重点介绍了 Autodesk Inventor 2018 中文版的新功能及各种基本操作方法和技巧。全书共 12 章，内容包括 Autodesk Inventor 2018 入门、辅助工具、绘制草图、草图特征、放置特征、钣金设计、曲面造型、部件装配、表达视图、创建工程图、应力分析和运动仿真。在介绍该软件的过程中，本书注重由浅入深、从易到难，各章节既相对独立又前后关联。编者根据自己多年经验及学习者的心理，及时给出总结和相关提示，帮助读者快速掌握所学知识。

本书内容详实、图文并茂、语言简洁、思路清晰、实例丰富，可以作为相关院校的教材，也可作为初学者的自学指导书。

图书在版编目（CIP）数据

Autodesk Inventor Professional 2018 中文版从入门到精通 / 解江坤等编著. —2版. —北京：机械工业出版社，2018.3（2024.1 重印）

（CAD/CAM/CAE 工程应用丛书）

ISBN 978-7-111-59410-9

Ⅰ. ①A… Ⅱ. ①解… Ⅲ. ①机械设计－应用软件－计算机辅助设计－应用软件 Ⅳ. ①TH122

中国版本图书馆 CIP 数据核字（2018）第 050118 号

机械工业出版社（北京市百万庄大街 22 号 邮政编码 100037）
策划编辑：张淑谦 责任校对：张艳霞
责任编辑：张淑谦 责任印制：单爱军
北京虎彩文化传播有限公司印刷
2024 年 1 月第 2 版第 7 次印刷
184mm×260mm · 27 印张 · 661 千字
标准书号：ISBN 978-7-111-59410-9
定价：89.00 元

凡购本书，如有缺页、倒页、脱页，由本社发行部调换

电话服务	网络服务
服务咨询热线：（010）88361066	机 工 官 网：www.cmpbook.com
读者购书热线：（010）68326294	机 工 官 博：weibo.com/cmp1952
（010）88379203	教育服务网：www.cmpedu.com
封面无防伪标均为盗版	金 书 网：www.golden-book.com

前　言

Autodesk Inventor Professional 是美国 Autodesk 公司于 1999 年底推出的三维参数化实体模拟软件。与其他同类产品相比，Inventor 在用户界面设计、三维运算速度和显示着色功能方面有突破性进展。Inventor 建立在 ACIS 三维实体模拟核心之上，摒弃了许多不必要的操作而保留了最常用的基于特征的模拟功能。Inventor 不仅简化了用户界面、缩短了学习周期，而且大大加快了运算及着色速度。这样就缩短了用户设计意图的产生与系统反应时间之间的距离，从而最小限度地影响设计人员的创意和发挥。

本书是一本针对 Autodesk Inventor Professional 2018 的指导书。内容全面、具体，适合不同读者的需求。为了在有限的篇幅内提高知识集中度，编者对所讲述的知识点进行了精心剪裁。通过实例操作驱动知识点讲解，使读者在实例操作过程中牢固掌握软件功能。实例的种类也非常丰富，有知识点讲解的小实例，还有几个知识点或全章知识点的综合实例。各种实例交错讲解，达到巩固理解的目标。

本书重点介绍了 Autodesk Inventor Professional 2018 中文版的新功能及各种基本操作方法和技巧。全书共 12 章，内容包括 Autodesk Inventor 2018 入门、辅助工具、绘制草图、草图特征、放置特征、钣金设计、曲面造型、部件装配、表达视图、创建工程图、应力分析和运动仿真。

本书附赠有多媒体学习资料。资料中包含所有实例的素材源文件，并制作了全程实例动画 AVI 文件。为了增强教学效果，更进一步方便读者的学习，对实例动画进行了配音讲解。读者可以扫描关注封底计算机分社官方微信订阅号"IT 有得聊"，回复 5 位书号获取二维码图片，长按识别二维码即可下载全部资源。

本书主要由解江坤和康士廷两位老师编写。另外，胡仁喜、孙立明、甘勤涛、李亚莉、闫国超、闫聪聪、刘昌丽、杨雪静、张亭、孟培、王正军、李兵、吴秋彦和井晓翠等也在本书的编写、校对方面做了大量工作，保证了书稿内容系统、全面和实用，在此向他们表示感谢！

由于编者水平有限，书中疏漏之处在所难免，不当之处恳请读者批评指正。读者在学习过程中有任何问题，请通过网站（www.sjzswsw.com）或邮箱（win760520@126.com）与编者联系。也欢迎加入三维书屋图书学习交流群（QQ：488722285）交流探讨，编者将在线提供问题咨询解答以及软件安装服务。需要授课 PPT 文件的老师还可以联系编者索取。

编　者

目　　录

第1章　Inventor 2018 入门

 知识导引

本章学习 Inventor 2018 的基本知识，了解 Inventor 中各个工作界面，熟悉如何定制工作界面和系统环境等，为系统学习储备必要的基础知识。

1.1　Inventor 2018 概述

CAD 三维造型技术的发展经历了线框造型、曲面造型、实体造型、参数化造型以及变量化造型几个阶段。

1. 线框造型

最初的线框造型技术，是由点、线集合方法构成的线框式系统，这种方法符合人们的思维习惯，很多复杂的产品往往仅仅用线条勾画出基本轮廓，然后逐步细化。这种造型方式数据存储量小、操作灵活、响应速度快，但是由于线框的形状只能用棱线表示，只能表达基本的几何信息，因此在使用中有很大的局限。图 1-1 所示是利用线框造型做出的模型。

图 1-1　线框模型

2. 曲面造型

20 世纪 70 年代，在飞机和汽车制造行业中需要进行大量的复杂曲面设计，如飞机的机翼和汽车的外形曲面设计，由于当时只能够采用多截面视图和特征纬线的方法来进行近似设计，因此设计出来的产品和设计者最初的构想往往存在很大的差别。法国人在此时提出了贝赛尔算法，人们开始使用计算机来进行曲面的设计，法国的达索公司首先研制了第一个三维曲面造型系统 CATIA，这是 CAD 发展历史上一次重要的革新，自此 CAD 技术有了质的飞跃。

3．实体造型

曲面造型技术只能表达形体的表面信息，要想表达实体的其他物理信息，如质量、重心、惯量矩等，就无能为力了。如果对实体模型进行各种分析和仿真，模型的物理特征是不可缺少的。在这一趋势下，SDRC 公司于 1979 年发布了第一个完全基于实体造型技术的大型 CAD/CAE 软件——I-DESA。实体造型技术完全能够表达实体模型的全部属性，给设计以及模型的分析和仿真打开了方便之门。实体造型技术代表着 CAD 技术发展的方向，它的普及也是 CAD 技术发展史上的一次技术革命。

4．参数化实体造型

线框造型、曲面造型和实体造型技术都属于无约束自由造型技术，进入 20 世纪 80 年代中期，CV 公司内部提出了一种比无约束自由造型更新颖、更好的算法——参数化实体造型方法。从算法上来说，这是一种很好的设想。它的主要特点是：基于特征、全尺寸约束、全数据相关、尺寸驱动设计修改。

（1）基于特征。基于特征是指在参数化造型环境中，零件是由特征组成的，所以参数化造型也可成为基于特征的造型。参数化造型系统可把零件的结构特征十分直观地表达出来，因为零件本身就是特征的集合。图 1-2 所示是用 Autodesk 公司的 Inventor 软件作的零件图，左边是零件的浏览器，显示这个零件的所有特征。浏览器中的特征是按照特征的生成顺序排列的，最先生成的特征排在浏览器的最上面，这样模型的构建过程就一目了然。

（2）全尺寸约束。全尺寸约束是指特征的属性全部通过尺寸来进行定义。例如，在 Autodesk Inventor 软件中进行打孔，需要确定孔的直径和深度；如果孔的底部为锥形，则需要确定锥角的大小；如果是螺纹孔，那么还需要指定螺纹的类型、公称尺寸、螺距等相关参数。如果将特征的所有尺寸都设定完毕，那么特征就可成功生成，并且以后可任意进行修改。

（3）全数据相关。全数据相关是指模型的数据，如尺寸数据等不是独立的，而是具有一定的关系。例如，设计一个长方体，要求其长（length）、

图 1-2　Inventor 中的零件图以及零件模型

宽（width）和高（height）的比例是一定的（如 1:2:3），这样长方体的形状就是一定的，尺寸的变化仅仅意味着其大小的改变。那么在设计的时候，可将其长度设置为 L，将其宽度设置为 2L，高度设置为 3L。这样，如果以后对长方体的尺寸数据进行修改的话，仅仅改变其长度参数就可以了。如果分别设置长方体的 3 个尺寸参数的话，以后在修改设计尺寸的时候，工作量就增加了 3 倍。

（4）尺寸驱动设计修改。尺寸驱动设计修改是指在修改模型特征时，由于特征是尺寸驱动的，所以可针对需要修改的特征，确定需要修改的尺寸或者关联的尺寸。在某些 CAD 软件中，零件图的尺寸和工程图的尺寸是关联的，改变零件图的尺寸，工程图中对应的尺寸会自动修改，一些软件甚至支持从工程图中对零件进行修改，也就是说修改工程图中的某个尺寸，则零件图中对应特征会自动更新为修改过的尺寸。

1.2 Inventor 2018 的安装与卸载

1.2.1 安装 Inventor 的注意事项

（1）使用本地计算机管理员权限安装 Inventor。如果登录的是受限账户，可用鼠标右键单击 Setup.exe 并以管理员身份运行。

（2）在 Windows Vista 上安装时应禁用"用户账户控制"功能，在 Windows 7 上安装时，应关闭"用户账户控制"选项或降低等级为"不要通知"。

（3）确保有足够的硬件支持。对于复杂的模型、复杂的模具部件及大型部件（通常包含1000 多个零件），建议最低内存为 3 GB，同时应该确定有足够的磁盘空间。

（4）在安装 Autodesk Inventor 2018 之前应先更新操作系统，如果没有更新则会自动提示用户更新。安装所有的安全更新后应重启系统。切勿在安装或卸载该软件时更新操作系统。

（5）强烈建议先关闭所有的 Autodesk 应用程序，然后再安装、维护或卸载该软件。

（6）DWG TrueView 是 Inventor 必不可少的组件。卸载 DWG TrueView 可能导致 Inventor 无法正常运行。

（7）安装 Inventor 时应尽量关闭防火墙、杀毒软件。

1.2.2 安装 Autodesk Inventor 2018 的步骤

（1）插入安装光盘，双击"Setup.exe"文件，弹出 Inventor 安装的欢迎界面，在右上角选择语言，如图 1-3 所示。

图 1-3　Inventor 安装的欢迎界面

（2）单击"安装"按钮，进入"许可协议"界面，选中"我接受"选项，如图1-4所示。

图1-4 "许可协议"界面

（3）单击"下一步"按钮进入"Inventor 选择"界面。选择要安装的正确产品，如图 1-5 所示。

图1-5 "Inventor 选择"界面

（4）单击"下一步"按钮，选择要安装的产品并设置安装路径，如图1-6所示。

（5）选择好路径后单击"安装"按钮等待自动安装，最后单击"完成"按钮。

图1-6 选择要安装的产品界面

（6）安装完成后，双击桌面上的"启动"按钮，弹出"我们开始吧"界面，如图1-7所示，单击"输入序列号"按钮，弹出图1-8所示的对话框，单击"输入产品信息"按钮，弹出"Autodesk 许可-激活选项"界面，输入序列号和产品密钥，如图1-9所示，单击"下一步"按钮，完成安装。

图1-7 "我们开始吧"界面

图 1-8 "输入产品信息"对话框

图 1-9 "Autodesk 许可—激活选项"界面

1.2.3 更改或卸载安装

Inventor 提供了 3 种维护方式：卸载、更改和修复。若要进行更改或卸载，方法如下。

（1）关闭所有打开的程序。

（2）选择"开始"→"控制面板"→"程序和功能"命令，选择 Autodesk Inventor Professional 2018，然后单击"卸载/更改"按钮，如图 1-10 所示。

图 1-10 添加或更改程序

（3）在修改完成后需要重新启动系统来启用修改设置。

1.3 Inventor 2018 工作界面

工作界面包括主菜单、快速访问工具栏、功能区、浏览器、导航工具和状态栏，如图 1-11 所示。

图 1-11 Autodesk Inventor 2018 工作界面

1.3.1 应用程序主菜单

单击位于 Inventor 窗口左上角的"文件"按钮，弹出应用程序主菜单，如图 1-12 所示。应用程序菜单具体内容如下。

1. 新建文档

选择"新建"命令即弹出"新建文件"对话框（图 1-13），单击对应的模板即创建基于此模板的文件，也可以单击其扩展子菜单直接选定模板来创建文件。当前模板的单位与安装时选定的单位一致。用户可以通过替换"Template"目录下的模板更改模块设置，也可以将鼠标指针悬于"新建"选项上或者单击其后的 ▶ 按钮，在弹出的列表中直接选择模板，如图 1-13 所示。

当 Inventor 中没有文档打开时，可以在"新建文件"对话框中指定项目文件或者新建项目文件，用于管理当前文件。

2. 打开文档

选择"打开"命令会弹出"打开"对话框。将鼠标指针悬停在"打开"选项上或者单击其后的 ▶ 按钮，会显示"打开""打开 DWG""从资源中心打开""导入 DWG""打开样例"选项。

图 1-12　选择模板

图 1-13　"新建文件"对话框

"打开"对话框与"新建文件"对话框可以互相切换，并可以在无文档的情况下修改当前项目或者新建项目文件。

3. 保存/另存为文档/导出

将激活文档以指定格式保存到指定位置。如果第一次创建，在保存时会打开"另存为"对话框，如图 1-14 所示。"另存为"可用来以不同文件名、默认格式保存。"保存副本"则将激活文档按"保存副本"对话框指定格式另存为新文档，原文档继续保持打开状态。

Inventor 支持多种格式的输出，如 IGES、STEP、SAT、Parasolid 等。

图 1-14　"另存为"对话框

另外，"另存为"选项还集成了一些功能：

（1）以当前文档为原型创建模板，即将文档另存到系统"Templates"文件夹下，或用户自定义模板文件夹下。

（2）利用打包（Pack and Go）工具将 Autodesk Inventor 文件及其引用的所有文件打包到一个位置。所有从选定项目或文件夹引用选定 Autodesk Inventor 文件的文件也可以包含在包中。

4．管理

"管理"选项包括创建或编辑项目文件，查看 iFeature 目录，查找、跟踪和维护当前文档及相关数据，更新旧的文档使之移植到当前版本，更新任务中所有过期的文件等。

5．iProperty

使用"iProperty"选项可以跟踪和管理文件，创建报告以及自动更新部件 BOM 表、工程图明细栏、标题栏和其他信息，如图 1-15 所示。

图 1-15　"iProperty"对话框

6. 设置应用程序选项

单击"选项"按钮会打开"应用程序选项"对话框，如图 1-16 所示。在该对话框中，用户可以对 Inventor 的零件环境、iFeature、部件环境、工程图、文件、颜色、显示等属性进行自定义设置，同时可以将应用程序选项设置导出到 XML 文件中，从而使其便于在各计算机之间使用并易于移植到下一个 Autodesk Inventor 版本。此外，CAD 管理器还可以使用这些设置为所有用户或特定组部署一组用户配置。

7. 预览最近访问的文档

通过"最近使用的文档"列表查看最近使用的文件，如图 1-17 所示。在默认情况下，文件显示在"最近使用的文档"列表中，并且最新使用的文件显示在顶部。

图 1-16 "应用程序选项"对话框

图 1-17 "最近使用的文档"列表

鼠标指针悬停在列表中某个文件名上时，会显示此文件的以下信息。

（1）文件的预览缩略视图。

（2）存储文件的路径。

（3）上次修改文件的日期。

1.3.2 功能区

除了继续支持传统的菜单和工具栏界面之外，Autodesk Inventor 2018 默认采用功能区界面以便用户使用各种命令，如图 1-18 所示。功能区将与当前任务相关的命令按功能组成面板并集中到一个选项卡中。这种用户界面和元素被大多数 Autodesk 产品（如 AutoCAD、Revit、Alias 等）接受，方便 Autodesk 用户向其他 Autodesk 产品移植文档。

图 1-18　功能区

功能区具有以下特点。

（1）直接访问命令：轻松访问常用的命令。研究表明，增加目标命令图标的大小可使用户访问命令的时间锐减（费茨法则）。

（2）发现极少使用的功能：库控件（如"标注"选项卡中用于符号的库控件）可提供图形化显示可创建的扩展选项板。

（3）基于任务的组织方式：功能区的布局及选项卡和面板内的命令组，是根据用户任务和对用户命令使用模式的分析而优化设计的。

（4）Autodesk 产品外观一致：Autodesk 产品家族中的 AutoCAD、Autodesk Design Review、Autodesk Inventor、Revit、3ds Max 等采用风格相似的界面，用户只要熟悉一种产品就可以触类旁通。

（5）上下文选项卡：使用唯一的颜色标识专用于当前工作环境的选项卡，方便用户进行选择。

（6）应用程序的无缝环境：目的或任务催生了 Autodesk Inventor 内的虚拟环境。这些虚拟环境帮助用户了解环境目的及如何访问可用工具，并提供反馈来强化操作。每个环境的组件在放置和组织方面都是一致的，包括用于进入和退出的访问点。

（7）更少的可展开菜单和下拉菜单：减少了可展开菜单和下拉菜单中的命令数，以此减少鼠标单击次数。用户还可以选择向展开菜单中添加命令。

（8）扩展型工具提示：Autodesk Inventor 功能区中的许多命令都具有增强（扩展）的工具提示，最初显示命令的名称及对命令的简短描述，如果继续悬停鼠标指针，则工具提示会展开提供更多信息。此时按住〈F1〉键可调用对应的帮助信息，如图 1-19 所示。

图 1-19　扩展型工具提示

Inventor 具有多个功能模块，例如：二维草图模块、特征模块、部件模块、工程图模块、表达视图模块和应力分析模块等，每一个模块都拥有自己独特的菜单栏、功能区和浏览器，并且由这些菜单、功能区和浏览器组成了自己独特的工作环境。用户最常接触的 6 种工作环境包括：草图环境、零件（模型）环境、钣金模型环境、部件（装配）环境、工程图环境和表达视图环境，后面章节将进行详细介绍。

1.3.3 快速工具

快速访问工具栏默认位于功能区上，是可以在所有环境中进行访问的自定义命令组，如图 1-20 所示。

图 1-20　快速访问工具栏

在功能区中的命令上单击鼠标右键，在弹出的快捷菜单中选择"添加到快速访问工具栏"命令，可将该命令添加到快速访问工具栏中，如图 1-21 所示。若要删除则只需在"快速访问工具栏"上用鼠标右键单击该命令，在弹出的快捷菜单中选择"从快速访问工具栏中删除"命令即可，如图 1-22 所示。

图 1-21　添加命令到快速访问工具栏　　　　图 1-22　从快速访问工具栏中删除命令

快速访问工具栏选项主要包括新建、打开、保存、撤销、恢复、返回、更新、选择优先设置、颜色替代等，如图 1-20 所示。

（1）新建：新建模板文件环境，如零件、装配、工程图、表达视图等。

（2）打开：打开并使用现有的一个或多个文件；在同时打开多个文件时可以按住〈Shift〉键按顺序选择多个文件，也可以按住〈Ctrl〉键不按顺序选择多个文件。

（3）保存：将激活的文档内容保存到窗口标题中指定的文件中，并且文件保持打开状态。另外还有以下 3 种保存方式。

- 另存为：将激活的文档内容保存到"另存为"对话框中指定的文件中。原始文档关闭，新保存的文档打开，原始文件的内容保持不变。
- 保存副本为：将激活的文档内容保存到"保存副本为"对话框中指定的文件中，并且原始文件保持打开状态。

- 保存副本为模板：直接将文件作为模板文件进行保存。

（4）撤销：撤销上一个功能命令。

（5）恢复：取消最近一次撤销操作。

（6）返回：有以下3个级别的操作。

- 返回：返回到上一个编辑状态。
- 返回到父级：返回到浏览器中的父零部件。
- 返回到顶级：返回到浏览器中的顶端模型，而不考虑编辑目标在浏览器装配层次中的嵌套深度。

（7）更新：获取最新的零件特性。

- 本地更新：仅重新生成激活的零件或子部件及其从属子项。
- 全局更新：所有零部件（包括顶级部件）都将更新。

（8）外观替代：可以改变零件表面的颜色。

1.3.4 导航工具

1. ViewCube

ViewCube 是一种屏幕上的设备，与"常用视图"工具类似。在 Inventor R2009 及更高版本中，ViewCube 替代了"常用视图"工具，由于其简单易用，已经成为 Autodesk 产品家庭中，如 AutoCAD、Alias、Revit 等 CAD 软件必备的"装备"之一。ViewCube 如图 1-23 所示。

图 1-23 ViewCube

与"常用视图"工具类似，单击 ViewCube 的角可以将模型捕捉到等轴测视图，而单击面可以将模型捕捉到平行视图。ViewCube 具有以下附加特征。

- 始终位于屏幕上的图形窗口的一角（可通过"ViewCube"选项指定显式屏幕位置）。
- 在 ViewCube 上拖动鼠标可旋转当前三维模型，方便用户动态观察模型。
- 提供一些有标记的面，可以指示当前相对于模型世界的观察角度。
- 提供了可单击的角、边和面。
- 提供了"主视图"按钮，以返回至用户定义的基础视图。
- 能够将"前视图"和"俯视图"设定为用户定义的视图，而且也可以重定义其他平行视图及等轴测视图。重新定义的视图可以被其他环境或应用程序（如工程图或 DWF）识别。
- 在平行视图中，提供了旋转箭头，使用户能够以 90° 为增量，垂直于屏幕旋转照相机。
- 提供了使用户能够根据自己的配置调整立方体特征的选项。

2. SteeringWheels

SteeringWheels 也是一种便捷的动态观察工具，以屏幕托盘的形式表现出来，它包含常见的导航控件及不常用的控件。当 SteeringWheels 被激活后，它会一直跟随鼠标指针，无需将鼠标指针移动到功能区的图标上便可立即使用该托盘上的工具。像 ViewCube 一样，用户可以通过"视图"选项卡的"导航"组中的下拉菜单打开和关闭 SteeringWheels，而且 SteeringWheels 包含根据个人喜好调整工具的选项。与 ViewCube 不同，SteeringWheels 默认处于关闭状态，需在功能区"视图"选项卡的"导航"组中选择"全导航控制盘"命令来激活它。

根据查看对象不同，SteeringWheels 分为 3 种表现形式：全导航控制盘、查看对象控制盘和巡视建筑控制盘，SteeringWheels 的界面见表 1-1。在默认情况下，将显示 SteeringWheels 的完整版本，但是用户可以指定 SteeringWheels 的其他完整尺寸版本和每个控制盘的小版本。若要尝试这些版本，可在 SteeringWheels 工具上单击鼠标右键，然后从弹出的快捷菜单中选择一个版本。例如，选择"查看对象控制盘（小）"，可以查看完整 SteeringWheels 的小版本。

表 1-1　SteeringWheels 的界面

类　　型	全导航控制盘	查看对象控制盘	巡视建筑控制盘
大托盘			
小控制盘	 平移	 平移	 向上/向下

SteeringWheels 提供了以下功能。

- 缩放：用于更改照相机到模型的距离，缩放方向可以与鼠标运动方向相反。
- 动态观察：围绕轴心点更改照相机位置。
- 平移：在屏幕内平移照相机。
- 中心：重定义动态观察中心点。

此外，SteeringWheels 还添加了一些 Autodesk Inventor 以前所没有的控件，或功能上显著变化和改进的控件。

- 漫游：在透视模式下能够浏览模型，很像在建筑中的走廊中穿行。
- 环视：在透视模式下能够更改观察角度而无需更改照相机的位置，如同围绕某一个固定点向任意方向转动照相机一般。
- 向上/向下：能够向上或向下平移照相机，定义的方向垂直于 ViewCube 的顶面。
- 回放：能够通过一系列缩略图以图形方式快速选择前面的任意视图或透视模式。

3．其他观察工具

- 平移：沿着与屏幕平行的任意方向移动图形窗口视图。当"平移"图标激活时，在用户图形区域会显示手掌平移光标。将光标置于起始位置，然后单击并拖动鼠标，可将用户界面的内容拖动到光标所在的新位置。
- 缩放：使用此命令可以实时缩放零件部件。
- 缩放窗口：光标变为十字形，用来定义视图边框，在边框内的元素将充满图形窗口。
- 全部缩放：激活"全部缩放"命令会使所有可见对象（零件、部件或图样等）显示在图形区域内。
- 缩放选定实体：在零件或部件中，缩放所选的边、特征、线或其他元素以充满图形窗口。该命令不能在工程图中使用。
- 受约束的动态观察：在模型空间中围绕轴旋转模型，即相当于在纬度和经度上围绕模型移动视线。

- 主视图：将前视图重置为默认设置。当在部件文件的"上下文"选项卡中编辑零件时，在顶级部件文件中定义的前视图将作为主导前视图。
- 观察方向：在零件或部件中，缩放并旋转模型使所选元素与屏幕保持平行，或使所选的边或线相对于屏幕保持水平。该命令不能在工程图中使用。
- 上一个：当前视图采用上一个视图的方向和缩放值。在默认情况下，"上一个"命令位于"视图"选项卡的"导航"组中，可以单击导航栏右下角的下拉按钮，在弹出的"自定义"菜单中选择"上一视图"命令，将该命令添加到导航栏中。用户可以在零件、部件和工程图中使用"上一视图"命令。
- 下一个：使用"上一个"后恢复到下一个视图。在默认情况下，"下一个"命令位于"视图"选项卡的"导航"组中，可以单击导航栏右下角的下拉按钮，在弹出的"自定义"菜单中选择"下一个"命令，将该命令添加到导航栏中。可以在零件、部件和工程图中使用"下一个"命令。

1.3.5　浏览器

浏览器显示了零件、部件和工程图的装配层次。对每个工作环境而言，浏览器都是唯一的，并总是显示激活文件的信息。

1.3.6　状态栏

状态栏位于 Inventor 窗口底端的水平区域，提供关于当前正在窗口中编辑的内容状态以及草图状态等信息内容。

1.3.7　绘图区

绘图区是指在标题栏下方的大片空白区域。绘图区域是用户建立图形的区域，用户完成一幅设计图形的主要工作都是在绘图区域中操作的。

1.4　常用工具

1.4.1　鼠标的使用

鼠标是计算机外围设备中十分重要的硬件之一，用户与 Inventor 进行交互操作时几乎80%的操作需要利用鼠标。如何使用鼠标直接影响到产品设计的效率。使用三键鼠标可以完成各种功能，包括选择和编辑对象、移动视角、单击鼠标右键打开快捷菜单、按住鼠标滑动快捷功能、旋转视角和物体缩放等。具体的使用方法如下。

（1）单击鼠标左键（MB1）用于选择对象，双击用于编辑对象。例如，单击某一特征会弹出对应的特征对话框，可以进行参数再编辑。

（2）单击鼠标右键（MB3）用于弹出选择对象的快捷菜单。

（3）按下滚轮（MB2）来平移用户界面内的三维数据模型。

（4）按下〈F4〉键的同时按住鼠标左键并拖动则可以动态观察当前视图。鼠标放置轴心指示器的位置不同，其效果也不同，如图 1-24 所示。

（5）滚动鼠标中键（MB2）用于缩放当前视图（单击"工具"选项卡"选项"面板中的"应用程序选项"按钮，打开"应用程序选项"对话框，在"显示"选项卡中可以修改鼠标的缩放方向）。

1.4.2 全屏显示模式

单击"视图"选项卡"窗口"面板中的"全屏显示"按钮，可以进入全屏显示模式。该模式可最大化应用程序并隐藏图形窗口中的所有用户界面元素。功能区在自动隐藏模式下处于收拢状态。全屏显示非常适用于设计检查和演示。

图 1-24 动态观察

1.4.3 快捷键

与仅通过菜单选项或单击鼠标键来使用工具相比，一些设计师更喜欢使用快捷键，从而提高效率。通常，可以为透明命令（如缩放、平移）和文件实用程序功能（如打印等）指定自定义快捷键。Autodesk Inventor 中预定义的快捷键见表 1-2。

表 1-2 Inventor 预定义的快捷键

快 捷 键	命令/操作	快 捷 键	命令/操作
〈Tab〉	降级	〈Shift+Tab〉	升级
〈F1〉	帮助	〈F4〉	旋转
〈F6〉	等轴测视图	〈F10〉	草图可见性
〈Alt+8〉	宏	〈F7〉	切片观察
〈Shift+F5〉	下一页	〈Alt+F11〉	Visual Basic 编辑器
〈F2〉	平移	〈F3〉	缩放
〈F5〉	上一视图	〈Shift+F3〉	窗口缩放
〈F8/F9〉	显示/关闭约束		

将鼠标指针移至工具按钮上或命令中的选项名称旁时，提示中就会显示快捷键，也可以创建自定义快捷键。另外，Autodesk Inventor 有很多预定义的快捷键。

用户无法重新指定预定义的快捷键，但可以创建自定义快捷键或修改其他的默认快捷键。具体操作步骤：单击"工具"选项卡"选项"面板中的"自定义"按钮，在弹出的"自定义"对话框中选择"键盘"选项卡，可开发自己的快捷键方案及命令自定义快捷键，如图 1-25 所示。当要用于快捷键的组合键已指定给默认的快捷键时，用户通常可删除原来的快捷键并重新指定用户选择的命令。

除此之外，Inventor 可以通过〈Alt〉键或〈F10〉键快速调用命令。当按下这两个键时，命令的快捷键会自动显示出来，如图 1-26 所示，用户只需依次使用对应的快捷键即可执行对应的命令，无需操作鼠标。

图 1-25 "自定义"对话框

图 1-26 快捷键

1.4.4 直接操纵

直接操纵是一种新的用户操作方式，它使用户可以直接参与模型交互及修改模型，同时还可以实时查看更改。生成的交互是动态的、可视的，而且是可预测的。用户可以将注意力集中到图形区域内显示的几何图元上，而无需关注与功能区、浏览器和对话框等用户界面要素的交互。

图形区域内显示的是一种用户界面，悬浮在图形窗口上，用于支持直接操纵，如图 1-27 所示。它通常包含小工具栏（含命令选项）、操纵器、值输入框和选择标记。小工具栏使用户可以与三维模型进行直接的、可预测的交互。"确定"和"取消"按钮位于图形区域的底部，用于确认或取消操作。

- 操纵器：它是图形区域中的交互对象，使用户可以轻松地操纵对象，以执行各种造型和编辑任务。

图 1-27 图形区域

- 小工具栏：其上显示图形区域中的按钮，可以用来快速选择常用的命令。它们位于非常接近图形窗口中的选定对象的位置。弹出型按钮会在适当的位置显示命令选项。小工具栏的描述更加全面、简单。特征也有了更多的功能，拥有小工具栏的命令有："拉伸""旋转""倒角""圆角""打孔"等。小工具栏还可以固定位置或者隐藏。
- 选择标记：是一些标签，显示在图形区域内，提示用户选择截面轮廓、面和轴，以创建和编辑特征。
- 值输入框：用于为造型和编辑操作输入数值。该框位于图形区域内的小工具栏上方。
- 标记菜单：在图形窗口中单击鼠标右键会弹出快捷菜单，它可以方便用户建模的操作。如果用户按住鼠标右键向不同的方向滑动会出现相应的快捷键，出现的快捷键与右键快捷菜单相关。

1.4.5 信息中心

信息中心是 Autodesk 产品独有的界面，它便于搜索信息、显示关注的网址，帮助用户实时获得网络支持和服务等功能，如图 1-28 所示。信息中心可以实现以下功能。

（1）通过关键字（或输入短语）来搜索信息。

（2）通过"Subscription Center"访问 Subscription 服务。

（3）通过"通信中心"访问产品相关的更新和通告。

（4）通过"收藏夹"访问保存的主题。

（5）访问"帮助"中的主题。

图 1-28　信息中心

1.5　工作界面定制与系统环境设置

在 Inventor 中，需要用户自己设定的环境参数很多，工作界面也可由用户自己定制，这样使得用户可根据自己的实际需求对工作环境进行调节，一个方便高效的工作环境不仅使得用户有良好的感觉，还可大大提高工作效率。本节着重介绍一下如何定制工作界面，如何设置系统环境。

1.5.1 文档设置

在 Inventor 中，用户可通过"文档设置"对话框来改变度量单位、捕捉间距等。

单击"工具"选项卡"选项"面板上的"文档设置"按钮，打开图 1-29 所示的"文档设置"对话框。

图1-29 零件环境中的"文档设置"对话框

- "标准"选项卡：设置当前文档的激活标准。
- "单位"选项卡：设置零件或部件文件的度量单位。
- "草图"选项卡：设置零件或工程图的捕捉间距、网格间距和其他草图设置。
- "造型"选项卡：为激活的零件文件设置自适应或三维捕捉间距。
- "BOM 表"选项卡：为所选零部件指定 BOM 表设置。
- "默认公差"选项卡：可设定标准输出公差值。

1.5.2 系统环境常规设置

单击"工具"选项卡"选项"面板上的"应用程序选项"按钮，打开"应用程序选项"对话框，在对话框中选择"常规"选项卡，如图1-30所示。系统环境的常规设置如下。

1. 启动

用来设置默认的启动方式。在此选项组中可设置是否"启动操作"，还可以设置启动后默认操作方式，包含 3 种默认操作方式："打开文件"对话框、"新建文件"对话框和从模板新建。

2. 提示交互

控制工具栏提示外观和自动完成的行为。

- 显示命令提示（动态提示）：选中此复选框后，将在光标附近的工具栏提示中显示命令提示。
- 显示命令别名输入对话框：选中此复选框后，输入不明确或不完整的命令时将显示"自动完成"列表框。

图 1-30 "应用程序选项"对话框

3. 工具提示外观

● 显示工具提示：控制在功能区中的命令上方悬停光标时工具提示的显示，可以通过选择"显示工具提示"复选框来禁用工具提示的显示。在复选框的下拉列表框中可设置"延迟的秒数"。

● 显示第二级工具提示：控制功能区中第二级工具提示的显示。

● 显示文档选项卡工具提示：控制光标悬停时工具提示的显示。

4. 用户名

设置 Autodesk Inventor 2018 的用户名称。

5. 文本外观

设置对话框、浏览器和标题栏中的文本字体及大小。

6. 允许创建旧的项目类型

选中此复选框后，Autodesk Inventor 将允许创建共享和半隔离项目类型。

7. 物理特性

选择保存时是否更新物理特性以及更新物理特性的对象是零件还是零部件。

8．撤销文件大小

可通过设置"撤销文件大小"下拉列表框中的值来设置撤销文件的大小，即用来跟踪模型或工程图改变临时文件的大小，以便撤销所做的操作。当制作大型或复杂模型和工程图时，可能需要增加该文件的大小，以便提供足够的撤销操作容量，文件大小以 MB 为单位输入大小。

9．标注比例

可以通过设置"标注比例"下拉列表框中的值来设置图形窗口中非模型元素（如尺寸文本、尺寸上的箭头、自由度符号等）的大小，可将比例从 0.2 调整为 5.0，默认值为 1.0。

10．选择

设置对象选择条件。选中"启用优化选择"复选框后，"选择其他"算法选项最初仅对最靠近屏幕的对象划分等级。

1.5.3　用户界面颜色设置

单击"工具"选项卡"选项"面板上的"应用程序选项"按钮，打开"应用程序选项"对话框，在对话框中选择"颜色"选项卡，如图 1-31 所示。系统环境的用户界面颜色设置如下。

1．设计

单击此按钮，设置零部件设计环境下的背景色。

2．绘图

单击此按钮，设置工程图环境下的背景色。

3．颜色方案

Inventor 提供了 9 种配色方案，当选择某一种方案的时候，上面的预览窗口会显示该方案的预览图。

1．背景

- "背景"列表框：选择每一种方案的背景色是单色还是梯度图像，或以图像作为背景。如果选择单色则将纯色应用于背景，选择梯度则将饱和度梯度应用于背景颜色，选择背景图像的话则在图形窗口背景中显示位图。
- 文件名：用来选择存储在硬盘或网络上作为背景图像的图片文件。为避免图像失真，图像应具有与图形窗口相同的大小（比例以及宽高比），如果与图形窗口大小不匹配，图像将被拉伸或裁剪。

2．亮显

设定对象选择行为。

- 启用预亮显：选中此复选框，当光标在对象上移动时，将显示预亮显。
- 启用增强亮显：允许预亮显或亮显的子部件透过其他零部件显示。

3．颜色主题

控制功能区中应用程序框和图标的颜色。

- 应用程序框：控制应用程序框的颜色。应用程序框为环绕功能区的区域。
- 图标：控制功能区中的图标颜色主题是深蓝色或是琥珀色，默认是深蓝色。

图 1-31　"颜色"选项卡

1.5.4　显示设置

单击"工具"选项卡"选项"面板上的"应用程序选项"按钮，打开"应用程序选项"对话框，在对话框中选择"显示"选项卡，如图 1-32 所示。模型的线框显示方式，渲染显示方式以及显示质量的设置介绍如下。

1．外观

● 使用文档设置：选择此选项，指定当打开文档或文档上的其他窗口（又称视图）时使用文档显示设置。

● 使用应用程序设置：选择此选项，指定当打开文档或文档上的其他窗口（又称视图）时使用应用程序选项显示设置。

2．未激活的零部件外观

可适用于所有未激活的零部件，无论零部件是否已启用，这样的零部件又称为后台零部件。

● 着色：选中此复选框，指定未激活的零部件面显示为着色。

● 不透明度：若选择"着色"选项，可以设定着色的不透明度。

● 显示边：设定未激活的零部件的边显示。选中该选项后，未激活的模型将基于模型边的应用程序或文档外观设置显示边。

图 1-32 "显示"选项卡

3．显示质量

通过此下拉列表设置模型显示分辨率。

4．显示基准三维指示器

在三维视图中，在图形窗口的左下角显示 XYZ 轴指示器。选中该复选框可显示轴指示器，清除该复选框选择可关闭此项功能。红箭头表示 X 轴，绿箭头表示 Y 轴，蓝箭头表示 Z 轴。在部件中，指示器显示顶级部件的方向，而不是正在编辑的零部件的方向。

5．显示原始坐标系 XYZ 轴标签

关闭和开启各个三维轴指示器方向箭头上的"XYZ"标签的显示，默认情况下为打开状态，选中"显示基准三维指示器"时可用。注意在"编辑坐标系"命令的草图网格中心显示的 XYZ 指示器中，标签始终为打开状态。

6."观察方向"行为

● 执行最小旋转：旋转最小角度，以使草图与屏幕平行，且草图坐标系的 X 轴保持水平或垂直。

● 与局部坐标系对齐：将草图坐标系的 X 轴调整为水平方向且正向朝右，将 Y 轴调整为垂直方向且正向朝上。

第2章 辅助工具

知识导引

本章学习 Inventor 2018 的一些辅助工具，包括定位特征、模型的显示、零件的特征以及设置模型的物理特征。

2.1 定位特征

在 Inventor 中，定位特征是指可作为参考特征投影到草图中并用来构建新特征的平面、轴或点。定位特征的作用是在几何图元不足以创建和定位新特征时，为特征创建提供必要的约束，以便完成特征的创建。定位特征抽象地构造几何图元，本身是不可用来进行造型的。

一般情况下，零件环境和部件环境中的定位特征是相同的，但以下情况除外。

（1）中点在部件中时不可选择点。

（2）三维移动/旋转工具在部件文件中不可用于工作点上。

（3）内嵌定位特征在部件中不可用。

（4）不能使用投影几何图元，因为控制定位特征位置的装配约束不可用。

（5）零件定位特征依赖于用来创建它们的特征。

（6）在浏览器中，这些特征被嵌套在关联特征下面。

（7）部件定位特征从属于创建它们时所用部件中的零部件。

（8）在浏览器中，部件定位特征被列在装配层次的底部。

（9）当用另一个部件来定位定位特征以便创建零件时，自动创建装配约束。在需要选择装配定位特征时，设置选择特征的选择优先级。

上文提到内嵌定位特征，略作解释。在零件中使用定位特征工具时，如果某一点、线或平面是所希望的输入，可创建内嵌定位特征。内嵌定位特征用于帮助创建其他定位特征。在浏览器中，它们显示为父定位特征的子定位特征。例如，用户可在两个工作点之间创建工作轴，而在启动工作轴工具前这两个点并不存在。当工作轴工具激活时，可动态创建工作点。定位特征包括工作平面、工作轴和工作点，下面分别讲述。

2.1.1 工作点

工作点是参数化的构造点，可放置在零件几何图元、构造几何图元或三维空间中的任意位置。工作点的作用是用来标记轴和阵列中心、定义坐标系、定义平面（三点）和定义三维路径。工作点在零件环境和部件环境中都可使用。

单击"三维模型"选项卡"定位特征"面板上的"工作点"按钮 ◈ 点 ▾ 后边的黑色三

角，弹出图 2-1 所示的创建工作点的方式菜单。下面介绍各种创建工作点的方式。

- ◈点：选择合适的模型顶点、边和轴的交点、3 个非平行面或平面的交点来创建工作点。
- ✐固定点：单击某个工作点、中点或顶点创建固定点。例如，在视图中选择图 2-2 所示的边线中点，弹出小工具栏，可以在对话框中重新定义点的位置，单击"确定"按钮，在浏览器中显示图钉光标符号，如图 2-3 所示。

图 2-1 创建工作点方式菜单

图 2-2 定位工作点

- ▱在顶点、草图点或中点上：选择二维或三维草图点、顶点、线或线性边的端点或中点创建工作点。图 2-4 所示是在模型顶点上创建工作点。

图 2-3 创建固定点

图 2-4 在顶点处创建工作点

- ▱平面/曲面和线的交集：选择平面（或工作平面）和工作轴（或直线）。或者，选择曲面和草图线、直边或工作轴，在交集处创建工作点。图 2-5 所示是在一条边与工作平面的交集处创建工作点。
- ▱边回路的中心点：选择封闭回路的一条边，在中心处创建工作点，如图 2-6 所示。
- ◿三个平面的交集：选择 3 个工作平面或平面，在交集处创建工作点，如图 2-7 所示。

图 2-5　在一条边与工作平面的交集处创建工作点

图 2-6　回路中心创建工作点

● ⊕圆环体的圆心：选择圆环体，在圆环体的圆心处创建工作点，如图 2-8 所示。

图 2-7　三个平面交集创建工作点

图 2-8　圆环体中心创建工作点

● ⬚两条线的交集：在两条线相交处创建工作点。这两条线可以是线性边、二维或三维草图线或工作轴的组合，如图 2-9 所示。
● ⬤球体的球心：选择球体，在球体的球心处创建工作点，如图 2-10 所示。

图 2-9　在两条线的交集处创建点

图 2-10　在球体的球心创建点

2.1.2　工作轴

　　工作轴是参数化附着在零件上的无限长的构造线，在三维零件设计中，常用来辅助创建工作平面，辅助草图中的几何图元的定位，创建特征和部件时用来标记对称的直线、中心线或两个旋转特征轴之间的距离，作为零部件装配的基准，创建三维扫掠时作为扫掠路径的参考等。

单击"三维模型"选项卡"定位特征"面板上的"工作轴"按钮 轴 ·，弹出图 2-11 所示的创建工作轴的方式菜单。下面介绍各种创建工作轴的方式。

- 在线或边上：选择一个线性边、草图直线或三维草图直线，沿所选的几何图元创建工作轴，如图 2-12 所示。
- 通过两点：选择两个有效点，创建通过它们的工作轴，如图 2-13 所示。

图 2-11 工作轴创建方式菜单　　图 2-12 在边上创建工作轴　　图 2-13 通过两点创建工作轴

- 两个平面的交集：选择两个非平行平面，在其相交位置创建工作轴，如图 2-14 所示。
- 垂直于平面且通过点：选择一个工作点和一个平面（或面），创建与平面（或面）垂直并通过该工作点的工作轴，如图 2-15 所示。

图 2-14 通过两个平面创建工作轴　　　　　图 2-15 通过平面和点创建工作轴

- 通过圆形或椭圆形边的中心：选择圆形或椭圆形边，也可以选择圆角边，创建与圆形、椭圆形或圆角的轴重合的工作轴，如图 2-16 所示。
- 通过旋转面或特征：选择一个旋转特征如圆柱体，沿其旋转轴创建工作轴，如图 2-17 所示。

图 2-16　选择圆形边创建工作轴

图 2-17　通过旋转特征或面创建工作轴

2.1.3 工作平面

在零件中，工作平面是一个无限大的构造平面，该平面被参数化附着于某个特征；在部件中，工作平面与现有的零部件互相约束。工作平面的作用很多，可用来构造轴、草图平面或中止平面，作为尺寸定位的基准面，作为另外工作平面的参考面，作为零件分割的分割面以及作为定位剖视观察位置或剖切平面等。

单击"三维模型"选项卡"定位特征"面板上的"工作平面"按钮，弹出图 2-18 所示的创建工作平面方式菜单。下面介绍各种创建工作平面的方式。

● 从平面偏移：选择一个平面，创建与此平面平行同时偏移一定距离的工作平面，如图 2-19 所示。

图 2-18　创建工作平面方式菜单

图 2-19　从平面偏移创建工作平面

● 平行于平面且通过点：选择一个点和一个平面，创建过该点且与平面平行的工作平面，如图 2-20 所示。

- 两个平面之间的中间面：在视图中选择两个平行平面或工作面，创建一个采用第一个选定平面的坐标系方向并具有与第二个选定平面相同外法向的工作平面，如图 2-21 所示。

图 2-20　平行于平面且通过点创建工作平面　　　　图 2-21　在两个平行平面之间创建工作平面

- 圆环体的中间面：选择一个圆环体，创建一个通过圆环体中心或中间面的工作平面，如图 2-22 所示。
- 平面绕边旋转的角度：选择一个平面和平行于该平面的一条边，创建一个与该平面成一定角度的工作平面，如图 2-23 所示。

图 2-22　圆环体中间面创建工作平面　　　　图 2-23　平面绕边旋转角度创建工作平面

- 三点：选择不共线的 3 点，创建一个通过这 3 个点的工作平面，如图 2-24 所示。
- 两条共面边：选择两条平行的边，创建过两条边的工作平面，如图 2-25 所示。

图 2-24　三点创建工作平面　　　　图 2-25　两条共面边创建工作平面

- 与曲面相切且通过边：选择一个圆柱面和一条边，创建一个过这条边并且和圆柱面相切的工作平面，如图 2-26 所示。
- 与曲面相切且通过点：选择一个圆柱面和一个点，则创建在该点处与圆柱面相切的工作平面，如图 2-27 所示。

图 2-26　与曲面相切且通过边创建工作平面　　　　图 2-27　与曲面相切且通过点创建工作平面

- 与曲面相切且平行于平面：选择一个曲面和一个平面，创建一个与曲面相切并且与平面平行的曲面，如图 2-28 所示。
- 与轴垂直且通过点：选择一个点和一条轴，创建一个过点并且与轴垂直的工作平面，如图 2-29 所示。

图 2-28　与曲面相切且平行于平面创建工作平面　　　图 2-29　与轴垂直且通过点创建工作平面

- 在指定点处与曲线垂直：选择一条非线性边或草图曲线（圆弧、圆、椭圆或样条曲线）和曲线上的顶点、边的中点、草图点或工作点创建平面，如图 2-30 所示。

在零件或部件造型环境中，工作平面表现为透明的平面。工作平面创建以后，在浏览器中可看到相应的符号，如图 2-31 所示。

图 2-30　在指定点处与曲线垂直创建工作点　　　　　　图 2-31　浏览器

2.1.4 显示与编辑定位特征

定位特征创建以后，在左侧的浏览器中会显示出定位特征的符号，如图 2-32 所示，在该符号上单击右键，弹出的快捷菜单如图 2-33 所示。定位特征的显示与编辑操作主要通过右键快捷菜单中提供的选项进行。下面以工作平面为例，说明如何显示和编辑工作平面。

1. 显示工作平面

当新建了一个定位特征（如工作平面）后，这个特征是可见的。但是如果在绘图区域内建立了很多工作平面或工作轴等，而使得绘图区域杂乱或不想显示这些辅助的定位特征时，可将其隐藏。如果要设置一个工作平面为不可见，只要在浏览器中右键单击该工作平面符号，在右键快捷菜单中去掉"可见性"选项前面的勾号即可，这时浏览器中的工作平面符号变成灰色。如果要重新显示该工作平面，选中"可见性"选项即可，如图 2-33 所示。

图 2-32　浏览器中的工作平面符号　　　　　　图 2-33　快捷菜单

2. 编辑工作平面

如果要改变工作平面的定义尺寸，可在快捷菜单中选择"编辑尺寸"选项，打开"编辑尺寸"对话框，输入新的尺寸数值然后单击 ✓ 按钮确认。

如果现有的工作平面不符合设计的需求，则需要进行重新定义。选择右键快捷菜单中的"重定义特征"选项即可。这时已有的工作平面将会消失，可重新选择几何要素以建立新的工作平面。如果要删除一个工作平面，可选择右键快捷菜单中的"删除"选项，则工作平面即被删除。对于其他的定位特征如工作轴和工作点，可进行的显示和编辑操作与对工作平面进行的操作类似。

2.2 模型的显示

模型的图形显示可以视为模型上的一个视图，还可以视为一个场景。视图外观将会根据应用于视图的设置而变化。起作用的元素包括视觉样式、地平面、地面反射、阴影、光源和相机投影。

2.2.1 视觉样式

图2-34 "视觉样式"菜单

在 Inventor 中提供了多种视觉样式：着色显示、隐藏边显示和线框显示等。打开功能区中"视图"选项卡，单击"外观"面板中的"视觉样式"下拉按钮，打开"视觉样式"菜单，如图 2-34 所示，选择一种视觉样式。

- 真实：显示高质量着色的逼真带纹理模型，如图 2-35 所示。
- 着色：显示平滑着色模型，如图 2-36 所示。
- 带边着色：显示带可见边的平滑着色模型，如图 2-37 所示。
- 带隐藏边着色：显示带隐藏边的平滑着色模型，如图 2-38 所示。

图2-35 真实

图2-36 着色

图2-37 带边着色

图2-38 带隐藏边着色

- 线框：显示用直线和曲线表示边界的对象，如图 2-39 所示。

● 带隐藏边的线框：显示用线框表示的对象并用虚线表示后向面不可见的边线，如图 2-40 所示。

图 2-39　线框　　　　　　　　　　　　　图 2-40　带隐藏边的线框

● 仅带可见边的线框：显示用线框表示的对象并隐藏表示后向面的直线，如图 2-41 所示。
● 灰度：使用简化的单色着色模式产生灰色效果，如图 2-42 所示。

图 2-41　仅带可见边的线框　　　　　　　　图 2-42　灰度

● 水彩色：手绘水彩色的外观显示模式，如图 2-43 所示。
● 草绘插图：手绘外观显示模式，如图 2-44 所示。
● 技术插图：着色工程图外观显示模式，如图 2-45 所示。

图 2-43　水彩色　　　　　　图 2-44　草绘插图　　　　　　图 2-45　技术插图

2.2.2 观察模式

1. 平行模式

在平行模式下，模型以所有的点都沿着平行线投影到它们所在的屏幕上的位置来显示，也就是所有等长平行边以等长度显示。在此模式下三维模型平行显示，如图 2-46 所示。

2. 透视模式

在透视模式下，三维模型的显示类似于现实世界中观察到的实体形状。模型中的点线面以三点透视的方式显示，这也是人眼感知真实对象的方式，如图 2-47 所示。

图 2-46　平行模式

图 2-47　透视模式

2.2.3 阴影模式

阴影模式增强了零部件的立体感，使得零部件看起来更加真实，同时阴影模式还显示出光源的设置效果。

单击"视图"选项卡"外观"面板中的"阴影"下拉按钮，如图 2-48 所示。

● 地面阴影：将模型阴影投射到地平面上。该效果不需要让地平面可见，如图 2-49 所示。

图 2-48　阴影模式工具

图 2-49　地面阴影

● 对象阴影：有时称为自己阴影，根据激活的光源样式的位置投射和接收模型阴影，如图 2-50 所示。

● 环境光阴影：在拐角处和腔穴中投射阴影以在视觉上增强形状变化过渡，如图 2-51 所示。

● 所有阴影：地面阴影、对象阴影和环境光阴影可以一起应用，以增强模型视觉效果，如图 2-52 所示。

图 2-50　对象阴影　　　　图 2-51　环境光阴影　　　　图 2-52　所有阴影

2.3　零件的特性

Inventor 允许用户为模型文件指定特性如物理特性，这样可方便在后期对模型进行工程分析、计算以及仿真等。要获得模型特性可通过选择主菜单中的"iProperty"选项来实现，也可在浏览器上选择文件图标，单击鼠标右键，在弹出的快捷菜单中选择"特性"选项即可。图 2-53 所示是暖瓶模型，图 2-54 所示是它的"特性"对话框中的物理特性。

其中物理特性是工程中最重要的，从图 2-54 所示可看出 Inventor 已经分析出了模型的质量、体积、重心以及惯性信息等。在计算惯性时，除了可计算模型的主轴惯性矩外，还可计算出模型相对于 X、Y、Z 轴的惯性特性。

图 2-53　暖瓶模型

图 2-54　暖瓶的物理特性

除了物理特性以外，"特性"对话框中还包括模型的概要、项目、状态等信息，可根据用户的实际情况填写，方便以后查询和管理。

2.4 设置模型的物理特性

三维模型最重要的物理特性除了体积和形状之外，就是颜色和材料了。模型在外形设计完成之后，主要的设置项目就是颜色和材料。

2.4.1 材料

Autodesk 产品中的材料代表实际材料，如混凝土、木材和玻璃。用户可以将这些材料应用到设计的各个部分，为对象提供真实的外观和行为。在某些设计环境中，对象的外观是最重要的，因此材料具有详细的外观特性，如反射率和表面粗糙度。在其他环境下，材料的物理特性更为重要，因为材料必须支持工程分析。

材料库是一组材料和相关资料，可以通过添加类别进行细分。Autodesk 提供的库包含许多按类型组织的材料类别，如混凝土、金属和玻璃。

（1）单击"工具"选项卡"材料和外观"面板中的"材料"按钮，弹出"材料浏览器"对话框，如图 2-55 所示。

（2）在对话框的"Inventor 材料库"中选择所需的材料，然后单击"将材质添加到文档中"按钮将材料添加到零件。如将 CFRP 材料添加到暖瓶，如图 2-56 所示。

图 2-55 "材料浏览器"对话框

图 2-56 添加材料

"材料浏览器"对话框选项说明如下。

（1）文档材料设置工具栏：修改文档中的材料视图。

（2）库设置工具栏：修改其中的库和材料视图。

（3）文档材料列表：显示当前文档中的材料是否应用于对象，若要访问常用任务菜单，可在材料上单击鼠标右键。

（4）库列表：显示库中打开的库和类别。

（5）库材料列表：显示库中的材料或库列表中选定的类别。

2.4.2 外观

外观可以精确地表示零件中使用的材料。外观可按类型列出，且每种类型都有唯一的特性。外观定义包含颜色、图案、纹理图像和凸纹贴图等特性，将这些特性结合起来，即可提供唯一的外观。指定给材料的外观是材料定义的一个资源。

1. 外观浏览器

外观分为不同的类别，如金属、塑料和陶瓷，类别包含各种类别的相关外观。

单击"工具"选项卡"材料和外观"面板中的"外观"按钮，弹出"外观浏览器"对话框，如图 2-57 所示。

图 2-57 "外观浏览器"对话框

此对话框需提供访问权限来创建和修改文档中的外观资源，并可用于访问使用库中的外观。

2. 颜色编辑器

颜色栏显示了轮廓颜色与方案中计算得出的应力值或位移之间的对应关系。用户可以编辑颜色栏以设置彩色轮廓，从而使应力/位移按照用户所需的方式来显示。

Inventor Publisher 中同样提供了大量的材料以及一个很方便的颜色编辑器，单击"工具"选项卡"材料和外观"面板上的"调整"按钮，打开图 2-58 所示的颜色编辑器。

图 2-58　颜色编辑器

Inventor Publisher 中导入 Inventor 部件后，颜色处理将遵循下面的规则。

（1）如果 Inventor 中给定了材料，则颜色按照所选材料来选择。

（2）如果 Inventor 中给定了材料，并给了一个与材料不同的颜色，则使用新颜色。

（3）如果已经导入到 Publisher 后，通过修改材料又给了一个新的颜色，则这个新的颜色覆盖前面的两个颜色。

（4）Publisher 中修改的颜色、材料无法返回到 Inventor 中。

（5）在 Publisher 中存档后，若 Inventor 修改了颜色/材料，通过检查存档状态，Publisher 可以自动更新颜色和材料。

（6）如果在 Publisher 中修改过颜色/材料，则不会更新。

所以，比较好的工作流程如下。

（1）Inventor 设计部件，同时导入到 Publisher 中作为固定模板。

（2）Inventor 更改设计，Publisher 更新文件。

（3）Inventor 完成材料、颜色的定义后，Publisher 更新。

（4）如果有不满足需求的，在 Publisher 中进行颜色、材质的更改。

第3章 绘制草图

 知识导引

通常情况下，用户的三维设计应该从草图（Sketch）绘制开始。在 Inventor 的草图功能中，用户可以建立各种基本曲线，对曲线建立几何约束和尺寸约束，然后对二维草图进行拉伸、旋转等操作，创建与草图关联的实体模型。

当用户需要对三维实体的轮廓图像进行参数化控制时，一般需要用草图创建。在修改草图时，与草图关联的实体模型也会自动更新。

3.1 草图特征

草图是三维造型的基础，是创建零件的第一步。创建草图时所处的工作环境就是草图环境，草图环境是专门用来创建草图几何图元的，虽然设计零件的几何形状各不相同，但是用来创建零件的草图几何图元的草图环境都是相同的。

1. 简单的草图特征

草图特征是一种三维特征，它是在二维草图的基础上建立的，用 Autodesk Inventor 的草图特征可以表现出大多数基本的设计意图。当创建一个草图特征时，必须首先创建一个三维的草图或者创建一个截面轮廓。而所绘制的轮廓通常是表现创建的三维特征的二维截面形状，对于大多数复杂的草图特征，截面轮廓可以创建在一张草图上。

用户可以以不同的三维模型轮廓创建零件的多个草图，然后在这些草图之上建立草图特征。所创建的第一个草图特征被称为基础特征，当创建好基础特征之后，就可以在此三维模型的基础上添加草图特征或者添加放置特征。

2. 退化和未退化的草图

当创建一个零件时，第一个草图是自动创建的，在大多数情况下会使用默认的草图作为三维模型的基础视图。在草图创建好之后，就可以创建草图特征，如通过拉伸或旋转来创建三维模型最初的特征。对于三维特征来说，在创建三维草图特征的同时，草图本身也就变成了退化草图，如图 3-1 所示。除此之外，草图还可以通过"共享草图"命令重新定义成未退化的草图，在更多的草图特征中使用。

在草图退化后，仍可以进入草图编辑状态。如图 3-2 所示，在浏览器中用右键单击"草图"可进入编辑状态。草图右键快捷菜单中的命令如下。

● 编辑草图：可以激活草图环境进行编辑，草图上的一些改变可以直接反映在三维模型中。

退化草图　　未退化草图

图 3-1　草图　　　　　　　　　　　图 3-2　草图快捷菜单

- 特性：可以对几何图元特性，如线颜色、线型、线宽等进行设置。
- 重定义：可以确保用户能重新选择创建草图的面，草图上的一些改变可以直接反映在三维模型中。
- 共享草图：使用"共享草图"命令可以重复使用该草图添加一些其他的草图特征。
- 编辑坐标系：激活草图可以编辑坐标系，如可以改变 X 轴和 Y 轴的方向，或者重新定义草图方向。
- 创建注释：使用工程师记事本给草图增加注释。
- 可见性：当一个草图通过创建特征成为退化草图后，它将会自动关闭。通过该命令可以设置草图可见性以使其处于打开或关闭状态。

3．草图轮廓

在创建草图轮廓时，要尽可能创建包含许多轮廓的几何草图。草图轮廓有两种类型：开放的和封闭的。封闭的轮廓多用于创建三维几何模型，开放的轮廓用于创建路径和曲面。草图轮廓也可以通过投影模型几何图元的方式来创建。

在创建许多复杂的草图轮廓时，必须以封闭的轮廓来创建草图。在这种情况下，往往是一个草图中包含着多个封闭的轮廓。在一些情况下，封闭的轮廓将会与其他轮廓相交。在用这种类型的草图来创建草图特征时，可以使所创建的特征包含一个封闭或多个封闭的轮廓，如图 3-3 所示。注意选择要包含在草图特征中的轮廓。

4．共享草图的特征

可以用共享草图的方式重复使用一个已存在的退化的草图。共享草图后，为了重复添加草图特征需将草图设置为可见。

图 3-3　多个封闭轮廓

通常，共享草图可以创建多个草图特征。当共享草图后，它的几何轮廓就可以无限地添加草图特征。如图 3-4 所示，草图已被共享，并且已被用于两个草图特征。

图 3-4　共享草图

3.2　草图环境

3.2.1　新建草图环境

新建草图的方法有 3 种：在原始坐标系平面上创建、在已有特征平面上创建、在工作平面上创建。这 3 种方法都有一个共同特点，就是新建草图必须依附一个平面创建。新建草图之后所进入的草图环境和上述所讲的是相同的。

1. 在原始坐标系平面上创建草图

如果需要在原始坐标系平面上创建草图，工作环境必须处在零件造型环境。

（1）方法 1：

1）使工作环境处在零件造型环境，在"浏览器"对话框中找到"原始坐标系"图标。

2）单击"原始坐标系"图标前面的▷图标，将打开图 3-5 所示的原始坐标系列表。

3）在列表中找到新建草图所需要依附的平面，在其图标上单击鼠标右键，在弹出的快捷菜单中单击"新建草图"命令，即可创建一个新的草图环境，如图 3-6 所示。

（2）方法2：

1）使工作环境处在零件造型环境，在模型区的空白处单击鼠标右键。

图 3-5　原始坐标系列表　　　　　　　　图 3-6　右键快捷菜单1

2）在弹出的快捷菜单中单击"新建草图"命令，右键快捷菜单如图3-7所示。

3）在"浏览器"对话框中找到"原始坐标系"图标，单击"原始坐标系"图标前面的图标。

4）在打开的原始坐标系列表中选中新建草图所需要依附的平面（如 XZ 平面），即可创建一个新的草图环境。

2．在已有特征平面上创建草图

如果需要在已有特征平面上创建草图，工作环境必须处在零件造型环境且有模型存在。

（1）方法1：

1）使工作环境处在零件造型环境，在现有模型上找到新建草图所需要依附的平面。

2）单击模型上的平面使其亮显，如图3-8所示。

图 3-7　右键快捷菜单2　　　　　　　　图 3-8　选择平面

3）在所选平面范围内单击鼠标右键，在弹出的快捷菜单中单击"新建草图"命令，即可创建一个新的草图环境。

（2）方法2：

1）使工作环境处在零件造型环境，在模型区的空白处单击鼠标右键。

2）在弹出的快捷菜单中选择"新建草图"命令。

3）在现有模型上找到并单击新建草图所需要依附的平面，即创建一个新的草图环境。

3．工作平面上创建草图

如果需要在工作平面上创建草图，前提条件是需要创建一个新的工作平面作为新建草图所需要依附的平面。创建工作平面的方法，在后续的章节中会详细介绍。

（1）方法1：

1）使工作环境处在零件造型环境，在模型中找到新建草图所需要依附的工作平面。

2）单击模型中的工作平面使其亮显，如图3-8所示。

3）在所选工作平面范围内单击鼠标右键，在弹出的快捷菜单中单击"新建草图"命令，即可创建一个新的草图环境。

（2）方法2：

1）使工作环境处在零件造型环境，在模型区的空白处单击鼠标右键。

2）在弹出的快捷菜单中单击"新建草图"命令。

3）在现有模型中找到并单击新建草图所需要依附的工作平面，即可创建一个新的草图环境。

3.2.2　定制草图工作区环境

本节主要介绍草图环境设置选项，读者可以根据自己的习惯定制自己需要的草图工作环境。

单击"工具"选项卡"选项"面板上的"应用程序选项"按钮，打开"应用程序选项"对话框，在对话框中选择"草图"选项卡，如图3-9所示。

图3-9　"草图"选项卡

"应用程序选项"对话框"草图"选项卡中的选项说明如下。

1．约束设置

单击"设置"按钮，打开如图 3-10 所示的"约束设置"对话框，用于控制草图约束和尺寸标注的显示、创建、推断、放宽拖动和过约束的设置。

图 3-10 "约束设置"对话框

2．样条曲线拟合方式

设定点之间的样条曲线过渡，确定样条曲线识别的初始类型。

● 标准：设定该拟合方式可创建点之间平滑连续的样条曲线，适用于 A 类曲面。

● AutoCAD：设定该拟合方式可以使用 AutoCAD 拟合方式来创建样条曲线，不适用于 A 类曲面。

● 最小能量：设定该拟合方式可创建平滑连续且曲率分布良好的样条曲线，适用于 A 类曲面。选取最长的进行计算，并创建最大的文件。

3．显示

设置绘制草图时显示的坐标系和网格的元素。

● 网格线：设置草图中网格线的显示。

● 辅网格线：设置草图中次要的或辅网格线的显示。

● 轴：设置草图平面轴的显示。

● 坐标系指示器：设置草图平面坐标系的显示。

4．捕捉到网格

可通过"捕捉到网格"选项来设置草图任务中的捕捉状态，选中复选框可以打开网格捕捉。

5．在创建曲线过程中自动投影边

启用选择功能，并通过"擦洗"线将现有几何图元投影到当前的草图平面上，此曲线作为参考几何图元投影。选中该复选框可以使用自动投影，清除复选框选择则抑制自动投影。

6．自动投影边以创建和编辑草图

当创建或编辑草图时，将所选面的边自动投影到草图平面上作为参考几何图元。选中该复选框为新的和编辑过的草图创建参考几何图元，清除复选框选择则抑制创建参考几何图元。

7．创建和编辑草图时，将观察方向固定为草图平面

选中此复选框，指定重新定位图形窗口，以使草图平面与新建草图的视图平行。取消选中此复选框，在选定的草图平面上创建一个草图，而不考虑视图的方向。

8．新建草图后，自动投影零件原点

选中此复选框，指定新建的草图上投影的零件原点的位置。取消选中此复选框，则需手动投影原点。

9．点对齐

选中此复选框，类推新创建几何图元的端点和现有几何图元的端点之间的对齐。将显示临时的点线以指定类推的对齐。取消选中此复选框，相对于特定点的类推对齐在草图命令中可通过将光标置于点上临时调用。

10．新建三维直线时自动折弯

该选项的功能是在绘制三维直线时，是否自动放置相切的拐角过渡。选中该复选框可以自动放置拐角过渡，清除复选框选择则抑制自动创建拐角过渡。

> **技巧：**
> 所有草图几何图元均在草图环境中创建和编辑。对草图图元的所有操作，都在草图环境中处于几何状态时进行。选择草图命令后，可以指定平面、工作平面或草图曲线作为草图平面。从以前创建的草图中选择曲线将重新打开草图，即可添加、修改或删除几何图元。

3.3　草图绘制工具

本节主要讲述如何利用 Inventor 提供的草图工具正确、快速地绘制基本的几何元素。工欲善其事，必先利其器，熟练地掌握草图基本工具的使用方法和技巧，是绘制草图前的必修课程。

3.3.1　绘制点

创建草图点或中心点的操作步骤如下。

（1）单击"草图"选项卡"创建"面板上的"点"按钮 ┼，然后在绘图区域内任意处单击，即可出现一个点。

（2）如果要继续绘制点，可在要创建点的位置再次单击，若要结束绘制可单击右键，在弹出的图 3-11 所示的快捷菜单中选择"确定"选项。绘制过程如图 3-12 所示。

图 3-11　快捷菜单　　　　　　　　　　　　　图 3-12　绘制点

3.3.2 直线

直线分为 3 种类型：水平直线、竖直直线和任意角度直线。在绘制过程中，不同类型的直线其显示方式不同。

● 水平直线：在绘制直线过程中，光标附近会出现水平直线图标符号，如图 3-13a 所示。

● 竖直直线：在绘制直线过程中，光标附近会出现竖直直线图标符号，如图 3-13b 所示。

● 任意直线：绘制直线如图 3-13c 所示。

图 3-13 绘制直线

a) 水平直线 b) 竖直直线 c) 任意直线

绘制过程如下。

（1）单击"草图"选项卡"创建"面板的"直线"按钮，开始绘制直线。

（2）在绘图区域内某一位置单击，然后到另外一个位置单击，在两次单击点的位置之间会出现一条直线，单击鼠标右键并在弹出的快捷菜单中选择"确定"选项或按下〈Esc〉键，直线绘制完成。

（3）也可在快捷菜单中选择"重新启动"选项以接着绘制另外的直线。否则，若一直继续绘制，将绘制出首尾相连的折线，如图 3-14 所示。

"直线"命令还可创建与几何图元相切或垂直的圆弧，如图 3-15 所示。首先移动鼠标到直线的一个端点，然后按住左键，在要创建圆弧的方向上拖动鼠标，即可创建圆弧。

图 3-14 绘制首位相连折线

图 3-15 利用直线工具创建圆弧

3.3.3 样条曲线

通过选定的点来创建样条曲线。样条曲线的绘制过程如下。

（1）单击"草图"选项卡"创建"面板上的"样条曲线（控制顶点）"按钮 ，开始绘制样条曲线。

（2）在绘图区域单击，确定样条曲线的起点。

（3）移动鼠标，在图中合适的位置单击鼠标，确定样条曲线上的第二点，如图 3-16a 所示。

（4）重复移动鼠标，确定样条曲线上的其他点，如图 3-16b 所示。

（5）按〈Enter〉键完成样条曲线的绘制，如图 3-16c 所示。

图 3-16　绘制样条曲线

a) 确定第二点　b) 确定其他点　c) 完成样条曲线

"样条曲线（插值）"按钮 の的操作方法同样条曲线（控制顶点），在这里就不再介绍，读者可以自己尝试。

3.3.4　圆

圆也可以通过两种方式来绘制：一种是绘制基于圆心的圆；另一种是绘制基于周边切线的圆。

1. 圆心圆

（1）执行命令。单击"草图"选项卡"创建"面板上的"圆心圆"按钮 ，开始绘制圆。

（2）绘制圆心。在绘图区域单击鼠标确定圆的圆心，如图 3-17a 所示。

（3）确定圆的半径。移动鼠标拖出一个圆，然后单击鼠标确定圆的半径，如图 3-17b 所示。

（4）确认绘制的圆。单击鼠标，完成圆的绘制，如图 3-17c 所示。

图 3-17　绘制圆心圆

a) 确定圆心　b) 确定圆半径　c) 完成圆绘制

2. 相切圆

（1）执行命令。单击"草图"选项卡"创建"面板的"相切圆"按钮 ，开始绘制圆。

（2）确定第一条相切线。在绘图区域选择一条直线确定第一条相切线，如图 3-18a 所示。

（3）确定第二条相切线。在绘图区域选择一条直线确定第二条相切线，如图 3-18b 所示。

（4）确定第三条相切线。在绘图区域选择一条直线确定第三条相切线，单击鼠标右键确定圆。

（5）确认绘制的圆。单击鼠标完成圆的绘制，如图3-18c所示。

图3-18　绘制相切圆

a) 确定第一条切线　b) 确定第二条切线　c) 完成圆绘制

3.3.5　椭圆

根据中心点、长轴与短轴创建椭圆。

（1）执行命令。单击"草图"选项卡"创建"面板上的"椭圆"按钮，绘制椭圆。

（2）绘制椭圆的中心。在绘图区域合适的位置单击鼠标，确定椭圆的中心。

（3）确定椭圆的长半轴。移动鼠标，在鼠标附近会显示椭圆的长半轴。在图中合适的位置单击鼠标，确定椭圆的长半轴，如图3-19a所示。

（4）确定椭圆的短半轴。移动鼠标，在图中合适的位置单击鼠标，确定椭圆的短半轴，如图3-19b所示。

（5）确认绘制的椭圆。单击鼠标完成椭圆的绘制，如图3-19c所示。

图3-19　绘制椭圆

a) 确定长半轴　b) 确定短半轴　c) 完成椭圆绘制

3.3.6　圆弧

圆弧可以通过3种方式来绘制：第一种是通过3点绘制圆弧；第二种是通过圆心、半径来确定圆弧；第三种是绘制基于周边的圆弧。

1. 三点圆弧

（1）执行命令。单击"草图"选项卡"创建"面板上的"三点圆弧"按钮，绘制三点圆弧。

（2）确定圆弧的起点。在绘图区域合适的位置单击鼠标，确定圆弧的起点。

（3）确定圆弧的终点。移动光标在绘图区域合适的位置单击鼠标，确定圆弧的终点，如图3-20a所示。

（4）确定圆弧的方向。移动光标在绘图区域合适的位置单击鼠标，确定圆弧的方向，如

图 3-20b 所示。

（5）确认绘制的圆弧。单击鼠标完成圆弧的绘制，如图 3-20c 所示。

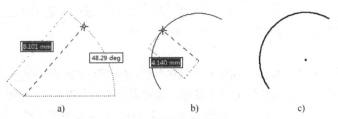

图 3-20 绘制三点圆弧

a) 确定终点 b) 确定圆弧方向 c) 完成圆弧绘制

2. 圆心圆弧

（1）执行命令。单击"草图"选项卡"创建"面板的"圆心圆弧"按钮，绘制圆弧。

（2）确定圆弧的中心。在绘图区域合适的位置单击鼠标，确定圆弧的中心。

（3）确定圆弧的起点。移动光标在绘图区域合适的位置单击鼠标，确定圆弧的起点，如图 3-21a 所示。

（4）确定圆弧的方向。移动光标在绘图区域合适的位置单击鼠标，确定圆弧的终点，如图 3-21b 所示。

（5）确认绘制的圆弧。单击鼠标完成圆弧的绘制，如图 3-21c 所示。

图 3-21 绘制圆心圆弧

a) 确定中心 b) 确定圆弧的方向 c) 完成圆弧绘制

3. 相切圆弧

（1）执行命令。单击"草图"选项卡"创建"面板的"相切圆弧"按钮，绘制圆弧。

（2）确定圆弧的起点。在绘图区域中选取曲线，自动捕捉曲线的端点，如图 3-22a 所示。

（3）确定圆弧的终点。移动光标在绘图区域合适的位置单击鼠标，确定圆弧的终点，如图 3-22b 所示。

（4）确认绘制的圆弧。单击鼠标完成圆弧的绘制，如图 3-22c 所示。

图 3-22 绘制相切圆弧

a) 确定起点 b) 确定终点 c) 完成圆弧绘制

3.3.7　矩形

矩形可以通过 4 种方式来绘制：一是通过两点绘制矩形；二是通过三点绘制矩形；三是通过两点中心绘制矩形；四是通过三点中心绘制矩形。

1．两点矩形

（1）执行命令。单击"草图"选项卡"创建"面板的"两点矩形"按钮 ▭，绘制矩形。

（2）绘制矩形角点。在绘图区域单击鼠标，确定矩形的一个角点 1，如图 3-23a 所示。

（3）绘制矩形的另一个角点。移动鼠标，单击确定矩形的另一个角点 2，如图 3-23b 所示。

（4）完成矩形的绘制，如图 3-23c 所示。

图 3-23　绘制两点矩形

a) 确定角点 1　b) 确定角点 2　c) 完成矩形绘制

2．三点矩形

（1）执行命令。单击"草图"选项卡"创建"面板的"三点矩形"按钮 ◇，绘制矩形。

（2）绘制矩形角点 1。在绘图区域单击鼠标，确定矩形的一个角点 1，如图 3-24a 所示。

（3）绘制矩形的角点 2。移动鼠标，单击确定矩形的另一个角点 2，如图 3-24b 所示。

（4）绘制矩形角点 3。移动鼠标，单击确定矩形的另一个角点 3。完成矩形的绘制，如图 3-24c 所示。

图 3-24　绘制三点矩形

a) 确定角点 1　b) 确定角点 2　c) 完成矩形绘制

3．两点中心矩形

（1）执行命令。单击"草图"选项卡"创建"面板的"两点中心矩形"按钮 ▫，绘制矩形。

（2）确定中心点。在图形窗口中单击第一点，以确定矩形的中心点，如图 3-25a 所示。

（3）确定对角点。移动鼠标并单击，以确定矩形的对角点，如图 3-25b 所示。完成矩形绘制，如图 3-25c 所示。

图 3-25　绘制两点中心矩形

a) 确定中心点　b) 确定对角点　c) 完成矩形

4．三点中心矩形

（1）执行命令。单击"草图"选项卡"创建"面板的"三点中心矩形"按钮◇，绘制矩形。

（2）确定中心点。在图形窗口中单击第一点，以确定矩形的中心点，如图 3-26a 所示。

（3）确定长度。单击第二点，以确定矩形的长度，如图 3-26b 所示。

（4）确定宽度。拖动鼠标以确定矩形相邻边的长度。完成矩形绘制，如图 3-26c 所示。

图 3-26　绘制三点中心矩形

a) 确定中心点　b) 确定长度　c) 完成矩形

3.3.8　槽

槽包括 5 种类型，即中心到中心槽、整体槽、中心点槽、三点圆弧槽和圆心圆弧槽。

1．中心到中心槽

（1）执行命令。单击"草图"选项卡"创建"面板的"中心到中心槽"按钮⬭，绘制槽。

（2）确定第一个中心点。在图形窗口中单击任意一点，以确定槽的第一个中心点，如图 3-27a 所示。

（3）确定第二个中心点。单击第二点，以确定槽的第二个中心点，如图 3-27b 所示。

（4）确定宽度。拖动鼠标，单击确定槽的宽度，完成槽的绘制，如图 3-27c 所示。

图 3-27　绘制中心到中心槽

a) 确定第一中心点　b) 确定第二中心点　c) 完成槽

2.创建整体槽

（1）执行命令。单击"草图"选项卡"创建"面板的"整体槽"按钮 ，绘制槽。

（2）确定第一点。在图形窗口中单击任意一点，以确定槽的第一中心点，如图3-28a所示。

（3）确定长度。拖动鼠标，以确认槽的长度，如图3-28b所示。

（4）确定宽度。拖动鼠标，以确定槽的宽度。完成槽的绘制如图3-28c所示。

图3-28　绘制整体槽

a) 确定第一中心点　b) 确定长度　c) 完成槽

3.创建中心点槽

（1）执行命令。单击"草图"选项卡"创建"面板的"中心点槽"按钮 ，绘制槽。

（2）确定中心点。在图形窗口中单击任意一点，以确定槽的中心点，如图3-29a所示。

（3）确定圆心。单击第二点，以确定槽圆弧的圆心，如图3-29b所示。

（4）确定宽度。拖动鼠标，以确定槽的宽度。完成槽绘制，如图3-29c所示。

图3-29　绘制中心点槽

a) 确定中心点　b) 确定圆心　c) 完成槽

4.创建三点圆弧槽

（1）执行命令。单击"草图"选项卡"创建"面板的"三点圆弧槽"按钮 ，绘制槽。

（2）确定圆弧起点。在图形窗口中单击任意一点，以确定槽圆弧的起点，如图3-30a所示。

图3-30　绘制中心点槽

a) 确定起点　b) 确定圆弧大小　c) 确定宽度　d) 完成槽

（3）确定圆弧终点。单击任意一点，以确定槽的终点。

（4）确定圆弧大小。单击任意一点，以确定槽圆弧的大小，如图 3-30b 所示。

（5）确定槽宽度。拖动鼠标，以确定槽的宽度，如图 3-30c 所示。完成槽绘制，如图 3-30d 所示。

5. 创建圆心圆弧槽

（1）执行命令。单击"草图"选项卡"创建"面板的"圆心圆弧槽"按钮，绘制槽。

（2）确定圆弧圆心。在图形窗口中单击任意一点，以确定槽的圆弧圆心，如图 3-31a 所示。

（3）确定圆弧起点。单击任意一点，以确定槽圆弧的起点。

（4）确定圆弧终点。拖动鼠标到适当位置，单击确定圆弧的终点，如图 3-31b 所示。

（5）确定槽的宽度。拖动鼠标以确定槽的宽度，如图 3-31c 所示。完成槽的绘制，如图 3-31d 所示。

图 3-31 绘制中心点槽

a) 确定圆弧圆心 b) 确定圆弧终点 c) 确定宽度 d) 完成槽

3.3.9 多边形

用户可以通过"多边形"命令创建最多包含 120 条边的多边形。用户可以通过指定边的数量和创建方法来创建多边形。

（1）单击"草图"选项卡"创建"面板上的"多边形"按钮，弹出图 3-32 所示的"多边形"对话框。

（2）确定多边形的边数。在"多边形"对话框中，输入多边形的边数。也可以使用默认的边数，在绘制以后再进行修改。

（3）确定多边形的中心。在绘图区域单击鼠标，确定多边形的中心。

图 3-32 "多边形"对话框

（4）设置多边形参数。在"多边形"对话框中选择是内接圆模式还是外切圆模式。

（5）确定多边形的形状。移动鼠标，在合适的位置单击鼠标，确定多边形的形状，如图 3-33 所示。

图 3-33　绘制多边形

a) 确定中心　b) 确定多边形参数　c) 完成多边形

3.3.10　投影

将不在当前草图中的几何图元投影到当前草图以便使用，投影结果与原始图元动态关联。

1. 投影几何图元

可投影其他草图的几何元素、边和回路。

（1）打开图形。打开附赠网盘资源"源文件\第 3 章\投影几何图元"文件，如图 3-34a 所示。

（2）执行命令。单击"草图"选项卡"创建"面板上的"投影几何图元"按钮。

（3）选择要投影的轮廓。在视图中选择要投影的面或者轮廓线，如图 3-34b 所示。

（4）确认投影实体，退出草图绘制状态。图 3-34c 所示为投影实体引用后的图形。

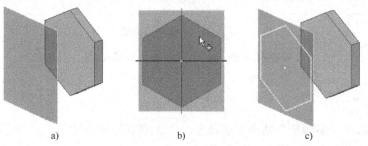

图 3-34　投影几何图元过程

a) 原始图形　b) 选择面　c) 投影几何后的图形

2. 投影剖切边

可以将投影平面与现有结构的截交线求出来，并投影到当前草图中。

3.3.11　倒角

倒角是指用斜线连接两个不平行的线型对象。

（1）执行命令。单击"草图"选项卡"创建"面板上的"倒角"按钮，弹出图 3-35 所示的"二维倒角"对话框。

（2）设置"等边"倒角方式。在"二维倒角"对话框中，按照图 3-36 所示选择"等边"选项设置倒角方式，然后选择图 3-38a 所示中的直线 1 和直线 4。

（3）设置"距离－角度"倒角方式。在"二维倒角"对话框中，单击"距离-角度"选项按钮，按照图 3-37 所示设置倒角参数，然后选择图 3-38a 所示的直线 2 和直线 3。

图 3-35 "二维倒角"对话框　　图 3-36 "等边"倒角方式　　图 3-37 "距离-角度"倒角方式

图 3-38 倒角绘制过程

a) 绘制前的图形　b) 倒角后的图形

（4）确认倒角。单击"二维倒角"对话框中的"确定"按钮，完成倒角的绘制。

"二维倒角"对话框选项说明如下。

● 　：放置对齐尺寸来指示倒角的大小。

● 　：单击此按钮，这次操作的所有圆角将被添加"相等"半径的约束，即只有一个驱动尺寸；否则每个圆角有各自的驱动尺寸。

● 　：等边选项，即通过与点或选中直线的交点相同的偏移距离来定义倒角。

● 　：不等边选项，即通过每条选中的直线指定到点或交点的距离来定义倒角。

● 　：距离和角度选项，即由所选的第一条直线的角度和从第二条直线的交点开始的偏移距离来定义倒角。

3.3.12 圆角

圆角是指用指定半径决定的一段平滑圆弧连接两个对象。

（1）执行命令。单击"草图"选项卡"创建"面板上的"圆角"按钮 　，弹出图 3-39 所示的"二维圆角"对话框。

图 3-39 "二维圆角"对话框

（2）设置圆角半径。在"二维圆角"对话框中，输入圆角半径为 2 mm。

（3）选择绘制圆角的直线。设置好"二维圆角"对话框，单击鼠标选择图 3-40a 所示的线段。

图 3-40 圆角绘制过程

a) 选择图形　b) 圆角后的图形

（4）确认绘制的圆角。关闭"二维圆角"对话框，完成圆角的绘制，如图3-40b所示。

3.3.13 实例——角铁草图

绘制图3-41所示的角铁草图。

图3-41 角铁草图

操作步骤

（1）新建文件。运行Inventor，单击"快速访问"工具栏上的"新建"按钮，在打开的"新建文件"对话框中"Templates"选项卡中的零件下拉列表中选择"Standard.ipt"选项，单击"创建"按钮，新建一个零件文件。

（2）进入草图环境。单击"三维模型"选项卡"草图"面板上的"开始创建二维草图"按钮，选择图3-42所示的基准平面，进入草图环境。

图3-42 选择基准平面

（3）绘制图形。单击"草图"选项卡"绘制"面板上的"直线"按钮，在视图中指定一点为起点，拖动鼠标输入长度为"30"，角度为"90"，按〈Tab〉键切换输入，如图3-43所示；输入长度"60"，角度为"90"；输入长度"80"，角度"90"；输入长度"60"，角度为"60"。捕捉第一条直线的起点延伸确定直线的长度，绘制封闭的图形，如图3-44所示。

图 3-43　绘制直线　　　　　　　图 3-44　绘制封闭图形

（4）圆角。单击"草图"选项卡"绘制"面板上的"圆角"按钮，打开图 3-45 所示的"二维圆角"对话框，输入半径为"15"，选择图 3-46 所示的两条线作为要圆角的图元，单击完成圆角操作，如图 3-41 所示。

选择要圆角的图元

图 3-45　"二维圆角"对话框　　　　　图 3-46　选择要圆角的图元

3.3.14　创建文本

向工程图中的激活草图或工程图资源（如标题栏格式、自定义图框或略图符号）中添加文本，所添加的文本既可作为说明性的文字，又可作为创建特征的草图基础。

1. 文本

（1）单击"草图"选项卡"创建"面板上的"文本"按钮**A**，创建文字。

（2）在草图绘图区域内要添加文本的位置单击，弹出"文本格式"对话框，如图 3-47 所示。

（3）在该对话框中用户可指定文本的对齐方式、行间距和拉伸的百分比，还可指定字体、字号等。

（4）在文本框中输入文本，如图 3-47 所示。

（5）单击"确定"按钮完成文本的创建，如图 3-48 所示。

图 3-47 "文本格式"对话框   图 3-48 文本

技巧：

如果要编辑已经生成的文本，可在文本上右击，在如图 3-49 所示的快捷菜单中选择"编辑文本"选项，打开"文本格式"对话框修改文本的属性。

图 3-49 快捷菜单

2. 几何图元文本

（1）单击"草图"选项卡"创建"面板上的"几何图元文本"按钮 。

（2）在草图绘图区域内单击需要添加文本的曲线，弹出"几何图元文本"对话框，如图 3-50 所示。

图 3-50 "几何图元文本"对话框

（3）在该对话框中用户可指定几何图元文本的方向、偏移距离和拉伸幅度，还可指定字体、字号等。

（4）在文本框中输入文本，如图 3-50 所示。

（5）单击"确定"按钮完成几何图元文本的创建，如图 3-51 所示。

图 3-51 几何图元文本

3.4 草图工具

本节主要介绍草图复制工具——镜像和阵列。

3.4.1 镜像

（1）执行命令。单击"草图"选项卡"阵列"面板上的"镜像"按钮，弹出"镜像"对话框，如图 3-52 所示。

图 3-52 "镜像"对话框

（2）选择镜像图元。单击"镜像"对话框中的"选择"按钮，选择要镜像的几何图元，如图 3-53a 所示。

（3）选择镜像线。单击"镜像"对话框中的"镜像线"按钮，选择镜像线，如图 3-53b 所示。

（4）完成镜像。单击"应用"按钮，镜像草图几何图元即被创建，如图 3-53c 所示。单击"完毕"按钮，退出"镜像"对话框。

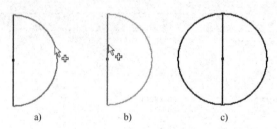

图 3-53　镜像对象的过程

a) 选择要镜像的几何图元　b) 选择镜像线　c) 完成镜像

注意：

草图几何图元在镜像时，使用镜像线作为其镜像轴，相等约束自动应用到镜像的双方。在镜像完毕后，用户可删除或编辑某些线段，同时其余的线段仍然保持不变。此时不要给镜像的图元添加对称约束，否则系统会给出约束多余的警告。

3.4.2　阵列

如果要线性阵列或圆周阵列几何图元，就会用到 Inventor 提供的矩形阵列和环形阵列工具。矩形阵列可在两个互相垂直的方向上阵列几何图元；环形阵列则可使得某个几何图元沿着圆周阵列。

1. 矩形阵列

（1）执行命令。单击"草图"选项卡"阵列"面板上的"矩形阵列"按钮，弹出"矩形阵列"对话框，如图 3-54 所示。

图 3-54　"矩形阵列"对话框

（2）选择阵列图元。利用几何图元选择工具选择要阵列的草图几何图元，如图 3-55a 所示。

（3）选择阵列方向 1。单击"方向 1"选项组下的路径选择按钮，选择几何图元定义阵列的第一个方向，如图 3-55b 所示。如果要选择与选择方向相反的方向，可单击"反向"按钮。

（4）设置参数。在数量下拉列表框中，指定阵列中元素的数量，在"间距"下拉列表框中，指定元素之间的间距。

（5）选择阵列方向 2。进行方向 2 参数的设置，操作与方向 1 相同，如图 3-55c 所示。

（6）完成阵列。单击"确定"按钮以创建阵列，如图 3-55d 所示。

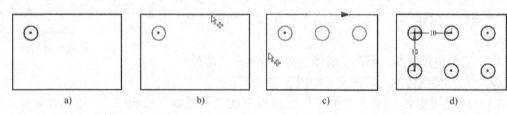

图 3-55　矩形阵列过程

a) 选取阵列图元　b) 选取阵列方向 1　c) 选取阵列方向 2　d) 完成矩形阵列

2. 环形阵列

（1）执行命令。单击"草图"选项卡"阵列"面板上的"环形阵列"按钮 ，打开"环形阵列"对话框，如图3-56所示。

图3-56 "环形阵列"对话框

（2）选择阵列图元。利用几何图元选择工具 选择要阵列的草图几何图元，如图3-57a所示。

（3）选择旋转轴。利用旋转轴选择工具，选择旋转轴，如果要选择相反的旋转方向（如顺时针方向变逆时针方向排列）可单击 按钮，如图3-57b所示。

（4）设置阵列参数。选择好旋转方向之后，再输入要复制的几何图元的个数，以及旋转的角度 即可。

（5）完成阵列。单击"确定"按钮完成环形阵列特征的创建，如图3-57c所示。

a)   b)   d)

图3-57 环形阵列过程

a) 选取阵列图元   b) 选取旋转轴   c) 完成环形阵列

"环形阵列"对话框选项说明如下。

- 抑制：抑制单个阵列元素，将其从阵列中删除，同时该几何图元将转换为构造几何图元。
- 关联：选中此复选框，阵列成员相互具有关联性，当修改零件时，会自动更新阵列。
- 范围：选中此复选框，则阵列元素均匀分布在指定间距范围内。取消该复选框的选择，阵列间距将取决于两元素之间的间距。

3.4.3 实例——棘轮草图

本例绘制棘轮草图，如图3-58所示。

操作步骤

（1）新建文件。运行 Inventor，选择"快速入门"选项卡，单击"启动"面板上的"新建"选项，在打开的"新建文件"对话框中"Templates"选项卡的"零件"下拉列表中选择"Standard.ipt"选项，单击"创建"按钮，新建一个零件文件。

图3-58 棘轮草图

（2）进入草图环境。单击"三维模型"选项卡"草图"面板上的"开始创建二维草图"按钮，选择"XY基准平面"，进入草图环境。

（3）绘制圆。单击"草图"选项卡"创建"面板上的"圆心圆"按钮，绘制图3-59所示的草图。

（4）绘制直线。单击"草图"选项卡"创建"面板上的"直线"按钮，绘制直线，如图 3-60 所示。

图 3-59 绘制圆

图 3-60 绘制直线

（5）阵列图形。单击"草图"选项卡"阵列"面板上的"环形阵列"按钮，选择图 3-60 所示的直线为阵列图元，选取圆心为阵列轴，输入阵列个数为"12"，取消"关联"复选框的选择，单击"确定"按钮，如图 3-61 所示。

图 3-61 选择阵列图元

（6）删除图元。选取圆 1、圆 2 和直线，单击鼠标右键，在弹出的快捷菜单中选择"删除"命令，如图 3-62 所示，删除图元，结果如图 3-63 所示。

图 3-62 快捷菜单

图 3-63 阵列直线

3.4.4 偏移

偏移是指复制所选草图几何图元并将其放置在与原图元偏移一定距离的位置。在默认情况下，偏移的几何图元与原几何图元有等距约束。

（1）执行命令。单击"草图"选项卡"修改"面板上的"偏移"按钮 ，创建偏移图元。

（2）选择图元。在视图中选择要偏移的草图几何图元，如图 3-64a 所示。

（3）在要放置偏移图元的方向上移动光标，此时可预览偏移生成的图元，如图 3-64b 所示。

（4）单击以创建新几何图元，如图 3-64c 所示。

图 3-64 偏移过程

a) 选择要偏移的图元 b) 偏移图元 c) 完成偏移

技巧：

如果需要，可使用尺寸标注工具设置指定的偏移距离。在移动鼠标以预览偏移图元的过程中，如果单击右键，可打开快捷菜单，如图 3-65 所示。在默认情况下，"回路选择"和"约束偏移量"两个选项是选中的，也就是说软件会自动选择回路（端点连在一起的曲线），并将偏移曲线约束为与原曲线距离相等。

如果要偏移一个或多个独立曲线，或要忽略等长约束，清除"选择回路"和"约束偏移量"选项上的复选标记即可。

3.4.5 移动

（1）执行命令。单击"草图"选项卡"修改"面板上的"移动"按钮 ，打开图 3-66 所示的"移动"对话框。

图 3-65 偏移过程中的快捷菜单

图 3-66 "移动"对话框

（2）选择图元。在视图中选择要移动的草图几何图元，如图 3-67a 所示。

（3）设置基准点。选取基准点或选中"精确输入"复选框并输入坐标，如图 3-67b 所示。

（4）在要放置移动图元的方向上移动光标，此时可预览移动生成的图元，如图 3-67c 所示。动态预览将以虚线显示原始几何图元，以实线显示移动几何图元。

（5）单击以创建新几何图元，如图 3-67d 所示。

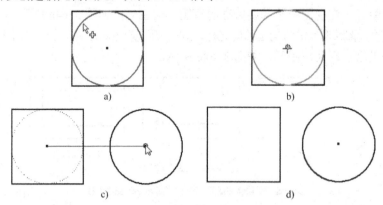

图 3-67　移动过程

a) 选择要移动的图元　**b)** 设置基准点　**c)** 移动图元　**d)** 完成移动

3.4.6　复制

（1）执行命令。单击"草图"选项卡"修改"面板上的"复制"按钮，打开图 3-68 所示的"复制"对话框。

（2）选择图元。在视图中选择要复制的草图几何图元，如图 3-69a 所示。

（3）设置基准点。选取基准点或选中"精确输入"复选框并输入坐标，如图 3-69b 所示。

图 3-68　"复制"对话框

（4）在要放置复制图元的方向上移动光标，此时可预览复制生成的图元，如图 3-69c 所示。动态预览将以虚线显示原始几何图元，以实线显示复制几何图元。

（5）单击以创建新几何图元，如图 3-69d 所示。

图 3-69　复制过程

a) 选择要复制的图元　**b)** 设置基准点　**c)** 复制图元　**d)** 完成复制

3.4.7　旋转

（1）执行命令。单击"草图"选项卡"修改"面板上的"旋转"按钮，打开图 3-70 所示的"旋转"对话框。

图 3-70　"旋转"对话框

（2）选择图元。在视图中选择要旋转的草图几何图元，如图 3-71a 所示。

（3）设置中心点。选取中心点或选中"精确输入"复选框并输入坐标，如图 3-71b 所示。

（4）在要旋转图元的方向上移动光标，此时可预览旋转生成的图元，如图 3-71c 所示。动态预览将以虚线显示原始几何图元，以实线显示旋转几何图元。

（5）单击以创建新几何图元，如图 3-71d 所示。

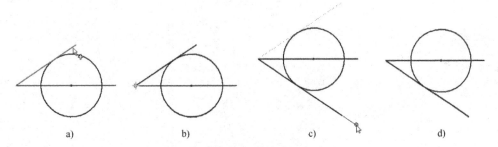

a)　　　　　　　　　　b)　　　　　　　　　　c)　　　　　　　　　　d)

图 3-71　旋转过程

a) 选择要旋转的图元　b) 设置中心点　c) 旋转图元　d) 完成旋转

3.4.8　拉伸

（1）执行命令。单击"草图"选项卡"修改"面板上的"拉伸"按钮，打开图 3-72 所示的"拉伸"对话框。

（2）选择图元。在视图中选择要拉伸的草图几何图元，如图 3-73a 所示。

（3）设置基准点。选取拉伸操作基准点或选中"精确输入"复选框并输入坐标，如图 3-73b 所示。

（4）移动光标，此时可预览拉伸生成的图元，如图 3-73c 所示。动态预览将以虚线显示原始几何图元，以实线显示拉伸几何图元。

（5）单击以创建新几何图元，如图 3-73d 所示。

图 3-72　"拉伸"对话框

图 3-73　拉伸过程

a) 选择要拉伸的图元　b) 设置基准点　c) 拉伸图元　d) 完成拉伸

3.4.9　缩放

缩放可统一更改选定二维草图几何图元中的所有尺寸的大小。选定几何图元和未选定几何图元之间共享的约束会影响缩放结果。

（1）执行命令。单击"草图"选项卡"修改"面板上的"缩放"按钮，打开图 3-74 所示的"缩放"对话框。

图 3-74　"缩放"对话框

（2）选择图元。在视图中选择要缩放的草图几何图元，如图 3-75a 所示。

图 3-75　缩放过程

a) 选择要缩放的图元　b) 设置基准点　c) 移动光标　d) 完成缩放

（3）设置基准点。选取缩放操作基准点或选中"精确输入"复选框，然后输入坐标，如图 3-75b 所示。

（4）移动光标，此时可预览缩放生成的图元，如图 3-75c 所示。动态预览将以虚线显示原始几何图元，以实线显示缩放的几何图元。

（5）单击以创建新几何图元，如图 3-75d 所示。

3.4.10　延伸

"延伸"命令用来清理草图或闭合处于开放状态的草图。

（1）执行命令。单击"草图"选项卡"修改"面板上的"延伸"按钮 。

（2）选择图元。在视图中选择要延伸的草图几何图元，如图 3-76a 所示。

（3）移动光标，此时可预览延伸生成的图元，如图 3-76a 所示。动态预览将以高亮显示原始几何图元，以实线显示延伸几何图元。

（4）单击以创建新几何图元，如图 3-76b 所示。

a)　　　　　　　　　　b)

图 3-76　延伸过程

a) 选择要延伸的图元　b) 完成延伸

提示：

　　曲线延伸以后，在延伸曲线和边界曲线端点处创建重合约束。如果曲线的端点具有固定约束，那么该曲线不能延伸。

3.4.11　修剪

修剪可以将选中曲线修剪到与最近曲线的相交处，该工具可在二维草图、部件和工程图中使用。在一个具有很多相交曲线的二维图环境中，该工具可很好地除去多余的曲线部分，使得图形更加整洁。

1．修剪单条曲线

（1）单击"草图"选项卡"修改"面板上的"修剪"按钮 。

（2）在视图中，在曲线上停留光标以预览修剪，如图 3-77a 所示，然后单击曲线完成操作。

（3）继续修剪曲线。

（4）若要退出修剪曲线操作，按〈Esc〉键，结果如图 3-77b 所示。

a)　　　　　　　　　b)

图 3-77　修剪过程

a) 选择要修剪的图元　b) 完成修剪

2．框选修剪曲线

（1）单击"草图"选项卡"修改"面板上的"修剪"按钮 。

（2）在视图中，按住鼠标左键，然后在草图上移动光标。

（3）光标接触到的所有直线和曲线均将被修剪，如图 3-78a 所示。

（4）若要退出修剪曲线操作，按〈Esc〉键，结果如图 3-78b 所示。

图 3-78　修剪过程

a) 划过曲线　b) 完成修剪

提示：

　　在曲线中间进行选择会影响离光标最近的端点，有多个交点时，将选择最近的一个。在修剪操作中，删除的是光标下面的部分。

技巧：

　　按〈Shift〉键或通过右键快捷菜单，在"修剪"和"延伸"之间切换。

3.5　草图几何约束

　　在草图的几何图元绘制完毕以后，往往需要对草图进行约束，如约束两条直线平行或垂直，约束两个圆同心等。

　　约束的目的就是保持图元之间的某种固定关系，这种关系不受被约束对象的尺寸或位置因素的影响。例如，在设计开始时要绘制一条直线和一个圆始终相切，如果圆的尺寸或位置在设计过程中发生改变，则这种相切关系将不会自动维持。但是如果给直线和圆添加了相切约束，则无论圆的尺寸和位置怎么改变，这种相切关系都会始终维持下去。

3.5.1　添加草图几何约束

　　几何约束位于"草图"选项卡"约束"面板上，如图 3-79 所示。

1. 重合约束

　　重合约束可将两点约束在一起或将一个点约束到曲线上。当此约束被应用到两个圆、圆弧或椭圆的中心点时，得到的结果与使用同心约束相同。使用时分别用鼠标选取两个或多个要施加约束的几何图元即可创建重合约束，这里的几何图元要求是两个点或一个点和一条线。

图 3-79　"约束"面板

提示：创建重合约束时需要注意以下几点。

　　（1）约束在曲线上的点可能会位于该线段的延伸线上。

　　（2）重合在曲线上的点可沿线滑动，因此这个点可位于曲线的任意位置，除非其他约束或尺寸阻止它移动。

（3）当使用重合约束来约束中点时，将创建草图点。

（4）如果两个要进行重合约束的几何图元都没有确定其他位置，则添加约束后二者的位置由第一条曲线的位置决定。

2．共线约束

共线约束使两条直线或椭圆轴位于同一条直线上。使用该约束工具时分别用鼠标选取两个或多个要施加约束的几何图元即可创建共线约束。如果两个几何图元都没有添加其他位置约束，则由所选的第一个图元的位置来决定另一个图元的位置。

3．同心约束

同心约束可将两段圆弧、两个圆或椭圆约束为具有相同的中心点，其结果与在曲线的中心点上应用重合约束是完全相同的。使用该约束工具时分别用鼠标选取两个或多个要施加约束的几何图元即可创建同心约束。需要注意的是，添加约束后的几何图元的位置由所选的第一条曲线来确定中心点，未添加其他约束的曲线被重置为与已约束曲线同心，其结果与应用到中心点的重合约束是相同的。

4．平行约束

平行约束可将两条或多条直线（或椭圆轴）约束为互相平行。使用时分别用鼠标选取两个或多个要施加约束的几何图元即可创建平行约束。

5．垂直约束

垂直约束可使所选的直线、曲线或椭圆轴相互垂直。使用时分别用鼠标选取两个要施加约束的几何图元即可创建垂直约束。需要注意的是，要对样条曲线添加垂直约束，约束必须应用于样条曲线和其他曲线的端点处。

6．水平约束

水平约束使直线、椭圆轴或成对的点平行于草图坐标系的 X 轴。添加了该几何约束后，几何图元的两点，如线的端点、中心点、中点或点等被约束到与 X 轴相等距离。使用该约束工具时分别用鼠标选取两个或多个要施加约束的几何图元即可创建水平约束，这里的几何图元是直线、椭圆轴或成对的点。

7．竖直约束

竖直约束可使直线、椭圆轴或成对的点平行于草图坐标系的 Y 轴。添加了该几何约束后，几何图元的两点，如线的端点、中心点、中点或点等被约束到与 Y 轴相等距离。使用该约束工具时分别用鼠标选取两个或多个要施加约束的几何图元即可创建竖直约束，这里的几何图元是直线、椭圆轴或成对的点。

8．相切约束

相切约束可将两条曲线约束为彼此相切，即使它们并不实际共享一个点（在二维草图中）。相切约束通常用于将圆弧约束到直线，也可使用相切约束指定如何约束与其他几何图元相切的样条曲线。在三维草图中，相切约束可应用于三维草图中的其他几何图元共享端点的三维样条曲线，包括模型边。使用时分别用鼠标选取两个或多个要施加约束的几何图元即可创建相切约束，这里的几何图元是直线和圆弧、直线和样条曲线或圆弧和样条曲线等。

9．平滑约束

平滑约束可在样条曲线和其他曲线（如曲线、圆弧或样条曲线）之间创建曲率连续的曲线。

10．对称约束

对称约束将使所选直线或曲线或圆相对于所选直线对称。应用这种约束时，约束的所选几何图元的线段会重新确定方向和大小。使用该约束工具时依次用鼠标选取两条直线或曲线或圆，然后选择它们的对称直线即可创建对称约束。注意，如果删除对称直线，将随之删除对称约束。

11．等长约束

等长约束将所选的圆弧和圆调整到具有相同半径，或将所选的直线调整到具有相同的长度。使用该约束工具时分别用鼠标选取两个或多个要施加约束的几何图元即可创建等长约束，这里的几何图元是直线、圆弧和圆。

> **提示：**
> 需要注意的是，要使几个圆弧或圆具有相同半径或使几条直线具有相同长度，可同时选择这些几何图元，接着单击等长约束工具。

12．固定约束

固定约束可将点和曲线固定到相对于草图坐标系的某个位置。如果移动或转动草图坐标系，固定曲线或点将随之运动。

3.5.2 显示草图几何约束

1．显示所有几何约束

在给草图添加几何约束以后，默认情况下这些约束是不显示的，但是用户可自行设定是否显示约束。如果要显示全部约束的话，可在草图绘制区域内右击，在图 3-80 所示的快捷菜单中选择"显示所有约束"选项；相反，如果要隐藏全部的约束，在快捷菜单中选择"隐藏所有约束"选项。

2．显示单个几何约束

单击"草图"选项卡"约束"面板上的"显示约束"按钮，在草图绘图区域选择某几何图元，则该几何图元的约束会显示。当鼠标位于某个约束符号的上方时，与该约束有关的几何图元会变为红色，以方便用户观察和选择。在显示约束的小窗口右部有一个关闭按钮，单击可关闭该约束窗口。另外，还可用鼠标移动约束显示窗口，用户可把它拖放到任何位置。

3.5.3 删除草图几何约束

图 3-80　快捷菜单

在约束符号上右击，在打开的快捷菜单中选择"删除"选项，删除约束。如果多条曲线共享一个点，则每条曲线上都显示一个重合约束。如果在其中一条曲线上删除该约束，此曲线将可被移动。其他曲线仍保持约束状态，除非删除所有重合约束。

草图注意事项：

（1）应该尽可能简化草图，复杂的草图会增加控制的难度。

（2）重复简单的形状来构建复杂的形体。

（3）不需要精确绘图，只需要大致接近。

（4）在图形稳定之前，接受默认的尺寸。

（5）先用几何约束，然后应用尺寸约束。

3.6 标注尺寸

给草图添加尺寸标注是草图设计过程中非常重要的一步，草图几何图元需要尺寸信息以便保持大小和位置，满足设计意图的需要。一般情况下，Inventor 中的所有尺寸都是参数化的。这意味着用户可通过修改尺寸来更改已经标注的项目，也可将尺寸指定为计算尺寸，它反映了项目的大小却不能用来修改项目的大小。向草图几何图元添加参数尺寸的过程也是用来控制草图中对象的大小和位置的约束的过程。在 Inventor 中，如果对尺寸值进行更改，草图也将自动更新，基于该草图的特征也会自动更新，正所谓"牵一发而动全身"。

3.6.1 自动标注尺寸

在 Inventor 中，可利用自动标注尺寸工具自动快速地给图形添加尺寸标注，该工具可计算所有的草图尺寸，然后自动添加。如果单独选择草图几何图元（如直线、圆弧、圆和顶点），系统将自动应用尺寸标注和约束。如果不单独选择草图几何图元，系统将自动对所有未标注尺寸的草图对象进行标注。"自动标注尺寸"命令可以帮助用户通过一个步骤迅速、快捷地完成草图的尺寸标注。

通过自动标注尺寸工具，用户可完全标注和约束整个草图；可识别特定曲线或整个草图，以便进行约束；可仅创建尺寸标注或约束，也可同时创建两者；可使用尺寸工具来提供关键的尺寸，然后使用"自动尺寸和约束"命令来完成对草图的约束；在复杂的草图中，如果不能确定缺少哪些尺寸，可使用"自动尺寸和约束"命令来完全约束该草图，用户也可删除自动标注的尺寸和约束。

（1）单击"草图"选项卡"约束"面板上的"自动尺寸和约束"按钮，打开如图 3-81 所示的"自动标注尺寸"对话框。

（2）接受默认设置以添加尺寸和约束，或清除复选框选择以防止应用关联项。

（3）在视图中选择单个的几何图元或选择多个几何图元，也可以按住鼠标左键并拖动，将所需的几何图元包含在选择窗口内，单击完成选择。

（4）在对话框中单击"应用"按钮，向所选的几何图元添加尺寸和约束，如图 3-82 所示。

"自动标注尺寸"对话框中的选项说明如下。

● 尺寸：选中此复选框，对所选的几何图元应用自动尺寸。

● 约束：选中此复选框，对所选的几何图元应用自动约束。

● 5 所需尺寸：显示要完全约束草图所需的约束和尺寸的数量。

如果从设置中排除了约束或尺寸，在显示的总数中也会减去相应的数量。

● 删除：从所选的几何图元中删除尺寸和约束。

图 3-81 "自动标注尺寸"对话框

图 3-82 标注尺寸

3.6.2 手动标注尺寸

虽然自动标注尺寸功能强大，省时省力，但是很多设计人员在实际工作中仍是手动标注尺寸。手动标注尺寸的一个优点就是可很好地体现设计思路，设计人员可选择在标注过程中体现重要的尺寸，以便加工人员更好地掌握设计意图。

1. 线性尺寸标注

线性尺寸标注用来标注线段的长度，或标注两个图元之间的线性距离，如点和直线的距离。

（1）单击"草图"选项卡"约束"面板上的"尺寸"按钮，然后选择图元即可。

（2）要标注一条线段的长度，单击该线段即可。

（3）要标注平行线之间的距离，分别单击两条线即可。

（4）要标注点到点或点到线的距离，单击两个点或点与线即可。

（5）移动鼠标预览标注尺寸的方向，最后单击以完成标注。图 3-83 所示显示了线性尺寸标注的几种样式。

2. 圆弧尺寸标注

（1）单击"草图"选项卡"约束"面板上的"尺寸"按钮，然后选择要标注的圆或圆弧，这时会出现标注尺寸的预览。

（2）如果当前选择标注半径，那么单击右键，在打开的快捷菜单中可看到"直径"选项，选择即可标注半径，如图 3-84 所示。如果当前标注的是直径，则在打开的快捷菜单中会出现"半径"选项，读者可根据自己的需要灵活地在二者之间切换。

（3）单击左键完成标注。

3. 角度标注

角度标注可标注相交线段形成的夹角，也可标注不共线的 3 个点之间的角度，还可对圆弧形成的角进行标注，标注的时候只要选择好形成角的元素即可。

（1）如果要标注相交直线的夹角，只要依次选择这两条直线即可。

（2）如果要标注不共线的 3 个点之间的角度，依次选择这 3 个点即可。

（3）如果要标注圆弧的角度，只要依次选取圆弧的一个端点、圆心和圆弧的另外一个端点即可。图 3-85 所示是角度标注范例示意图。

图 3-83　线性尺寸标注样式　　　　　　　图 3-84　圆弧尺寸标注

图 3-85　角度标注范例

3.6.3 编辑草图尺寸

用户可在任何时候编辑草图尺寸，不管草图是否已经退化。如果草图未退化，它的尺寸是可见的，可直接编辑；如果草图已经退化，用户可在浏览器中选择该草图并激活草图进行编辑。

（1）在草图上右击，在打开的快捷菜单中选择"编辑草图"选项，如图 3-86 所示。

图 3-86　快捷菜单

（2）进入草图绘制环境。双击要修改的尺寸数值，如图3-87a所示。

（3）打开"编辑尺寸"对话框，直接在文本框里输入新的尺寸数据，如图3-87b所示。也可以在文本框中使用计算表达式，常用的符号是：+、-、*、/、（）等，还可以使用一些函数。

（4）在"编辑尺寸"对话框中单击 ✔ 按钮接受新的尺寸，如图3-87c所示。

图3-87　编辑尺寸

a) 选取尺寸并双击　b) 输入新的尺寸值　c) 修改后的图形

3.6.4　计算尺寸

计算尺寸是草图中可以被引用，但不能修改数据的尺寸，类似于机械设计中的参考尺寸，在草图中该尺寸的数据被括号括起。

单击"草图"选项卡"约束"面板中的"尺寸"按钮 和"格式"面板中的"联动尺寸"按钮，可将普通尺寸标注为计算尺寸，如图3-88所示。

图3-88　标注为计算尺寸

当尺寸标注产生了重复约束，系统会弹出提示对话框，接受后该尺寸变为计算尺寸，如图3-89所示。

选择图形中的普通尺寸，单击鼠标右键，在弹出的快捷菜单中选择"联动尺寸"命令，即可将普通尺寸变为计算尺寸，如图3-90所示。

图 3-89 计算尺寸

图 3-90 将普通尺寸变为计算尺寸

3.6.5 尺寸的显示设置

在图形区没有选择任何元素的情况下，右键快捷菜单中的"尺寸显示"选项图 3-91 所示。在级联菜单中可以选择尺寸显示方式，其中的 4 种尺寸显示方式如图 3-92 所示。

图 3-91 快捷菜单

图 3-92 尺寸显示方式

a) 值　b) 名称　c) 表达式　d) 精确值

3.7 草图插入

在 Inventor 中可以导入外部文件供设计者使用，例如，其他 CAD 文件、图片和 Excel
表等。

1. 插入图像

（1）单击"草图"选项卡"插入"面板上的"插入图像"按钮，打开"打开"对话
框，选择一个图像文件，如图 3-93 所示。

（2）单击"打开"按钮，将图像文件放置到草图中适当位置单击，完成图像的插入。继
续单击可再放置图像。如果不再继续放置图像，可单击鼠标右键，在弹出的图 3-94 所示的
快捷菜单中选择"确定"选项，结束图像的放置，如图 3-95 所示。

图 3-93 "打开"对话框

（3）插入后的图像带有边框线，可以通过调整边框线的大小来调整图像文件的位置和大小，如图 3-96 所示。

图 3-94 快捷菜单

图 3-95 插入图像

图 3-96 调整图像

2. 导入点

在二维、三维草图或工程图草图中，通过输入按一定格式填写数据的 Excel 文件，可以导入多个点，这些点可以以直线或样条曲线的方式连接。

导入点所选的格式要求如下。

（1）点表格必须为文件中的第一个工作表。

（2）表格始终从单元 A1 开始。

（3）如果第一个单元（A1）包含度量单位，则将其应用于电子表格中的所有点。如果未指定单位，则使用默认的文件单位。

（4）必须按照以下顺序定义列：列 A 表示 x 坐标、列 B 表示 y 坐标，列 C 表示 z 坐标。

单元可以包含公式，但是公式必须可计算出数值。点与电子表格的行相对应，第一个导入点与第一行的坐标相对应，以此类推。如果样条曲线或直线自动创建，则它将以第一点开始，并基于其他点的导入顺序穿过这些点。

创建步骤如下。

（1）单击"草图"选项卡"插入"面板中的"点"按钮，打开"打开"对话框，选择 Excel 文件，如图 3-97 所示。

图 3-97　"打开"对话框

（2）单击"打开"按钮，根据 Excel 数据创建的点显示到草图中，如图 3-98 所示。

图 3-98　创建点

（3）若在"打开"对话框中单击"选项"按钮，则打开图 3-99 所示的"文件打开选项"对话框，默认选择"创建点"选项。如果选择"创建直线"选项，则单击"确定"按钮后将根据坐标自动创建直线，如图 3-100 所示；如果选择"创建样条曲线"选项，则单击"确定"按钮后将根据坐标自动创建样条曲线，如图 3-101 所示。

图 3-99　"文件打开选项"对话框

图 3-100　创建直线

图 3-101　创建样条曲线

3．插入 AutoCAD 文件

（1）单击"草图"选项卡"插入"面板上的"插入 AutoCAD 文件"按钮，打开"打开"对话框，选择"曲柄"文件，如图 3-102 所示。

图 3-102　"打开"对话框

（2）单击"打开"按钮，打开图 3-103 所示的"图层和对象导入选项"对话框，选择要导入的图层，也可以全部导入。

图 3-103　"图层和对象导入选项"对话框

（3）单击"下一步"按钮，打开图 3-104 所示的"导入目标选项"对话框，单击"完成"按钮，将 AutoCAD 图导入到 Inventor 草图中，如图 3-105 所示。

图 3-104　"导入目标选项"对话框

图 3-105　曲柄草图

3.8　综合实例——连接片草图

本实例绘制连接片草图，如图 3-106 所示。

图 3-106　连接片草图

操作步骤

（1）新建文件。运行 Inventor，选择"快速入门"选项卡，单击"启动"面板中的"新建"按钮，在打开的"新建文件"对话框中"Templates"选项卡的"零件"下拉列表中选择"Standard.ipt"选项，单击"创建"按钮，新建一个零件文件。

（2）进入草图环境。单击"三维模型"选项卡"草图"面板中的"开始创建二维草图"按钮，选择 XZ 基准平面为草图绘制面，进入草图环境。

（3）绘制中心线。单击"草图"选项卡"格式"面板中的"中心线"按钮和单击"草图"选项卡"创建"面板的"直线"按钮，绘制中心线，如图 3-107 所示。

（4）绘制圆。单击"草图"选项卡"创建"面板中的"圆心圆"按钮，绘制图 3-108 所示的草图。

图 3-107　绘制中心线　　　　　　　　　图 3-108　绘制圆

（5）绘制直线。单击"草图"选项卡"创建"面板中的"直线"按钮，绘制直线，如图 3-109 所示。

（6）添加相等约束。单击"草图"选项卡"约束"面板中的"相等约束"按钮，将两条斜直线添加相等关系，如图 3-110 所示。

图 3-109　绘制直线

图 3-110　添加相等关系

（7）单击"草图"选项卡"约束"面板中的"对称约束"按钮，添加两条斜直线与中心线的对称关系，如图 3-111 所示。

（8）标注尺寸。单击"草图"选项卡"约束"面板中的"尺寸"按钮，进行尺寸约束，如图 3-112 所示。

图 3-111　添加对称关系

图 3-112　标注尺寸

（9）阵列图形。单击"草图"选项卡"阵列"面板中的"环形阵列"按钮，打开图 3-113 所示的"环形阵列"对话框，选择小圆和线段为阵列图元，选择中心线交点为阵列中心，输入阵列个数为"3"，角度为"360°"，单击"确定"按钮，完成阵列。

（10）修剪图形。单击"草图"选项卡"修改"面板中的"修剪"按钮，修剪多余的线段，如图 3-114 所示。

图 3-113　"环形阵列"对话框

图 3-114　修剪线段

第4章 草图特征

 知识导引

大多数零件都是从绘制草图开始的。草图是创建特征所需的轮廓和任意几何图元的截面轮廓。草图零件特征取决于草图几何图元，零件的第一个特征通常是一个草图特征。所有的草图几何图元都是在草图环境中使用草图命令创建和编辑的。

4.1 基本体素

基本体素是从 Inventor 2013 开始新增的功能，本节主要介绍它的操作功能。

4.1.1 长方体

自动创建草图并执行拉伸过程创建长方体。创建长方体特征的步骤如下。

（1）单击"三维模型"选项卡"基本要素"面板上的"长方体"按钮<img>，选取图 4-1 所示的平面为草图绘制面。

（2）绘制草图，如图 4-2 所示，在"尺寸"文本框中直接输入尺寸或直接单击完成草图，返回到模型环境中。

图 4-1 选择草绘平面

图 4-2 绘制草图

（3）在弹出的对话框或小工具栏中设置拉伸参数，如输入拉伸距离、调整拉伸方向等，如图 4-3 所示。

（4）在对话框中单击"确定"按钮，完成长方体特征的创建，如图 4-4 所示。

图 4-3　设置拉伸参数　　　　　　　　　图 4-4　完成长方体创建

4.1.2　圆柱体

创建圆柱体特征的步骤如下。

（1）单击"三维模型"选项卡"基本要素"面板上的"圆柱体"按钮，选取图 4-5 所示的平面为草图绘制面。

（2）绘制草图，如图 4-6 所示，直接在"尺寸"文本框中输入直径尺寸或单击完成圆的绘制，返回到模型环境中。

图 4-5　选择草绘平面　　　　　　　　　图 4-6　绘制草图

（3）在弹出的对话框或小工具栏中设置拉伸参数，如输入拉伸距离、调整拉伸方向等，如图 4-7 所示。

（4）在对话框中单击"确定"按钮，完成圆柱体特征的创建，如图 4-8 所示。

图 4-7　设置拉伸参数　　　　　　　　　图 4-8　完成圆柱体创建

4.1.3 实例——垫圈

绘制图 4-9 所示的垫圈。

图 4-9 垫圈

操作步骤

（1）新建文件。单击"快速访问"工具栏上的"新建"按钮，在打开的图 4-10 所示的"新建文件"对话框中"Templates"选项卡的"零件"下拉列表中选择"Standard.ipt"选项，单击"创建"按钮，新建一个零件文件。

图 4-10 "新建文件"对话框

（2）创建圆柱体 1。单击"三维模型"选项卡"基本要素"面板上的"圆柱体"按钮，选择 *XZ* 平面为草图绘制平面，直接绘制圆，输入直径为"12.2"，如图 4-11 所示，按〈Enter〉键后返回到建模环境，输入拉伸距离为"2.1"，如图 4-12 所示，单击"确定"按钮，完成圆柱体 1 的创建，如图 4-13 所示。

图 4-11　绘制圆 1　　　　　　　　　　　　图 4-12　设置拉伸参数

（3）创建圆柱体 2。单击"三维模型"选项卡"基本要素"面板上的"圆柱体"按钮，选择图 4-14 所示的上表面为草图绘制平面，进入草图绘制环境。直接绘制圆，输入直径为"8.1"，如图 4-15 所示，按〈Enter〉键后返回到建模环境，拉伸范围选择"贯通"选项，选择求差方式，如图 4-16 所示，单击"确定"按钮，完成垫圈的创建，如图 4-17 所示。

图 4-13　创建的圆柱体 1　　　　　　　　　　图 4-14　选择平面

图 4-15　绘制圆 2　　　　　　　　　　　　图 4-16　设置参数

（4）保存文件。单击"快速访问"工具栏上的"保存"按钮，打开图 4-18 所示的"另存为"对话框，输入文件名为"垫圈.ipt"，单击"保存"按钮，保存文件。

图 4-17 完成垫圈的创建

图 4-18 "另存为"对话框

4.1.4 球体

创建球体特征的步骤如下。

（1）单击"三维模型"选项卡"基本要素"面板上的"球体"按钮 ，选取图 4-19 所示的平面为草图绘制面。

（2）绘制草图，如图 4-20 所示，直接在"尺寸"文本框中输入直径尺寸或单击完成圆的绘制，返回到模型环境中。

图 4-19 选择草绘平面

图 4-20 绘制草图

（3）在弹出的对话框或小工具栏中设置旋转参数，如图 4-21 所示。

（4）在对话框中单击"确定"按钮，完成球体特征的创建，如图 4-22 所示。

图 4-21 设置旋转参数

图 4-22 完成球体

4.1.5 圆环体

创建圆环体特征的步骤如下。

（1）单击"三维模型"选项卡"基本要素"面板上的"圆环体"按钮◎，选取图 4-23 所示的平面为草图绘制面。

（2）绘制草图，如图 4-24 所示，直接在"尺寸"文本框中输入直径尺寸或单击完成圆的绘制，返回到模型环境中。

图 4-23　选择草绘平面

图 4-24　绘制草图

（3）在弹出的对话框或小工具栏中设置旋转参数，如图 4-25 所示。

（4）在对话框中单击"确定"按钮，完成圆环体特征的创建，如图 4-26 所示。

图 4-25　设置旋转参数

图 4-26　完成圆环体

技巧：

基本要素形状与普通拉伸有何不同之处？

如果在"基本要素"面板中指定长方体或圆柱体，则会自动创建草图并执行拉伸过程。而普通拉伸则是用户选择草图的起始平面，创建截面轮廓，然后创建实体。基本要素形状创建命令不能创建曲面。

4.2　特征创建

本节主要介绍拉伸、旋转、扫掠、螺旋扫掠等创建特征的方法。

4.2.1 拉伸

将一个草图中的一个或多个轮廓沿着草图所在面的法向延伸出特征实体，沿延伸方向，可控制锥角，也可以创建曲面。创建拉伸特征的步骤如下。

（1）单击"三维模型"选项卡"创建"面板上的"拉伸"按钮，打开图 4-27 所示的"拉伸"对话框。

（2）在视图中选取要拉伸的截面，如图 4-28 所示。

图 4-27 "拉伸"对话框

图 4-28 选取拉伸截面

（3）在对话框或小工具栏中设置拉伸参数，如输入拉伸距离、调整拉伸方向等，如图 4-29 所示。

（4）在对话框中单击"确定"按钮，完成拉伸特征的创建，如图 4-30 所示。

图 4-29 设置拉伸参数

图 4-30 完成拉伸特征的创建

"拉伸"对话框的选项说明如下。

1. 截面轮廓形状

进行拉伸操作的第一个步骤就是利用"拉伸"对话框上的"截面轮廓"选择按钮选择截面轮廓。在选择截面轮廓时，可以选择多种类型的截面轮廓创建拉伸特征。

（1）可选择单个截面轮廓，系统会自动选择该截面轮廓。

（2）可选择多个截面轮廓，如图 4-31 所示。

（3）要取消某个截面轮廓的选择，按下〈Ctrl〉键，然后单击要取消的截面轮廓即可。

（4）可选择嵌套的截面轮廓，如图 4-32 所示。

图4-31 选择多个截面轮廓

图4-32 选择嵌套的截面轮廓

（5）还可选择开放的截面轮廓，该截面轮廓将延伸它的两端直到与下一个平面相交，拉伸操作将填充最接近的面，并填充周围孤岛（如果存在）。这种方式对部件拉伸来说是不可用的，它只能形成拉伸曲面，如图4-33所示。

2. 输出方式

拉伸操作提供两种输出方式——实体和曲面。单击"实体"按钮 可将一个封闭的截面形状拉伸成实体，单击"曲面"按钮 可将一个开放的或封闭的曲线形状拉伸成曲面。图4-34所示是将封闭曲线和开放曲线拉伸成曲面的示意图。

图4-33 拉伸形成曲面

图4-34 将封闭曲线和开放曲线拉伸成曲面

3. 布尔操作

布尔操作提供了3种操作方式，即求并、求差和求交。

- 求并 ，将拉伸特征产生的体积添加到另一个特征上去，二者合并为一个整体，如图4-35a所示。
- 求差 ，从另一个特征中去除由拉伸特征产生的体积，如图4-35b所示。
- 求交 ，将拉伸特征和其他特征的公共体积创建为新特征，未包含在公共体积内的材料被全部去除，如图4-35c所示。

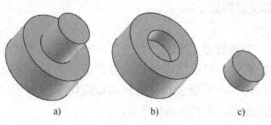

图4-35 布尔操作

a) 求并 b) 求差 c) 求交

4．终止方式

终止方式用来确定要把轮廓截面拉伸的距离，也就是说要把截面拉伸到什么范围才停止。用户完全可决定用指定的深度进行拉伸，或使拉伸终止到工作平面、构造曲面或零件面（包括平面、圆柱面、球面或圆环面）。在 Inventor 中，提供了 5 种终止方式，即距离、表面或平面、到、介于两面之间、贯通。

- 距离：系统的默认方式，它需要指定起始平面和终止平面之间建立拉伸的深度。在该模式下，需要在"拉伸深度"文本框中输入具体的深度数值，数值可有正负，正值代表拉伸方向为正方向。有 4 种方向的拉伸，分别是 [图标]方向 1 拉伸、[图标]方向 2 拉伸，[图标]对称拉伸和 [图标]不对称拉伸，如图 4-36 所示。

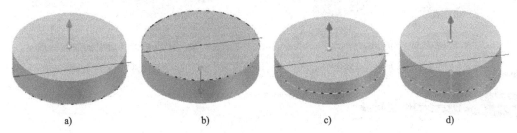

图 4-36　4 种方向的拉伸

a) 方向 1　b) 方向 2　c) 对称　d) 不对称

- 到表面或平面：需要用户选择下一个可能的表面或平面，以指定的方向终止拉伸。可拖动截面轮廓使其反向拉伸到草图平面的另一侧。

- 到：对于零件拉伸来说，需要选择终止拉伸的面或平面。可在所选面上，或在终止平面延伸的面上终止零件特征。对于部件拉伸，选择终止拉伸的面或平面，可选择位于其他零部件上的面和平面。创建部件拉伸时，所选的面或平面必须位于相同的部件层次，也就是说 A 部件的零件拉伸只能选择 A 部件的子零部件的平面作为参考。选择终止平面后，如果终止选项不明确，可使用"其他"选项卡中的选项指定为特定的方式，如在圆柱面或不规则曲面上。

- 介于两面之间：对于零件拉伸来说，需要选择拉伸的起始和终止面或平面；对于部件拉伸来说，也选择终止拉伸的面或平面，可选择位于其他零部件上的面和平面，但是所选的面或平面必须位于相同的部件层次。

- 贯通：可使得拉伸特征在指定方向上贯通所有特征和草图拉伸截面轮廓。可通过拖动截面轮廓的边，将拉伸反向到草图平面的另一端。

5．匹配形状

如果选择了"匹配形状"选项，将创建填充类型操作。将截面轮廓的开口端延伸到公共边或面，所需的面将被缝合在一起，以形成与拉伸实体的完整相交。如果取消选择"匹配形状"选项，则通过将截面轮廓的开口端延伸到零件，并通过包含由草图平面和零件的交点定义的边来消除开口端之间的间隙，以闭合开放的截面轮廓，按照指定闭合截面轮廓的方式来创建拉伸。

6．拉伸角度

对于所有终止方式类型，都可为拉伸（垂直于草图平面）设置最大为 180°的拉伸斜角，拉伸斜角在两个方向对等延伸。如果指定了拉伸斜角，图形窗口中会有符号显示拉伸斜角的固定边和方向，如图 4-37 所示。

拉伸斜角功能的一个常用用途就是创建锥形。要在一个方向上使特征变成锥形，在创建拉伸特征时，使用"拉伸角度"命令为特征指定拉伸斜角。在指定拉伸斜角时，正角表示实体沿拉伸矢量方向增加截面面积，负角相反，如图 4-38 所示。对于嵌套截面轮廓来说，正角导致外回路增大，内回路减小，负角相反。

a)　　　　　　b)

图 4-37　拉伸斜角

a) 显示固定边和方向　b) 斜角

a)　　　　　　b)

图 4-38　不同拉伸角度时的拉伸结果

a) 正拉伸斜角　b) 负拉伸斜角

4.2.2　实例——液压杆 1

本实例创建图 4-39 所示的液压杆 1。

图 4-39　液压杆 1

操作步骤

（1）新建文件。单击"快速访问"工具栏中的"新建"按钮，在打开的"新建文件"对话框中"Templates"选项卡的"零件"下拉列表中选择"Standard.ipt"选项，单击"创建"按钮，新建一个零件文件。

（2）创建草图。单击"三维模型"选项卡"草图"面板中的"开始创建二维草图"按钮，选择 *XZ* 平面为草图绘制平面，进入草图绘制环境。单击"草图"选项卡"创建"面板中的"圆心圆"按钮，绘制草图。单击"约束"面板中的"尺寸"按钮，标注尺寸如图 4-40 所示。单击"草图"标签中的"完成草图"按钮，退出草图环境。

（3）创建拉伸体。单击"三维模型"选项卡"创建"面板中的"拉伸"按钮，打开"拉伸"对话框，系统自动选取上一步绘制的草图为拉伸截面轮廓，将拉伸距离设置为"25"mm，单击"对称"按钮，如图 4-41 所示。单击"确定"按钮，完成拉伸，如图 4-42 所示。

图 4-40　绘制草图 1

图 4-41　拉伸示意图 1

（4）创建工作平面。单击"三维模型"选项卡"定位特征"面板中的"从平面偏移"按钮，在浏览器的原始坐标系下选择 *YZ* 平面，输入距离为"145"，如图 4-43 所示。

图 4-42　拉伸体　　　　　　　　　　　图 4-43　偏移工作平面

（5）创建草图。单击"三维模型"选项卡"草图"面板中的"开始创建二维草图"按钮，在浏览器中选择"工作平面 1"为草图绘制平面，进入草图绘制环境。单击"草图"选项卡"创建"面板中的"圆心圆"按钮，绘制草图。单击"约束"面板中的"尺寸"按钮，标注尺寸如图 4-44 所示。单击"草图"标签中的"完成草图"按钮，退出草图环境。

（6）创建拉伸体。单击"三维模型"选项卡"创建"面板中的"拉伸"按钮，打开"拉伸"对话框，系统自动选取上一步绘制的草图为拉伸截面轮廓，设置拉伸范围为"到表面或平面"，如图 4-45 所示。单击"确定"按钮完成拉伸，如图 4-39 所示。

（7）隐藏工作平面。在浏览器中选择"工作平面 1"，单击鼠标右键，在打开的快捷菜单中选择"可见性"选项，如图 4-46 所示，取消"可见性"的选择，隐藏工作平面。

图 4-44　绘制草图 2　　　　　图 4-45　拉伸示意图 2　　　　图 4-46　快捷菜单

（8）保存文件。单击"快速访问"工具栏中的"保存"按钮，打开"另存为"对话框，输入文件名为"液压杆 1.ipt"，单击"保存"按钮，保存文件。

4.2.3 旋转

将一个封闭的或不封闭的截面轮廓围绕选定的旋转轴来创建旋转特征，如果截面轮廓是封闭的，则创建实体特征；如果是非封闭的，则创建曲面特征。创建旋转特征的步骤如下。

（1）单击"三维模型"选项卡"创建"面板上的"旋转"按钮，打开图 4-47 所示的"旋转"对话框。

（2）在视图中选取要旋转的截面，如图 4-48 所示。

（3）在视图中选取作为旋转的轴线，如图 4-49 所示。

图 4-47　"旋转"对话框

图 4-48　选取截面

图 4-49　选取旋转轴

（4）在对话框或小工具栏中设置旋转参数，如输入旋转角度、调整旋转方向等，如图 4-50 所示。

（5）在对话框中单击"确定"按钮，完成旋转特征的创建，如图 4-51 所示。

图 4-50　设置旋转参数

图 4-51　完成旋转

可以看到很多造型因素和拉伸特征的造型因素相似，所以这里不再花费太多笔墨详述，仅就其中的不同项进行介绍。旋转轴可以是已经存在的直线，也可以是工作轴或构造线。在一些软件（如 Creo）中，旋转轴必须是参考直线，这就不如 Inventor 方便和快捷。旋转特征的终止方式可以是整周或角度，如果选择角度的话，用户需要自己输入旋转的角度值，还可单击方向箭头以选择旋转方向，或在两个方向上等分输入的旋转角度。

技巧：

用什么定义旋转特征的尺寸和形状？

旋转特征最终的大小和形状是由截面轮廓草图的尺寸和旋转截面轮廓的旋转角度所决定的。绕草图上的轴旋转可以生成实体特征，如盘、轮毂和斜齿轮毛坯。绕距离草图一定偏移距离的轴旋转可以创建带孔的实体，如垫圈、瓶和导管。可以使用开放的或闭合的截面轮廓来创建一个曲面，该曲面可以用作构造曲面或用来设计复杂的形状。

4.2.4 实例——圆柱连接

绘制如图 4-52 所示的圆柱连接。

操作步骤

（1）新建文件。单击"快速访问"工具栏中的"新建"按钮，在打开的"新建文件"对话框的"Templates"选项卡中的"零件"下拉列表中选择"Standard.ipt"选项，单击"创建"按钮，新建一个零件文件。

图 4-52 圆柱连接

（2）创建草图。单击"三维模型"选项卡"草图"面板中的"开始创建二维草图"按钮，选择 *XZ* 平面为草图绘制平面，进入草图绘制环境。单击"草图"选项卡"创建"面板中的"直线"按钮，绘制草图。单击"约束"面板中的"尺寸"按钮，标注尺寸如图 4-53 所示。单击"草图"标签中的"完成草图"按钮，退出草图环境。

（3）创建旋转体。单击"三维模型"选项卡"创建"面板中的"旋转"按钮，打开"旋转"对话框，由于草图中只有图 4-53 所示的一个截面轮廓，所以自动被选取为旋转截面轮廓，选取竖直直线段为旋转轴，如图 4-54 所示。单击"确定"按钮完成旋转，如图 4-52 所示。

图 4-53 绘制草图

图 4-54 设置参数

（4）保存文件。单击"快速访问"工具栏中的"保存"按钮，打开"另存为"对话框，输入文件名为"圆柱连接.ipt"，单击"保存"按钮，保存文件。

4.2.5　扫掠

在实际操作中，常常需要创建一些沿着一个不规则轨迹有着相同截面形状的对象，如管道和管路的设计、把手、衬垫凹槽等。Inventor 提供了"扫掠"命令用来完成此类特征的创建，该命令通过沿一条平面路径移动草图截面轮廓来创建特征。如果截面轮廓是曲线，则创建曲面，如果是闭合曲线，则创建实体。

创建扫掠特征最重要的两个要素就是截面轮廓和扫掠路径。

截面轮廓可以是闭合的或非闭合的曲线，截面轮廓可嵌套，但不能相交。如果选择多个截面轮廓，可按下〈Ctrl〉键，然后继续选择即可。

扫掠路径可以是开放的曲线或闭合的回路，截面轮廓在扫掠路径的所有位置都与扫掠路径保持垂直，扫掠路径的起点必须放置在截面轮廓和扫掠路径所在平面的相交处。扫掠路径草图必须在与扫掠截面轮廓平面相交的平面上。创建扫掠特征的步骤如下。

（1）单击"三维模型"选项卡"创建"面板上的"扫掠"按钮，打开图 4-55 所示的"扫掠"对话框。

（2）在视图中选取扫掠截面，如图 4-56 所示。

（3）在视图中选取扫掠路径，如图 4-57 所示。

（4）在对话框中设置扫掠参数，如扫掠类型、扫掠方向等。

图 4-55　"扫掠"对话框

（5）在对话框中单击"确定"按钮，完成扫掠特征的创建，如图 4-58 所示。

图 4-56　选取截面

图 4-57　选取路径

图 4-58　完成扫掠

"扫掠"对话框中的选项说明如下。

1．扫掠类型

在"类型"下拉列表框中可以选择路径、路径和引导轨道以及路径和引导曲面。

● 路径：通过沿路径扫掠截面轮廓来创建扫掠特征。

● 路径和引导轨道：通过沿路径扫掠截面轮廓来创建扫掠特征。引导轨道选择可以控制扫掠截面轮廓的比例和扭曲的引导曲线或轨道。引导轨道必须穿透截面轮廓平面。

● 路径和引导曲面：通过沿路径和引导曲面扫掠截面轮廓来创建扫掠特征。引导曲面可以控制扫掠截面轮廓的扭曲。引导曲面选择一个曲面，该曲面的法向可以控制绕路径扫掠截面轮廓的扭曲。要获得最佳结果，路径应该位于引导曲面上或附近。

2．方向选项

"方向"选项有两种方式可以选择，分别是"路径" 和 "平行" 。

● 路径 ：保持该扫掠截面轮廓相对于路径不变，所有扫掠截面都维持与该路径相关的原始截面轮廓。

● 平行 ：将使扫掠截面轮廓平行于原始截面轮廓。

3．锥度

在"扩张角"文本框中还可设置扫掠斜角。扫掠斜角是扫掠垂直于草图平面的斜角。如果指定了扫掠斜角，将有一个符号显示扫掠斜角的固定边和方向，它对于闭合的扫掠路径不可用。角度可正可负，正的扫掠斜角使扫掠特征沿离开起点方向的截面面积增大，负的扫掠斜角使扫掠特征沿离开起点方向的截面面积减小。对于嵌套截面轮廓来说，扫掠斜角的符号（正或负）应用在嵌套截面轮廓的外环，内环为相反的符号。图 4-59 所示为扫掠斜角为 0°和 5°时的区别。

4．优化单个选择

选中"优化单个选择"复选框，进行单个选择后，即自动前进到下一个选择器。进行多项选择时清除该复选框的选择。

a) b)

图 4-59 不同扫掠斜角下的扫掠结果

a) 0°扫掠斜角 b) 5°扫掠斜角

4.2.6 实例——扳手

本实例创建图 4-60 所示的扳手。

操作步骤

（1）新建文件。单击"快速访问"工具栏中的"新建"按钮 ，在打开的"新建文件"对话框中"Templates"选项卡的"零件"下拉列表中选择"Standard.ipt"选项，单击"创建"按钮，新建一个零件文件。

图 4-60 扳手

（2）创建草图。单击"三维模型"选项卡"草图"面板中的"开始创建二维草图"按钮，选择 *XY* 平面为草图绘制平面，进入草图绘制环境。单击"草图"选项卡"创建"面板中的"圆心圆"按钮，绘制草图。单击"约束"面板中的"尺寸"按钮，标注尺寸如图 4-61 所示。单击"草图"标签中的"完成草图"按钮，退出草图环境。

（3）创建拉伸体。单击"三维模型"选项卡"创建"面板中的"拉伸"按钮，打开"拉伸"对话框，系统自动选取上一步绘制的草图为拉伸截面轮廓，将拉伸距离设置为"10mm"，如图 4-62 所示。单击"确定"按钮完成拉伸，如图 4-63 所示。

图 4-61 绘制草图 1

图 4-62 拉伸示意图 1

图 4-63 拉伸体 1

（4）创建草图。单击"三维模型"选项卡"草图"面板中的"开始创建二维草图"按钮，选择拉伸体的上表面为草图绘制平面，进入草图绘制环境。单击"草图"选项卡"创建"面板中的"多边形"按钮，在打开的"多边形"对话框中输入边数为"4"，绘制草图。单击"约束"面板中的"尺寸"按钮，标注尺寸如图 4-64 所示。单击"草图"标签中的"完成草图"按钮，退出草图环境。

（5）创建拉伸体。单击"三维模型"选项卡"创建"面板中的"拉伸"按钮，打开"拉伸"对话框，选取上一步绘制的草图为拉伸截面轮廓，选择求差方式，设置拉伸范围为"贯通"，调整拉伸方向，如图 4-65 所示。单击"确定"按钮，完成拉伸，如图 4-66 所示。

图 4-64 绘制草图 2

图 4-65 拉伸示意图 2

图 4-66 拉伸体 2

（6）创建草图。单击"三维模型"选项卡"草图"面板中的"开始创建二维草图"按钮，选择 *XZ* 平面为草图绘制平面，进入草图绘制环境。单击"草图"选项卡"创建"面板中的"矩形"按钮，绘制草图。单击"约束"面板中的"尺寸"按钮，标注尺寸如图 4-67 所示。单击"草图"标签中的"完成草图"按钮，退出草图环境。

图 4-67　绘制草图 3

（7）创建拉伸体。单击"三维模型"选项卡"创建"面板中的"拉伸"按钮，打开"拉伸"对话框，选取上一步绘制的草图为拉伸截面轮廓，设置拉伸范围为"贯通"，单击"对称"按钮，选择求差方式，如图 4-68 所示。单击"确定"按钮完成拉伸，如图 4-69 所示。

图 4-68　拉伸示意图 3

图 4-69　拉伸体 3

（8）创建扫掠路径。单击"三维模型"选项卡"草图"面板中的"开始创建二维草图"按钮，选择 *XZ* 平面为草图绘制平面，进入草图绘制环境。单击"草图"选项卡"创建"面板中的"直线"按钮，绘制草图。单击"约束"面板中的"尺寸"按钮，标注尺寸如图 4-70 所示。单击"草图"标签中的"完成草图"按钮，退出草图环境。

（9）创建工作平面。单击"三维模型"选项卡"定位特征"面板中的"平行于平面且通过点"按钮，选择 *YZ* 平面和上一步绘制的草图的端点，如图 4-71 所示。

图 4-70　绘制扫掠路径

图 4-71　创建工作平面

（10）创建扫掠截面。单击"三维模型"选项卡"草图"面板中的"开始创建二维草图"按钮⬚，选择上一步创建的工作平面为草图绘制平面，进入草图绘制环境。单击"草图"选项卡"创建"面板中的"矩形"按钮▭，绘制草图。单击"约束"面板中的"尺寸"按钮⬚，标注尺寸如图4-72所示。单击"草图"标签中的"完成草图"按钮✔，退出草图环境。

图4-72 绘制扫掠截面

（11）创建扫掠体。单击"三维模型"选项卡"创建"面板中的"扫掠"按钮🌀，打开"扫掠"对话框，选取第（10）步创建的草图为扫掠截面轮廓，选取第（8）步创建的草图为扫掠路径，设置扫掠"类型"为"路径"，"方向"选择"平行"，如图4-73所示。单击"确定"按钮，完成扫掠，如图4-74所示。

图4-73 "扫掠"对话框

图4-74 扫掠体

（12）圆角。单击"三维模型"选项卡"创建"面板中的"圆角"按钮⬤，打开"圆角"对话框，输入半径为"3mm"，选取图4-75所示的边线，单击"应用"按钮；输入半径为"8mm"，选取图4-76所示的两条边线，单击"确定"按钮，结果如图4-77所示。

图4-75 选择边线1

图4-76 选择边线2

面1

图 4-77 圆角

（13）创建草图。单击"三维模型"选项卡"草图"面板中的"开始创建二维草图"按钮，选择图 4-77 中的面 1 为草图绘制平面，进入草图绘制环境。单击"草图"选项卡"创建"面板中的"圆心圆"按钮，绘制草图。单击"约束"面板中的"尺寸"按钮，标注尺寸如图 4-78 所示。单击"草图"标签中的"完成草图"按钮✔，退出草图环境。

（14）创建拉伸体。单击"三维模型"选项卡"创建"面板中的"拉伸"按钮，打开"拉伸"对话框，选取上一步绘制的草图为拉伸截面轮廓，设置拉伸范围为"贯通"，系统自动选择求差方式，如图 4-79 所示。单击"确定"按钮，完成拉伸，如图 4-60 所示。

图 4-78 绘制草图 4

图 4-79 拉伸示意图 4

（15）保存文件。单击"快速访问"工具栏中的"保存"按钮，打开"另存为"对话框，输入文件名为"扳手.ipt"，单击"保存"按钮，保存文件。

4.2.7 放样

放样特征是指用两个以上的截面草图为基础，添加"轨道""中心轨道"或"区域放样"等构成要素作为辅助约束而生成的复杂几何结构，它常用来创建一些具有复杂形状的零件，如塑料模具或铸造模样的表面。创建放样特征的步骤如下。

（1）单击"三维模型"选项卡"创建"面板上的"放样"按钮，打开图 4-80 所示的"放样"对话框。

图 4-80 "放样"对话框

（2）在视图中选取放样截面，如图4-81所示。

（3）在对话框设置放样参数，如放样类型等。

（4）在对话框中单击"确定"按钮，完成放样特征的创建，如图4-82所示。

图4-81　选取截面

图4-82　完成放样

"放样"对话框的选项说明如下。

1. 截面形状

放样特征通过将多个截面轮廓与单独的平面、非平面或工作平面上的各种形状相混合来创建复杂的形状，因此截面形状的创建是放样特征的基础也是关键要素。

（1）如果截面形状是非封闭的曲线或闭合曲线，或是零件面的闭合面回路，则放样生成曲面特征。

（2）如果截面形状是封闭的曲线，或是零件面的闭合面回路，或是一组连续的模型边，则可生成实体特征也可生成曲面特征。

（3）如果截面形状是在草图上创建的，在放样特征的创建过程中，往往需要首先创建大量的工作平面，以便在对应的位置创建草图，再在草图上绘制放样截面形状。

（4）用户可创建任意多个截面轮廓，但是要避免放样形状扭曲，最好沿一条直线向量在每个截面轮廓上映射点。

（5）可通过添加轨道进一步控制形状，轨道是连接至每个截面上的点的二维或三维线。起始和终止截面轮廓可以是特征上的平面，并可与特征平面相切以获得平滑过渡。可使用现有面作为放样的起始和终止面，在该面上创建草图以使面的边可被选中用于放样。如果使用平面或非平面的回路，可直接选中它，而不需要在该面上创建草图。

2. 轨道

为了加强对放样形状的控制，引入了轨道的概念。轨道是在截面之上或之外终止的二维或三维直线、圆弧或样条曲线，如二维或三维草图中开放或闭合的曲线，以及一组连续的模型边等都可作为轨道。轨道必须与每个截面都相交，并且都应该是平滑的，在方向上没有突变。创建放样时，如果轨道延伸到截面之外，则将忽略延伸到截面之外的那一部分轨道。轨道可影响整个放样实体，而不仅仅是与它相交的面或截面。如果没有指定轨道，对齐的截面和仅具有两个截面的放样将用直线连接。未定义轨道的截面顶点受相邻轨道的影响。

3. 输出类型和布尔操作

放样的输出可选择是实体还是曲面，可通过"输出"选项组中的"实体"按钮 和"曲面"按钮 来实现。还可利用放样来实现3种布尔操作，即"求并" 、"求差"

和"求交" 📇。关于布尔操作前面已经有过相关讲述，这里不再赘述。

4．条件

"放样"对话框中的"条件"选项卡，如图 4-83 所示。"条件"选项卡用来指定终止截面轮廓的边界条件，以控制放样体末端的形状。可对每一个草图几何图元分别设置边界条件。

图 4-83 "条件"选项卡

放样有3种边界条件，即无边界条件、相切条件和方向条件。

● 无边界条件🏳：对其末端形状不加以干涉。

● 相切条件🏳：仅当所选的草图与侧面的曲面或实体相毗邻，或选中面回路时可用，这时放样的末端与相毗邻的曲面或实体表面相切。

● 方向条件🏳：仅当曲线是二维草图时可用，需要用户指定放样特征的末端形状相对于截面轮廓平面的角度。

当选择"相切条件"和"方向条件"选项时，需要指定"角度"和"线宽"条件。

● 角度：指定草图平面和由草图平面上的放样创建的面之间的角度。

● 线宽：决定角度如何影响放样外观的无量纲值。大数值创建逐渐过渡，而小数值创建突然过渡。从图 4-84 所示可看出，线宽为零意味着没有相切，小线宽可能导致从第一个截面轮廓到放样曲面的不连续过渡，大线宽可能导致从第一个截面轮廓到放样曲面的光滑过渡。需要注意的是，特别大的权值会导致放样曲面的扭曲，并且可能会生成自交的曲面。此时应该在每个截面轮廓的截面上设置工作点并构造轨道（穿过工作点的二维或三维线），以使形状扭曲最小化。

图 4-84 不同线宽下的放样

a) 线宽为 0　b) 线宽为 2　c) 线宽为 5

5. 过渡

单击"放样"对话框中的"过渡"选项卡，如图4-85所示。

"过渡"特征定义一个截面的各段如何映射到其前后截面的各段中，系统默认的选项是"自动映射"。如果取消选中"自动映射"，将列出自动计算的点集，可以根据需要添加或删除点。

图4-85 "过渡"选项卡

- 点集：表示在每个放样截面上列出自动计算的点。
- 映射点：表示在草图上列出自动计算的点，以便沿着这些点线性对齐截面轮廓，使放样特征的扭曲最小化。点按照选择截面轮廓的顺序列出。
- 位置：用无量纲值指定相对于所选点的位置。"0"表示直线的一端，"0.5 表示直线的中点，"1"表示直线的另一端，用户可进行修改。

技巧：

零件面或点是否可用于放样特征？

可以选择非平面或平面作为起始截面和终止截面，使放样对相邻零件表面具有切向连续性（G1）或曲率连续性（G2）以获得平滑过渡。在 G1 放样中，可以看到曲面之间的过渡。G2 放样过渡（也称为"平滑"）显示为一个曲面。在亮显时，其不会显示曲面之间的过渡。

要将现有面用作放样的起始或终止截面，可以直接选择该面而无需创建草图。

对于开放的放样，可以在某一点处开始或结束截面。

4.2.8 实例——液压缸 1

绘制图4-86所示的液压缸1。

图4-86 液压缸1

操作步骤

（1）新建文件。单击"快速访问"工具栏中的"新建"按钮 📄，在打开的"新建文件"对话框中"Templates"选项卡的"零件"下拉列表中选择"Standard.ipt"选项，单击"创建"按钮，新建一个零件文件。

（2）创建草图。单击"三维模型"选项卡"草图"面板中的"开始创建二维草图"按钮 🔲，选择 *XZ* 平面为草图绘制平面，进入草图绘制环境。单击"草图"选项卡"创建"面板中的"圆心圆"按钮 ⭕，绘制草图。单击"约束"面板中的"尺寸"按钮 📐，标注尺寸如图 4-87 所示。单击"草图"标签中的"完成草图"按钮 ✔，退出草图环境。

（3）创建拉伸体。单击"三维模型"选项卡"创建"面板中的"拉伸"按钮 ▦，打开"拉伸"对话框，系统自动选取上一步绘制的草图为拉伸截面轮廓，将拉伸距离设置为"186.25mm"，如图 4-88 所示。单击"确定"按钮完成拉伸。

图 4-87　绘制草图 1

图 4-88　拉伸示意图 1

（4）创建草图。单击"三维模型"选项卡"草图"面板中的"开始创建二维草图"按钮 🔲，选择拉伸体的下表面为草图绘制平面，进入草图绘制环境。单击"草图"选项卡"创建"面板中的"圆心圆"按钮 ⭕，绘制草图。单击"约束"面板中的"尺寸"按钮 📐，标注尺寸如图 4-89 所示。单击"草图"标签中的"完成草图"按钮 ✔，退出草图环境。

（5）创建拉伸体。单击"三维模型"选项卡"创建"面板中的"拉伸"按钮 ▦，打开"拉伸"对话框，选取上一步绘制的草图为拉伸截面轮廓，将拉伸距离设置为"135mm"，选择求差方式，如图 4-90 所示。单击"确定"按钮完成拉伸。

图 4-89　绘制草图 2

图 4-90　创建拉伸体

（6）创建草图。单击"三维模型"选项卡"草图"面板中的"开始创建二维草图"按钮 🔲，选择拉伸体的另一侧表面为草图绘制平面，进入草图绘制环境。单击"草图"选项卡"创建"面板中的"直线"按钮 ，绘制草图。单击"约束"面板中的"尺寸"按钮 ，标注尺寸如图 4-91 所示。单击"草图"标签中的"完成草图"按钮 ，退出草图环境。

（7）创建拉伸体。单击"三维模型"选项卡"创建"面板中的"拉伸"按钮 ，打开"拉伸"对话框，选取上一步绘制的草图为拉伸截面轮廓，将拉伸距离设置为"40mm"，选择求差方式，如图 4-92 所示。单击"确定"按钮完成拉伸。

图 4-91　绘制草图 3

图 4-92　拉伸示意图 2

（8）创建草图。单击"三维模型"选项卡"草图"面板中的"开始创建二维草图"按钮 ，选择图 4-93 所示的面 1 为草图绘制平面，进入草图绘制环境。单击"草图"选项卡"创建"面板中的"圆心圆"按钮 和"修改"面板中的"修剪"按钮 ，绘制草图。单击"约束"面板中的"尺寸"按钮 ，标注尺寸如图 4-94 所示。单击"草图"标签中的"完成草图"按钮 ，退出草图环境。

图 4-93　拉伸切除

图 4-94　绘制草图 4

重复上述步骤，在另一侧绘制相同的草图，如图 4-95 所示。

（9）放样实体。单击"三维模型"选项卡"创建"面板中的"放样"按钮 ，打开"放样"对话框，在"截面"列表框中单击"单击以添加"选项，选择图 4-95 所示的草图为截面，在"轨道"列表框中单击"单击以添加"选项，选择图 4-95 所示的边界为轨道，如图 4-96 所示。单击"确定"按钮完成放样，如图 4-97 所示。

图 4-95　绘制草图 5

图 4-96　"放样"对话框

（10）创建草图。单击"三维模型"选项卡"草图"面板中的"开始创建二维草图"按钮，选择图 4-93 所示的面 1 为草图绘制平面，进入草图绘制环境。单击"草图"选项卡"创建"面板中的"圆心圆"按钮，绘制草图。单击"约束"面板中的"尺寸"按钮，标注尺寸如图 4-98 所示。单击"草图"标签中的"完成草图"按钮，退出草图环境。

图 4-97　放样实体

图 4-98　绘制草图 6

（11）创建拉伸体。单击"三维模型"选项卡"创建"面板中的"拉伸"按钮，打开"拉伸"对话框，选取上一步绘制的草图为拉伸截面轮廓，设置拉伸范围为"贯通"，选择求差方式，如图 4-99 所示。单击"确定"按钮完成拉伸，如图 4-100 所示。

图 4-99　拉伸示意图 3

图 4-100　拉伸切除

（12）创建草图。单击"三维模型"选项卡"草图"面板中的"开始创建二维草图"按钮，选择图 4-101 所示的面 2 为草图绘制平面，进入草图绘制环境。单击"草图"选项卡"创建"面板中的"圆心圆"按钮，绘制草图。单击"约束"面板中的"尺寸"按钮，标注尺寸如图 4-102 所示。单击"草图"标签中的"完成草图"按钮，退出草图环境。

图 4-101　选择草图面

图 4-102　绘制草图 7

（13）创建拉伸体。单击"三维模型"选项卡"创建"面板中的"拉伸"按钮，打开"拉伸"对话框，选取上一步绘制的草图为拉伸截面轮廓，将拉伸距离设置为"20mm"，如图 4-103 所示。单击"确定"按钮完成拉伸。

（14）圆角处理。单击"三维模型"选项卡"修改"面板中的"圆角"按钮，打开"圆角"对话框，输入半径为"5mm"，选择图 4-104a 所示的边线进行圆角，单击"应用"按钮；再选择图 4-104b 所示的边线进行圆角，输入半径为"1.25mm"，单击"确定"按钮，完成圆角处理。

图 4-103　拉伸示意图 4　　　　　　　　　　　图 4-104　圆角示意图

（15）保存文件。单击"快速访问"工具栏中的"保存"按钮，打开"另存为"对话框，输入文件名为"液压缸 1.ipt"，单击"保存"按钮，保存文件。

4.2.9　螺旋扫掠

螺旋扫掠特征是扫掠特征的一个特例，它的作用是创建扫掠路径为螺旋线的三维实体特征。创建螺旋扫掠特征的步骤如下。

（1）单击"三维模型"选项卡"创建"面板上的"螺旋扫掠"按钮，打开图 4-105 所示的"螺旋扫掠"对话框。

（2）在视图中选取扫掠截面轮廓，如图 4-106 所示。

（3）在视图中选取旋转轴，如图 4-107 所示。

图 4-105　"螺旋扫掠"对话框　　　　图 4-106　选取截面　　　图 4-107　选取旋转轴

（4）在对话框中选取"螺旋规格"选项卡设置螺旋扫掠参数，如图 4-108 所示。

（5）在对话框中单击"确定"按钮，完成螺旋扫掠特征的创建，如图4-109所示。

图 4-108 设置扫掠参数

图 4-109 完成螺旋扫掠

"螺旋扫掠"对话框的选项说明如下。

1. "螺旋形状"选项卡（图4-110）

截面轮廓应该是一个封闭的曲线，以创建实体；旋转轴应该是一条直线，它不能与截面轮廓曲线相交，但是必须在同一个平面内。在"转动"选项组中，可指定螺旋扫掠是按顺时针方向 还是逆时针方向 旋转。

2. "螺旋规格"选项卡（图4-111）

图 4-110 "螺旋形状"选项卡

图 4-111 "螺旋规格"选项卡

可设置的螺旋类型一共有 4 种，即螺距和转数、转数和高度、螺距和高度以及螺旋。选择了不同的类型以后，在下面的参数文本框中输入对应的参数即可。需要注意的是，如果要创建发条之类没有高度的螺旋特征的话，可使用"平面螺旋"项。

3. "螺旋端部"选项卡（图4-112）

图 4-112 "螺旋端部"选项卡

只有当螺旋线是平底时可用，而在螺旋扫掠截面轮廓时不可用。用户可指定螺旋扫掠的两端样式为"自然"或"平底"，开始端和终止端可以是不同的终止类型。如果选择"平底"选项的话，可指定具体的过渡段包角和平底段包角。

● 过渡段包角：螺旋扫掠获得过渡的距离（单位为度数，一般少于一圈）。如图 4-113a 所示，显示了顶部是自然结束，底部是四分之一圈（90°）过渡并且未使用平底段包角的螺旋扫掠。

● 平底段包角：螺旋扫掠过渡后不带螺距（平底）的延伸距离（度数），它是指从螺旋扫掠的正常旋转的末端过渡到平底端的末尾。如图 4-113b 所示，显示了同图 4-113a 所示的过渡段包角相同，但指定了一半转向（180°）的平底段包角的螺旋扫掠。

图 4-113　不同过渡包角下的扫掠结果

a) 未使用平底段包角　b) 使用平底段包角

4.2.10　实例——阀盖

绘制图 4-114 所示的阀盖。

图 4-114　阀盖

操作步骤

（1）新建文件。单击"快速访问"工具栏中的"新建"按钮，在打开的"新建文件"对话框中"Templates"选项卡的"零件"下拉列表中选择"Standard.ipt"选项，单击"创建"按钮，新建一个零件文件。

（2）创建草图。单击"三维模型"选项卡"草图"面板中的"开始创建二维草图"按钮，选择 XY 平面为草图绘制平面，进入草图绘制环境。单击"草图"选项卡"创建"面板中的"两点中心矩形"按钮和"圆角"按钮，绘制草图轮廓。单击"约束"面板中的"尺寸"按钮，标注尺寸如图 4-115 所示。单击"草图"标签中的"完成草图"

按钮 ✔，退出草图环境。

（3）创建拉伸体。单击"三维模型"选项卡"创建"面板中的"拉伸"按钮 🔲，打开"拉伸"对话框，系统自动选取上一步绘制的草图为拉伸截面轮廓，将拉伸距离设置为"12.5mm"，如图4-116所示。单击"确定"按钮完成拉伸，如图4-117所示。

图4-115 绘制草图1　　　　　　图4-116 设置参数1　　　　　　图4-117 创建拉伸体1

（4）创建草图。单击"三维模型"选项卡"草图"面板的"开始创建二维草图"按钮 🗔，选择拉伸体的上表面为草图绘制平面，进入草图绘制环境。单击"草图"选项卡"创建"面板中的"圆心圆"按钮 ⊘，绘制圆。单击"约束"面板中的"尺寸"按钮 ⊐，标注尺寸如图4-118所示。单击"草图"标签中的"完成草图"按钮 ✔，退出草图环境。

（5）创建拉伸体。单击"三维模型"选项卡"创建"面板中的"拉伸"按钮 🔲，打开"拉伸"对话框，选取上一步绘制的草图为拉伸截面轮廓，将拉伸距离设置为"7mm"，如 图4-119所示。单击"确定"按钮完成拉伸，如图4-120所示。

图4-118 绘制圆　　　　　　图4-119 设置参数2　　　　　　图4-120 创建拉伸体2

（6）创建草图。单击"三维模型"选项卡"草图"面板的"开始创建二维草图"按钮 🗔，选择上一步拉伸体的上表面为草图绘制平面，进入草图绘制环境。单击"草图"选项卡"创建"面板中的"圆心圆"按钮 ⊘，绘制草图轮廓。单击"约束"面板中的"尺寸"按钮 ⊐，标注尺寸如图4-121所示。单击"草图"标签中的"完成草图"按钮 ✔，退出草图环境。

（7）创建拉伸体。单击"三维模型"选项卡"创建"面板中的"拉伸"按钮 🔲，打开"拉伸"对话框，选取上一步绘制的草图为拉伸截面轮廓，将拉伸距离设置为"15"mm，如图4-122所示。单击"确定"按钮完成拉伸，如图4-126所示。

图4-121 绘制草图2　　　　　图4-122 设置参数3　　　　　图4-123 创建拉伸体3

（8）创建草图。单击"三维模型"选项卡"草图"面板的"开始创建二维草图"按钮，选择图4-124所示的后表面为草图绘制平面，进入草图绘制环境。单击"草图"选项卡"创建"面板的"圆心圆"按钮，绘制草图轮廓。单击"约束"面板中的"尺寸"按钮，标注尺寸如图4-125所示。单击"草图"标签中的"完成草图"按钮，退出草图环境。

（9）创建拉伸体。单击"三维模型"选项卡"创建"面板中的"拉伸"按钮，打开"拉伸"对话框，选取上一步绘制的草图为拉伸截面轮廓，将拉伸距离设置为"5mm"，如图4-125所示。单击"确定"按钮完成拉伸，如图4-126所示。

图4-124 绘制草图3　　　　　图4-125 拉伸示意图1　　　　　图4-126 创建拉伸体4

（10）创建草图。单击"三维模型"选项卡"草图"面板的"开始创建二维草图"按钮，选择上一步创建拉伸体的上表面为草图绘制平面，进入草图绘制环境。单击"草图"选项卡"创建"面板的"圆心圆"按钮，绘制草图轮廓。单击"约束"面板中的"尺寸"按钮，标注尺寸如图4-127所示。单击"草图"标签中的"完成草图"按钮，退出草图环境。

（11）创建拉伸体。单击"三维模型"选项卡"创建"面板中的"拉伸"按钮，打开"拉伸"对话框，选取上一步绘制的草图为拉伸截面轮廓，将拉伸距离设置为"3mm"，如图4-128所示。单击"确定"按钮完成拉伸，如图4-129所示。

（12）创建草图。单击"三维模型"选项卡"草图"面板中的"开始创建二维草图"按钮，选择 YZ 平面为草图绘制平面，进入草图绘制环境。单击"草图"选项卡"创建"面板中的"直线"按钮，绘制草图轮廓。单击"约束"面板中的"尺寸"按钮，标注尺寸如图4-130所示。单击"草图"标签中的"完成草图"按钮，退出草图环境。

图 4-127　创建草图 4　　　　　图 4-128　拉伸示意图 2　　　　图 4-129　创建拉伸体 5

（13）创建旋转体。单击"三维模型"选项卡"创建"面板中的"旋转"按钮，打开"旋转"对话框，选取上一步绘制的草图为旋转截面轮廓，选取竖直直线段为旋转轴，选择求差方式，如图 4-131 所示。单击"确定"按钮完成旋转，如图 4-132 所示。

图 4-130　绘制草图 5　　　　　图 4-131　旋转示意图　　　　　图 4-132　旋转切除

（14）圆角处理。单击"三维模型"选项卡"修改"面板中的"圆角"按钮，打开"圆角"对话框，输入半径为"3mm"，选择图 4-133 所示的边线倒圆角，单击"确定"按钮，完成圆角操作，结果如图 4-134 所示。

图 4-133　选择边线 1　　　　　　　　　　　图 4-134　圆角处理

（15）创建草图。单击"三维模型"选项卡"草图"面板的"开始创建二维草图"按钮，选择图 4-134 所示的面 1 为草图绘制平面，进入草图绘制环境。单击"草图"选项卡"创建"面板的"直线"按钮和"圆心圆"按钮，绘制草图轮廓。单击"约束"面板中的"尺寸"按钮，标注尺寸如图 4-135 所示。单击"草图"标签中的"完成草图"

按钮✓，退出草图环境。

（16）创建拉伸体。单击"三维模型"选项卡"创建"面板中的"拉伸"按钮，打开"拉伸"对话框，选取上一步绘制的草图为拉伸截面轮廓，设置拉伸范围为"贯通"，选择求差方式，如图4-136所示。单击"确定"按钮完成拉伸。

图4-135　绘制草图6

图4-136　创建拉伸体6

（17）创建草图。单击"三维模型"选项卡"草图"面板中的"开始创建二维草图"按钮，选择 YZ 平面为草图绘制面。单击"草图"选项卡"创建"面板中的"直线"按钮，绘制草图。单击"约束"面板中的"尺寸"按钮，标注尺寸如图 4-137 所示。单击"草图"标签中的"完成草图"按钮✓，退出草图环境。

（18）创建螺纹。单击"三维模型"选项卡"创建"面板中的"螺旋扫掠"按钮，打开图 4-138 所示的"螺旋扫掠"对话框，选择上一步绘制的草图为截面轮廓，选择水平直线为旋转轴，设置类型为"螺距和高度"，输入螺距为"1.5"，高度为"17"，选择求差方式，单击"确定"按钮，完成螺纹创建。

图4-137　绘制草图7

图4-138　设置参数4

（19）保存文件。单击"快速访问"工具栏中的"保存"按钮，打开"另存为"对话框，输入文件名为"阀盖.ipt"，单击"保存"按钮，保存文件。

注意：

（1）进行扫掠的截面轮廓是图 4-137 中所示的三角形，这里不详细讲述三角形的形状绘制，应该根据具体的螺纹的齿形来决定三角形的形状，若有必要，读者可以查阅相关的机械零件手册。

（2）依然要绘制一条直线作为螺旋扫掠的旋转轴，该直线一定要位于螺栓的中心线上。

技巧：

在螺旋扫掠的过程中，扫掠轮廓的创建很重要，一个值得注意的地方就是扫掠轮廓在扫掠过程中不可以相交，否则不能够创建特征，同时会出现错误信息。如果扫掠轮廓相交，可以通过调整螺距来消除，如图 4-139 所示。

图 4-139　同一个扫掠截面在不同的螺距下的扫掠结果

a) 螺距=5　b) 螺距=3　c) 螺距=2

4.2.11　凸雕

在零件设计中，往往需要在零件表面增添一些凸起或凹进的图案或文字，以实现某种功能或美观性。

在 Inventor 中，可利用凸雕工具来实现这种设计功能。进行凸雕的基本思路是首先建立草图，因为凸雕也是基于草图的特征，然后在草图上绘制用来形成特征的草图几何图元或草图文本。在指定的面上进行特征的生成，或将特征缠绕或投影到其他面上。创建凸雕特征的步骤如下。

（1）单击"三维模型"选项卡"创建"面板上的"凸雕"按钮，打开图 4-140 所示的"凸雕"对话框。

图 4-140　"凸雕"对话框

（2）在视图中选取截面轮廓，如图 4-141 所示。

（3）在对话框中设置凸雕参数，如选择凸雕类型、输入凸雕深度、调整凸雕方向等，如图 4-140 所示。

（4）在对话框中单击"确定"按钮，完成凸雕特征的创建，如图 4-142 所示。

图 4-141　选取截面　　　　　图 4-142　完成凸雕特征

"凸雕"对话框的选项说明如下。

1. 截面轮廓

在创建截面轮廓以前，首先应该选择创建凸雕特征的面。

（1）如果是在平面上创建，则可直接在该平面上创建草图绘制截面轮廓。

（2）如果在曲面上创建凸雕特征，则应该在对应的位置建立工作平面或利用其他的辅助平面，然后在工作平面上创建草图。

草图中的截面轮廓用作凸雕图像，可使用"二维草图面板"工具栏上的工具创建截面轮廓。截面轮廓主要有两种，一是使用文本工具创建文本，二是使用草图工具创建形状，如圆形、多边形等。

2．类型

类型选项指定凸雕区域的方向，有以下 3 个选项可选择。

- 从面凸雕：将升高截面轮廓区域，也就是说截面将凸起。
- 从面凹雕：将凹进截面轮廓区域。
- 从平面凸雕/凹雕：将从草图平面向两个方向或一个方向拉伸，向模型中添加并从中去除材料。如果向两个方向拉伸，则会去除或添加材料，这取决于截面轮廓相对于零件的位置。如果凸雕或凹雕对零件的外形没有任何改变作用，那么该特征将无法生成，系统也会给出错误信息。

3．深度和方向

可指定凸雕或凹雕的深度，即凸雕或凹雕截面轮廓的偏移深度，还可指定凸雕或凹雕特征的方向。当截面轮廓位于从模型面偏移的工作平面上时尤其有用，因为如果截面轮廓位于偏移的平面上时，如果深度不合适，是不能够生成凹雕特征的，因为截面轮廓不能够延伸到零件的表面形成切割。

4．顶面颜色

通过单击"顶面颜色"按钮指定凸雕区域面（注意不是其边）上的颜色。在打开的"颜色"对话框中，单击向下箭头显示一个列表，在列表中滚动或键入开头的字母可以查找所需的颜色。

5．折叠到面

对于"从面凸雕"和"从面凹雕"类型，用户可通过选中"折叠到面"复选框指定截面轮廓缠绕在曲面上。注意仅限于单个面，不能是接缝面。面只能是平面或圆锥形面，而不能是样条曲线。如果不选中该复选框，图像将投影到面而不是折叠到面。如果截面轮廓相对于曲率有些大，当凸雕或凹雕区域向曲面投影时会轻微失真。遇到垂直面时，缠绕即停止。

6．锥度

对于从平面凸雕/凹雕类型，可指定扫掠斜角。指向模型面的角度为正，允许从模型中去除一部分材料。

4.2.12　实例——表盘

绘制图 4-143 所示的表盘。

图 4-143　表盘

操作步骤

（1）新建文件。单击"快速访问"工具栏上的"新建"按钮，在打开的"新建文件"对话框中"Templates"选项卡的"零件"下拉列表中选择"Standard.ipt"选项，单击"创建"按钮，新建一个零件文件。

（2）创建草图 1。单击"三维模型"选项卡"草图"面板上的"开始创建二维草图"按钮，选择 *XY* 平面为草图绘制平面，进入草图绘制环境。单击"草图"选项卡"创建"面板上的"圆心圆"按钮，绘制草图。单击"约束"面板上的"尺寸"按钮，标注尺寸如图 4-144 所示。单击"草图"标签上的"完成草图"按钮，退出草图环境。

图 4-144　绘制草图 1

（3）创建拉伸体。单击"三维模型"选项卡"创建"面板上的"拉伸"按钮，打开"拉伸"对话框，系统自动选取上步绘制的草图为拉伸截面轮廓，将拉伸距离设置为"0.5" mm，如图 4-145 所示。单击"确定"按钮完成拉伸。

（4）创建草图 2。单击"三维模型"选项卡"草图"面板上的"开始创建二维草图"按钮，选择上步创建的拉伸体上表面为草图绘制平面，进入草图绘制环境。单击"草图"选项卡"创建"面板上的"两点矩形"按钮，绘制草图。单击"约束"面板上的"尺寸"按钮，标注尺寸如图 4-146 所示。单击"草图"标签上的"完成草图"按钮，退出草图环境。

图 4-145　拉伸示意图 1

图 4-146　绘制草图 2

（5）创建拉伸体。单击"三维模型"选项卡"创建"面板上的"拉伸"按钮，打开"拉伸"对话框，选取上步绘制的草图为拉伸截面轮廓，将拉伸距离设置为"0.5 mm"，如图 4-147 所示。单击"确定"按钮完成拉伸，结果如图 4-148 所示。

图 4-147　拉伸示意图 2

图 4-148　创建拉伸特征 1

（6）创建草图 3。单击"三维模型"选项卡"草图"面板上的"开始创建二维草图"按钮，选择上步创建的拉伸体上表面 1 为草图绘制平面，进入草图绘制环境。单击"草图"选项卡"创建"面板上的"两点矩形"按钮，绘制草图。单击"约束"面板上的"尺寸"按钮 ，标注尺寸如图 4-149 所示。单击"草图"标签上的"完成草图"按钮 ，退出草图环境。

（7）创建拉伸体。单击"三维模型"选项卡"创建"面板上的"拉伸"按钮 ，打开"拉伸"对话框，选取上步绘制的草图为拉伸截面轮廓，将拉伸范围设置为"贯通"，选择求差方式，如图 4-150 所示。单击"确定"按钮完成拉伸，结果如图 4-151 所示。

图 4-149　绘制草图 3

图 4-150　拉伸示意图 3

（8）创建草图 4。

1）单击"三维模型"选项卡"草图"面板上的"开始创建二维草图"按钮 ，选择上步创建的第一个拉伸体上表面为草图绘制平面，进入草图绘制环境。单击"草图"选项卡"创建"面板上的"两点中心矩形"按钮 和"圆心圆"按钮 ，绘制草图。单击"约束"面板上的"尺寸"按钮 ，标注尺寸如图 4-152 所示。

图 4-151　创建拉伸特征 2

图 4-152　绘制草图 4

2）单击"草图"选项卡"创建"面板上的"环形阵列"按钮 ，打开"环形阵列"对话框，选择上步绘制的矩形和圆为要阵列的几何图元，选择大圆圆心为阵列轴，输入阵列个数为"12"，角度为"360deg"，如图 4-153 所示。

3）单击"抑制"按钮 ，在图中选择拉伸特征 2 上方的矩形和圆，结果如图 4-154 所示，单击"草图"标签上的"完成草图"按钮 ，退出草图环境。

图 4-153　"环形阵列"对话框设置

图 4-154　抑制图元并完成阵列

（9）创建拉伸体。单击"三维模型"选项卡"创建"面板上的"拉伸"按钮，打开"拉伸"对话框，选取上步阵列的草图为拉伸截面轮廓，将拉伸高度设置为"0.5"mm，如图4-155所示。单击"确定"按钮完成拉伸，结果如图4-156所示。

图4-155 拉伸示意图4

图4-156 创建拉伸特征3

（10）创建草图 5。单击"三维模型"选项卡"草图"面板上的"开始创建二维草图"按钮，选择第一个拉伸体上表面为草图绘制平面，进入草图绘制环境。单击"草图"选项卡"创建"面板上的"圆心圆"按钮，绘制草图。单击"约束"面板上的"尺寸"按钮，标注尺寸如图 4-157 所示。单击"草图"标签上的"完成草图"按钮，退出草图环境。

（11）创建拉伸体。单击"三维模型"选项卡"创建"面板上的"拉伸"按钮，打开"拉伸"对话框，选取上步绘制的草图为拉伸截面轮廓，将拉伸范围设置为"贯通"，选择求差方式，如图 4-158 所示。单击"确定"按钮完成拉伸，结果如图 4-159 所示。

图4-157 绘制草图5

图4-158 拉伸示意图5

（12）创建草图 6。单击"三维模型"选项卡"草图"面板上的"开始创建二维草图"按钮，选择第一个拉伸体上表面为草图绘制平面，进入草图绘制环境。单击"草图"选项卡"创建"面板上的"文本"按钮，在适当位置单击鼠标，打开"文本格式"对话框，在对话框中输入"12"，设置高度为"1.5"mm，如图 4-160 所示，其他采用默认设置，单击"确定"按钮，关闭对话框。单击"约束"面板上的"尺寸"按钮，标注尺寸如图 4-161所示。单击"草图"标签上的"完成草图"按钮，退出草图环境。

图 4-159　创建拉伸特征　　　　　　　　　　　　图 4-160　"文本格式"对话框

（13）创建凸雕文字。单击"三维模型"选项卡"创建"面板上的"凸雕"按钮，打开"凸雕"对话框，选取上步绘制的文字为截面轮廓，单击"从面凸雕"按钮，设置深度为"0.5"mm，如图 4-162 所示。单击"顶面外观"按钮■，打开"外观"对话框，选择"红"外观，如图 4-163 所示，单击"确定"按钮，结果如图 4-164 所示。

图 4-161　绘制草图 6

图 4-162　"凸雕"对话框

图 4-163　"外观"对话框

图 4-164　创建凸雕特征

（14）重复（12）和（13），创建"9"和"6"两个凸雕文字，结果如图 4-143 所示。

（15）保存文件。单击"快速访问"工具栏上的"保存"按钮，打开"另存为"对话框，输入文件名为"表面.ipt"，单击"保存"按钮，保存文件。

4.2.13　加强筋

在模具和铸件的制造过程中，常常为零件增加加强筋和肋板（也称作隔板或腹板），以提高零件强度。

加强筋和肋板也是基于草图的特征，在草图中完成的工作就是绘制二者的截面轮廓，可创建一个封闭的截面轮廓作为加强筋的轮廓，一个开放的截面轮廓作为肋板的轮廓，也可创建多个相交或不相交的截面轮廓定义网状加强筋和肋板。创建加强筋特征的步骤如下。

（1）单击"三维模型"选项卡"创建"面板上的"加强筋"按钮，打开图4-165所示的"加强筋"对话框，选择加强筋类型。

（2）在视图中选取截面轮廓，如图4-166所示。

图4-165 "加强筋"对话框   图4-166 选取截面

（3）在对话框中设置加强筋参数，如输入加强筋厚度、调整拉伸方向等。

（4）在对话框中单击"确定"按钮，完成加强筋特征的创建，如图4-167所示。

"加强筋"对话框的选项说明如下。

● 垂直于草图平面：垂直于草图平面拉伸几何图元，厚度平行于草图平面。

● 平行于草图平面：平行于草图平面拉伸几何图元，厚度垂直于草图平面。

● 到表面或平面：加强筋终止于下一个面。

● 有限的：需要设置终止加强筋的距离，这时可在弹出的文本框中输入一个数值，结果如图4-168所示。

图4-167 完成加强筋创建   图4-168 有限的

● 延伸截面轮廓：选中此复选框，则截面轮廓会自动延伸到与零件相交的位置。

4.2.14 实例——支架

绘制图 4-169 所示的支架。

图 4-169 支架

操作步骤

（1）新建文件。单击"快速访问"工具栏上的"新建"按钮 ，在打开的"新建文件"对话框中 "Templates"选项卡的"零件"下拉列表中选择"Standard.ipt"选项，单击"创建"按钮，新建一个零件文件。

（2）创建草图 1。单击"三维模型"选项卡"草图"面板上的"开始创建二维草图"按钮 ，选择 *XY* 平面为草图绘制平面，进入草图绘制环境。单击"草图"选项卡"创建"面板上的"两点矩形"按钮 和"圆角"按钮 ，绘制草图。单击"约束"面板上的"尺寸"按钮 ，标注尺寸如图 4-170 所示。单击"草图"标签上的"完成草图"按钮 ，退出草图环境。

（3）创建拉伸体。单击"三维模型"选项卡"创建"面板上的"拉伸"按钮 ，打开"拉伸"对话框，系统自动选取上步绘制的草图为拉伸截面轮廓，将拉伸距离设置为"6"mm，如图 4-171 所示。单击"确定"按钮完成拉伸。

图 4-170 绘制草图 1

图 4-171 拉伸示意图 1

（4）创建工作平面 1。单击"三维模型"选项卡"定位特征"面板上的"从平面偏移"按钮 ，在浏览器的原始坐标系下选择 *XZ* 平面并拖动，输入距离为"14 mm"，如

图 4-172 所示。

（5）创建草图 2。单击"三维模型"选项卡"草图"面板上的"开始创建二维草图"按钮，选择上步创建的平面为草图绘制平面，进入草图绘制环境。单击"草图"选项卡"创建"面板上的"直线"按钮和"圆弧"按钮，绘制草图。单击"约束"面板上的"尺寸"按钮，标注尺寸如图 4-173 所示。单击"草图"标签上的"完成草图"按钮，退出草图环境。

图 4-172　创建工作平面 1

图 4-173　绘制草图 2

（6）创建拉伸体。单击"三维模型"选项卡"创建"面板上的"拉伸"按钮，打开"拉伸"对话框，选取上步绘制的草图为拉伸截面轮廓，将拉伸距离设置为"10"mm，如图 4-174 所示。单击"确定"按钮完成拉伸，结果如图 4-175 所示。

图 4-174　拉伸示意图 2

图 4-175　创建拉伸特征 1

（7）创建草图 3。单击"三维模型"选项卡"草图"面板上的"开始创建二维草图"按钮，选择图 4-175 所示的面 1 为草图绘制平面，进入草图绘制环境。单击"草图"选项卡"创建"面板上的"圆心圆"按钮，绘制草图。单击"约束"面板上的"尺寸"按钮，标注尺寸如图 4-176 所示。单击"草图"标签上的"完成草图"按钮，退出草图环境。

（8）创建拉伸体。单击"三维模型"选项卡"创建"面板上的"拉伸"按钮，打开"拉伸"对话框，选取上步绘制的草图为拉伸截面轮廓，将拉伸距离设置为"4"mm，如图 4-177 所示。单击"确定"按钮完成拉伸。

（9）创建草图 4。单击"三维模型"选项卡"草图"面板上的"开始创建二维草图"按钮，选择上步创建的拉伸体表面为草图绘制平面，进入草图绘制环境。单击"草图"选项卡"创建"面板上的"圆心圆"按钮，绘制草图。单击"约束"面板上的"尺寸"按钮，标注尺寸如图 4-178 所示。单击"草图"标签上的"完成草图"按钮✔，退出草图环境。

图 4-176 绘制草图 3

图 4-177 拉伸示意图 3

（10）创建拉伸体。单击"三维模型"选项卡"创建"面板上的"拉伸"按钮，打开"拉伸"对话框，选取上步绘制的草图为拉伸截面轮廓，将拉伸范围设置为"贯通"，选择求差方式，如图 4-179 所示。单击"确定"按钮完成拉伸。

图 4-178 绘制草图 4

图 4-179 拉伸示意图 4

（11）创建工作平面 2。单击"三维模型"选项卡"定位特征"面板上的"从平面偏移"按钮，在浏览器的原始坐标系下选择 *XY* 平面并拖动，输入距离为"84"mm，如图 4-180 所示。

（12）创建草图 5。单击"三维模型"选项卡"草图"面板上的"开始创建二维草图"按钮，选择上步创建的工作平面 2 为草图绘制平面，进入草图绘制环境。单击"草图"选项卡"创建"面板上的"圆心圆"按钮，绘制草图。单击"约束"面板上的"尺寸"按钮，标注尺寸如图 4-181 所示。单击"草图"标签上的"完成草图"按钮✔，退出草图环境。

图 4-180 创建工作平面 2

图 4-181 绘制草图 5

（13）创建拉伸体。单击"三维模型"选项卡"创建"面板上的"拉伸"按钮，打开"拉伸"对话框，选取上步绘制的草图为拉伸截面轮廓，将拉伸范围设置为"到表面或平面"，如图 4-182 所示。单击"确定"按钮完成拉伸，结果如图 4-183 所示。

图 4-182　拉伸示意图 5 　　　　　　　　　　　　图 4-183　创建拉伸特征 2

（14）创建草图 6。单击"三维模型"选项卡"草图"面板上的"开始创建二维草图"按钮，选择上步创建的拉伸体上表面为草图绘制平面，进入草图绘制环境。单击"草图"选项卡"创建"面板上的"圆心圆"按钮，绘制草图。单击"约束"面板上的"尺寸"按钮，标注尺寸如图 4-184 所示。单击"草图"标签上的"完成草图"按钮，退出草图环境。

（15）创建拉伸体。单击"三维模型"选项卡"创建"面板上的"拉伸"按钮，打开"拉伸"对话框，选取上步绘制的草图为拉伸截面轮廓，将拉伸范围设置为"到"，选择下侧的孔表面为要到的面，选择求差方式，如图 4-185 所示。单击"确定"按钮完成拉伸，结果如图 4-186 所示。

图 4-184　绘制草图 6

图 4-185　拉伸示意图 6 　　　　　　　　　　　图 4-186　创建拉伸特征 3

（16）创建草图 7。单击"三维模型"选项卡"草图"面板上的"开始创建二维草图"按钮，选择第一个拉伸体上表面为草图绘制平面，进入草图绘制环境。单击"草图"选项卡"创建"面板上的"圆心圆"按钮，绘制草图。单击"约束"面板上的"尺寸"按钮，标注尺寸如图4-187所示。单击"草图"标签上的"完成草图"按钮✔，退出草图环境。

（17）创建拉伸体。单击"三维模型"选项卡"创建"面板上的"拉伸"按钮⬛，打开"拉伸"对话框，选取上步绘制的草图为拉伸截面轮廓，将拉伸距离设置为"3 mm"，如图 4-188 所示。单击"确定"按钮完成拉伸，结果如图4-189所示。

图4-187　绘制草图7

图4-188　拉伸示意图7

（18）创建草图8。单击"三维模型"选项卡"草图"面板上的"开始创建二维草图"按钮⬛，选择上步创建的拉伸体上表面为草图绘制平面，进入草图绘制环境。单击"草图"选项卡"创建"面板上的"圆心圆"按钮◯，绘制草图。单击"约束"面板上的"尺寸"按钮▭，标注尺寸如图 4-190 所示。单击"草图"标签上的"完成草图"按钮✔，退出草图环境。

图4-189　创建拉伸特征4

图4-190　绘制草图8

（19）创建拉伸体。单击"三维模型"选项卡"创建"面板上的"拉伸"按钮⬛，打开"拉伸"对话框，选取上步绘制的草图为拉伸截面轮廓，将拉伸范围设置为"贯通"，选择求差方式，如图 4-191 所示。单击"确定"按钮完成拉伸，结果如图 4-192 所示。

（20）创建草图 9。单击"三维模型"选项卡"草图"面板上的"开始创建二维草图"按钮⬛，选择 YZ 平面为草图绘制平面，进入草图绘制环境。单击"草图"选项卡"创建"面板上的"线"按钮✎，绘制草图。单击"约束"面板上的"尺寸"按钮▭，标注尺寸如图 4-193 所示。单击"草图"标签上的"完成草图"按钮✔，退出草图环境。

图 4-191 拉伸示意图 8

图 4-192 创建拉伸特征 5

（21）创建加强筋。单击"三维模型"选项卡"创建"面板上的"加强筋"按钮，打开"加强筋"对话框，单击"平行于草图平面"按钮，选取上步绘制的草图为截面轮廓，单击方向 1 按钮，调整加强筋的创建方向，设置厚度为"10"mm，单击"对称"按钮，单击"到表面或平面"按钮，如图 4-194 所示。单击"确定"按钮完成加强筋的创建，结果如图 4-195 所示。

图 4-193 绘制草图 9

图 4-194 "加强筋"对话框

图 4-195 创建加强筋

（22）隐藏工作平面。在模型树中选择工作平面 1 和工作平面 2，单击鼠标右键，在弹出的快捷菜单中取消"可见性"的选择，如图 4-196 所示。使工作平面不可见，如图 4-197 所示。

（23）保存文件。单击"快速访问"工具栏上的"保存"按钮 █，打开"另存为"对话框，输入文件名为"支架.ipt"，单击"保存"按钮，保存文件。

图 4-196　快捷菜单

图 4-197　隐藏工作平面

4.3　综合实例——阀芯

绘制图 4-198 所示的阀芯。

图 4-198　阀芯

操作步骤

（1）新建文件。运行 Inventor，单击"快速访问"工具栏中的"新建"按钮 █，在打开的"新建文件"对话框中"Templates"选项卡中的"零件"下拉列表中选择"Standard.ipt"选项，单击"创建"按钮，新建一个零件文件。

（2）绘制球体。单击"三维模型"选项卡"基本要素"面板中的"球体"按钮 ●，选择 *XZ* 平面为草图绘制平面，在坐标原点处绘制直径为 40 的圆，如图 4-199 所示，按〈Enter〉键，返回到建模环境，打开"旋转"对话框和小工具栏，采用默认设置，如图 4-200 所示，单击"确定"按钮，完成球体的创建。

图 4-199　绘制圆

图 4-200　设置参数 1

（3）创建草图。单击"三维模型"标签栏"草图"面板中的"开始创建二维草图"按钮，选择 *XY* 平面为草图绘制平面，进入草图绘制环境。单击"草图"选项卡"创建"面板中的"矩形"按钮，绘制草图。单击"约束"面板中的"尺寸"按钮，标注尺寸如图 4-201 所示。单击"草图"标签中的"完成草图"按钮，退出草图环境。

（4）创建拉伸体。单击"三维模型"标签栏"创建"面板中的"拉伸"按钮，打开"拉伸"对话框，系统自动选取上一步绘制的草图为拉伸截面轮廓，将拉伸范围设置为"贯通"，单击"对称"按钮，选择"求差"选项，如图 4-202 所示。单击"确定"按钮完成拉伸，如图 4-203 所示。

图 4-201　创建草图 1

图 4-202　设置参数 2

图 4-203　拉伸切除

（5）绘制圆柱体。单击"三维模型"选项卡"基本要素"面板中的"圆柱体"按钮，选择 *YZ* 平面为草图绘制平面，在坐标原点处绘制直径为 22 的圆，返回到建模环境，打开"拉伸"对话框和小工具栏，选择拉伸范围为"贯通"，单击"对称"按钮，选择"求差"选项，如图 4-204 所示，单击"确定"按钮，完成圆柱体的创建，如图 4-205 所示。

（6）创建草图。单击"三维模型"选项卡"草图"面板中的"开始创建二维草图"按钮，选择 *XY* 平面为草图绘制平面，进入草图绘制环境。单击"草图"选项卡"创建"面板中的"矩形"按钮，绘制草图。单击"约束"面板中的"尺寸"按钮，标注尺寸如图 4-206 所示。单击"草图"标签中的"完成草图"按钮，退出草图环境。

图 4-204　设置参数 3　　　　　　　　　　　　图 4-205　创建圆柱体

（7）创建拉伸体。单击"三维模型"选项卡"创建"面板中的"拉伸"按钮，打开"拉伸"对话框，系统自动选取上一步绘制的草图为拉伸截面轮廓，将拉伸范围设置为"贯通"，单击"对称"按钮，选择"求差"选项，如图 4-207 所示。单击"确定"按钮完成拉伸，如图 4-198 所示。

（8）保存文件。单击"快速访问"工具栏中的"保存"按钮，打开"另存为"对话框，输入文件名为"阀芯.ipt"，单击"保存"按钮，保存文件。

图 4-206　创建草图 2　　　　　　　　　　　　图 4-207　设置参数 4

第5章 放置特征

 知识导引

放置特征不需要创建草图，但必须有已存在相关的特征，即创建基于特征的特征。

5.1 圆角

5.1.1 边圆角

1. 创建边圆角

以现有特征实体或者曲面相交的棱边为基础创建圆角，可以创建等半径圆角、变半径圆角和过渡圆角。

可在零件的一条或多条边上添加内圆角或外圆角。在一次操作中，用户可以创建等半径和变半径圆角、不同大小的圆角和具有不同连续性（相切或平滑 G2）的圆角。在同一次操作中创建的不同大小的所有圆角将成为单个特征。边圆角特征的创建步骤如下。

（1）单击"三维模型"选项卡"修改"面板上的"圆角"按钮，打开"圆角"对话框，类型选择"边圆角"，如图 5-1 所示。

图 5-1 "边圆角"类型"圆角"对话框

（2）选择要圆角的边，并输入圆角半径，如图 5-2 所示。

（3）在对话框中设置其他参数，单击"确定"按钮，完成圆角的创建，如图 5-3 所示。

"边圆角"类型"圆角"对话框选项说明如下。

（1）等半径圆角：等半径圆角特征由 3 个部分组成，即边、半径和模式。首先要选择产生圆角半径的边，然后指定圆角的半径，再选择一种圆角模式即可。

图 5-2　设置参数　　　　　　　　　　　图 5-3　边圆角

1）选择模式。

● 边：只对选中的边创建圆角，如图 5-4a 所示。

● 回路：可选中一个回路，这个回路的整个边线都会创建圆角特征，如图 5-4b 所示。

● 特征：选择因某个特征与其他面相交所产生的边及其以外的所有边创建圆角，如图 5-4c 所示。

a)　　　　　　　　　b)　　　　　　　　　c)

图 5-4　选择模式

a) 边模式　b) 回路模式　c) 特征模式

2）所有圆角：选择此复选框，所有的凹边和拐角都将创建圆角特征。

3）所有圆边：选择此复选框，所有的凸边和拐角都将创建圆角特征。

4）沿尖锐边旋转：设置当指定圆角半径会使相邻面延伸时，对圆角的解决方法。选中复选框可在需要时改变指定的半径，以保持相邻面的边不延伸。清除该复选框选择，将保持等半径，并且在需要时延伸相邻的面。

5）在可能的位置使用球面连接：设置圆角的拐角样式。选中该复选框可创建一个圆角，它就像一个球沿着边和拐角滚动时的轨迹一样。清除该复选框选择，在锐利拐角的圆角之间创建连续相切的过渡，如图 5-5 所示。

6）自动链选边：设置边的选择配置。选中该复选框，在选择一条边以添加圆角时，自动选择所有与之相切的边；清除该复选框选择，只选择指定的边。

7）保留所有特征：选中此复选框，所有与圆角相交的特征都将被选中，并且在圆角操作中将计算它们的交线。如果清除了该复选框选择，在圆角操作中只计算参与操作的边。

图 5-5　圆角的拐角样式

（2）变半径圆角。如果要创建变半径圆角，可选择"圆角"对话框上的"变半径"选项卡，此时的"圆角"对话框如图 5-6 所示。创建变半径圆角的方法是首先选择边线上至少 3 个点，分别指定这几个点的圆角半径，则系统会自动根据指定的半径创建变半径圆角。

图 5-6　"变半径"选项卡

● 平滑半径过渡：定义变半径圆角在控制点之间是如何创建的。选中该复选框可使圆角在控制点之间逐渐混合过渡，过渡是相切的（在点之间不存在跃变）。清除该复选框选择，在点之间用线性过渡来创建圆角。

（3）过渡圆角。过渡圆角是指相交边上的圆角连续地相切过渡。要创建过渡圆角，可选择"圆角"对话框上的"过渡"选项卡，此时"圆角"对话框如图 5-7 所示。首先选择一个或更多要创建过渡圆角边的顶点，然后再依次选择边即可。此时会出现圆角的预览，修改左侧窗口内的每一条边的过渡尺寸，最后单击"确定"按钮即可完成过渡圆角的创建。

图 5-7　"过渡"选项卡

5.1.2 面圆角

面圆角在不需要共享边的两个所选面集之间添加内圆角或外圆角。面圆角特征的创建步骤如下。

（1）单击"三维模型"选项卡"修改"面板上的"圆角"按钮，打开"圆角"对话框，类型选择"面圆角"，如图5-8所示。

图5-8　"面圆角"类型"圆角"对话框

（2）选择要圆角的面，并输入圆角半径，如图5-9所示。

（3）在对话框中设置其他参数，单击"确定"按钮，完成面圆角的创建，如图5-10所示。

图5-9　设置参数

图5-10　面圆角

"面圆角"类型"圆角"对话框选项说明如下。

- 面集 1：单击 按钮，指定包括在要创建圆角的第一个面集中的模型或曲面实体的一个或多个相切、相邻面。若要添加面，可单击"选择"按钮，然后单击图形窗口中的面。
- 面集2：单击 按钮，指定要创建圆角的第二个面集中的模型或曲面实体的一个或多个相切、相邻面。若要添加面，可单击"选择"按钮，然后单击图形窗口中的面。
- 反向 ：指反转选择曲面后在其上创建圆角。
- 包括相切面：设置面圆角的面选择配置。选中该复选框允许圆角在相切、相邻面上自动延续。清除该复选框选择可以仅在两个选择的面之间创建圆角。此选项不会从选择集中添加或删除面。
- 优化单个选择：进行单个选择后，即自动前进到下一个"选择"按钮。对每个面集进行多项选择时，应清除该复选框选择。要进行多个选择，可单击对话框中的下一个"选择"按钮或选择快捷菜单中的"继续"命令以完成特定选择。

● 半径：指定所选面集的圆角半径。要改变半径，可单击该半径值，然后输入新的半径值。

5.1.3 全圆角

全圆角添加与 3 个相邻面相切的变半径圆角或外圆角，中心面集由变半径圆角取代。全圆角可用于带帽或圆化外部零件特征。全圆角特征的创建步骤如下。

（1）单击"三维模型"选项卡"修改"面板上的"圆角"按钮 ，打开"圆角"对话框，类型选择"全圆角"，如图 5-11 所示。

图 5-11 "全圆角"类型"圆角"对话框

（2）选择要圆角的面，并输入圆角半径，如图 5-12 所示。

（3）在对话框中设置其他参数，单击"确定"按钮，完成圆角的创建，如图 5-13 所示。

"全圆角"类型"圆角"对话框选项说明如下。

● 侧面集 1：单击 按钮，指定与中心面集相邻的模型或曲面实体的一个或多个相切、相邻面。若要添加面，可单击"选择"按钮，然后单击图形窗口中的面。

● 中心面集：单击 按钮，指定使用圆角替换的模型或曲面实体的一个或多个相切、相邻面。若要添加面，可单击"选择"按钮，然后单击图形窗口中的面。

● 侧面集 2：单击 按钮，指定与中心面集相邻的模型或曲面实体的一个或多个相切、相邻面。若要添加面，可单击"选择"按钮，然后单击图形窗口中的面。

图 5-12 设置参数

图 5-13 全圆角

● 包括相切面：设置面圆角的面选择配置。选中该复选框可以允许圆角在相切、相邻面上自动延续。清除该复选框选择可以仅在两个选择的面之间创建圆角。此选项不会从选择集中添加或删除面。

● 优化单个选择：进行单个选择后，即自动前进到下一个"选择"按钮。进行多项选择时清除该复选框选择。要进行多个选择，可单击对话框中的下一个"选择"按钮或选择快捷菜单中的"继续"命令以完成特定选择。

技巧：

（1）圆角特征与草图圆角特征有何不同？

在绘制草图时，可以通过添加二维圆角在设计中包含圆角，二维草图圆角和圆角特征可以生成外形完全相同的模型。但是带有圆角特征的模型有以下优点。

1）可以独立于拉伸特征对圆角特征进行编辑、抑制或删除，而不用返回到编辑该拉伸特征的草图。

2）如果对剩余边添加圆角，则可以更好地控制拐角。

3）在进行后面的操作时有更多的灵活性，如应用面拔模。

（2）等半径圆角和变半径圆角有何不同？

等半径圆角沿着其整个圆角长度都有相同的半径，变半径圆角的半径沿着其圆角长度会变化，要为起点和终点设置不同的半径。也可以添加中间点，每个中间点处都可以有不同的半径。圆角的形状由过渡类型决定。

5.1.4 实例——液压缸 2

绘制图 5-14 所示的液压缸 2。

图 5-14 液压缸 2

操作步骤

（1）新建文件。单击"快速访问"工具栏中的"新建"按钮，在打开的"新建文件"对话框中"Templates"选项卡中的"零件"下拉列表中选择"Standard.ipt"选项，单击"创建"按钮，新建一个零件文件。

（2）创建草图。单击"三维模型"选项卡"草图"面板中的"开始创建二维草图"按钮，选择 XZ 平面为草图绘制平面，进入草图绘制环境。单击"草图"选项卡"创建"面板中的"圆心圆"按钮，绘制草图。单击"约束"面板中的"尺寸"按钮，标注尺寸如图 5-15 所示。单击"草图"标签中的"完成草图"按钮，退出草图环境。

（3）创建拉伸体。单击"三维模型"选项卡"创建"面板中的"拉伸"按钮，打开

"拉伸"对话框,系统自动选取上一步绘制的草图为拉伸截面轮廓,将拉伸距离设置为"35mm",拉伸方向为对称,如图5-16所示。单击"确定"按钮完成拉伸。

图5-15 绘制草图1

图5-16 拉伸示意图1

(4)创建草图。单击"三维模型"选项卡"草图"面板中的"开始创建二维草图"按钮 📝,选择 XY 平面为草图绘制平面,进入草图绘制环境。单击"草图"选项卡"创建"面板中的"圆心圆"按钮 ⊙,绘制草图。单击"约束"面板中的"尺寸"按钮 📐,标注尺寸如图5-17所示。单击"草图"标签中的"完成草图"按钮 ✔,退出草图环境。

(5)创建拉伸体。单击"三维模型"选项卡"创建"面板中的"拉伸"按钮 🗋,打开"拉伸"对话框,选取上一步绘制的草图为拉伸截面轮廓,将拉伸距离设置为"180"mm,如图5-18所示。单击"确定"按钮完成拉伸,如图5-19所示。

图5-17 绘制草图2

图5-18 拉伸示意图2

(6)创建草图。单击"三维模型"选项卡"草图"面板中的"开始创建二维草图"按钮 📝,选择图 5-19 所示的面 1 为草图绘制平面,进入草图绘制环境。单击"草图"选项卡"创建"面板中的"圆心圆"按钮 ⊙,绘制草图。单击"约束"面板中的"尺寸"按钮 📐,标注尺寸如图5-20所示。单击"草图"标签中的"完成草图"按钮 ✔,退出草图环境。

图5-19 拉伸体

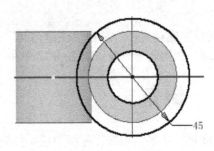

图5-20 绘制草图3

（7）创建拉伸体。单击"三维模型"选项卡"创建"面板中的"拉伸"按钮，打开"拉伸"对话框，选取上一步绘制的草图为拉伸截面轮廓，将拉伸距离设置为"20"mm，如图5-21所示。单击"确定"按钮完成拉伸。

（8）创建草图。单击"三维模型"选项卡"草图"面板中的"开始创建二维草图"按钮，选择 XZ 平面为草图绘制平面，进入草图绘制环境。单击"草图"选项卡"创建"面板中的"直线"按钮，绘制草图。单击"约束"面板中的"尺寸"按钮，标注尺寸如图5-22所示。单击"草图"标签中的"完成草图"按钮，退出草图环境。

图5-21 拉伸示意图3

图5-22 创建草图4

（9）创建拉伸体。单击"三维模型"选项卡"创建"面板中的"拉伸"按钮，打开"拉伸"对话框，系统自动选取上一步绘制的草图为拉伸截面轮廓，将拉伸距离设置为"10"mm，拉伸方向为对称，如图5-23所示。单击"确定"按钮完成拉伸。

（10）圆角处理。单击"三维模型"选项卡"修改"面板中的"圆角"按钮，打开"圆角"对话框，输入半径为"1.25"mm，选择图 5-24 所示的边线进行圆角，单击"确定"按钮，完成圆角操作，结果如图5-14所示。

图5-23 拉伸示意图4

图5-24 圆角示意图

（11）保存文件。单击"快速访问"工具栏中的"保存"按钮，打开"另存为"对话框，输入文件名为"液压缸2.ipt"，单击"保存"按钮，保存文件。

5.2 倒角

倒角可在零件和部件环境中使零件的边产生斜角。与圆角相似，倒角不要求有草图，也不要求被约束到要放置的边上。倒角特征的创建步骤如下。

（1）单击"三维模型"选项卡"修改"面板上的"倒角"按钮，打开"倒角"对话框，选择倒角类型，如图5-25所示。

图5-25 "倒角"对话框

（2）选择要倒角的边，并输入倒角参数，如图5-26所示。

（3）在对话框中设置其他参数，单击"确定"按钮，完成倒角的创建，如图5-27所示。

图5-26 设置参数

图5-27 倒角

5.2.1 倒角边长

以倒角边长创建倒角是最简单的一种创建倒角的方式。可以通过指定与所选择的边线偏移同样的距离来创建倒角，可选择单条边、多条边或相连的边界链以创建倒角，还可指定拐角过渡类型的外观。创建时仅需选择用来创建倒角的边以及指定倒角距离即可。对于该方式下"倒角"对话框的选项说明如下。

1. 链选边

● 所有相切连接边：在倒角中一次可选择所有相切边。

● 独立边：一次只选择一条边。

2. 过渡类型

可在选择了3个或多个相交边创建倒角时应用，以确定倒角的形状。

● 过渡：在各边交汇处创建交叉平面而不是拐角，如图5-28a所示。

● 无过渡：倒角的外观好像通过铣去每个边而形成的尖角，如图5-28b所示。

图 5-28　过渡类型

a) 过渡　b) 无过渡

5.2.2 倒角边长和角度

用倒角边长和角度创建倒角 需要指定倒角边长和倒角角度两个参数，选择了该选项后，"倒角"对话框如图 5-29 所示。首先选择创建倒角的边，然后选择一个表面，倒角所形成的斜面与该面的夹角就是所指定的倒角角度，倒角距离和倒角角度均可在对话框右侧的"倒角边长"和"角度"文本框中输入，然后单击"确定"按钮就可创建倒角特征。

5.2.3 两个倒角边长

用两个倒角边长创建倒角 需要指定两个倒角距离。选择该选项后，"倒角"对话框如图 5-30 所示。首先选定倒角边，然后分别指定两个倒角距离即可。可利用"反向"选项使得模型距离反向，单击"确定"按钮即可完成创建。

图 5-29　用倒角边长和角度创建倒角

图 5-30　用两个边长创建倒角

5.2.4 实例——连杆 3

绘制图 5-31 所示的连杆 3。

操作步骤

（1）新建文件。单击"快速访问"工具栏中的"新建"按钮 ，在打开的"新建文件"对话框的"Templates"选项卡中的"零件"下拉列表中选择"Standard.ipt"选项，单击"创建"按钮，新建一个零件文件。

图 5-31　连杆 3

（2）创建草图。单击"三维模型"选项卡"草图"面板中的"开始创建二维草图"按钮
，选择 *XZ* 平面为草图绘制平面，进入草图绘制环境。单击"草图"选项卡"创建"面板
中的"圆心圆"按钮，绘制圆形。单击"约束"面板中的"尺寸"按钮，标注尺寸如
图 5-32 所示。单击"草图"标签中的"完成草图"按钮，退出草图环境。

（3）创建拉伸体。单击"三维模型"选项卡"创建"面板中的"拉伸"按钮，打开
"拉伸"对话框，选取上一步绘制的草图为拉伸截面轮廓，将拉伸距离设置为"50mm"，单
击"对称"按钮，如图 5-33 所示。单击"确定"按钮完成拉伸。

图 5-32　绘制草图 1

图 5-33　设置参数 1

（4）创建草图。单击"三维模型"选项卡"草图"面板的"开始创建二维草图"按钮
，选择 *XZ* 平面为草图绘制平面，进入草图绘制环境。单击"草图"选项卡"创建"面板
的"直线"按钮，绘制草图轮廓。单击"约束"面板中的"尺寸"按钮，标注尺寸如
图 5-34 所示。单击"草图"标签中的"完成草图"按钮，退出草图环境。

图 5-34　绘制草图 2

（5）创建拉伸。单击"三维模型"选项卡"创建"面板中的"拉伸"按钮，打开"拉

伸"对话框,选取上一步创建的草图为拉伸截面轮廓,将拉伸距离设置为"10mm",单击"对称"按钮▣,如图 5-35 所示,单击"确定"按钮完成拉伸,如图 5-36 所示。

图 5-35 设置参数 2

图 5-36 创建拉伸体 1

(6)创建草图。单击"三维模型"选项卡"草图"面板的"开始创建二维草图"按钮▣,选择 *XZ* 平面为草图绘制平面,进入草图绘制环境。单击"草图"选项卡"创建"面板的"直线"按钮╱和"圆弧"按钮╱,绘制草图轮廓。单击"约束"面板中的"尺寸"按钮╾,标注尺寸如图 5-37 所示。单击"草图"标签中的"完成草图"按钮✔,退出草图环境。

图 5-37 绘制草图 3

(7)创建拉伸。单击"三维模型"选项卡"创建"面板中的"拉伸"按钮▣,打开"拉伸"对话框,选取上一步创建的草图为拉伸截面轮廓,将拉伸距离设置为"30mm",单击"对称"按钮▣,如图 5-38 所示,单击"确定"按钮完成拉伸,如图 5-39 所示。

图 5-38 设置参数 3

图 5-39 创建拉伸体 2

(8)创建倒角。单击"三维模型"选项卡"修改"面板中的"倒角"按钮◥,打开"倒角"对话框,类型选择"倒角边长",选择如图 5-40 所示的边线,输入倒角边长为"10mm",单击"确定"按钮,结果如图 5-41 所示。

图 5-40 设置参数

图 5-41 倒角处理

（9）创建草图。单击"三维模型"选项卡"草图"面板的"开始创建二维草图"按钮 ，选择 XZ 平面为草图绘制平面，进入草图绘制环境。单击"草图"选项卡"创建"面板的"矩形"按钮 ，绘制草图轮廓。单击"约束"面板中的"尺寸"按钮，标注尺寸如图 5-42 所示。单击"草图"标签中的"完成草图"按钮，退出草图环境。

（10）创建拉伸。单击"三维模型"选项卡"创建"面板中的"拉伸"按钮，打开"拉伸"对话框，选取上一步创建的草图为拉伸截面轮廓，将拉伸距离设置为"10mm"，单击"对称"按钮，选择求差方式，如图 5-43 所示，单击"确定"按钮完成拉伸，如图 5-31 所示。

（11）保存文件。单击"快速访问"工具栏中的"保存"按钮，打开"另存为"对话框，输入文件名为"连杆 3.ipt"，单击"保存"按钮，保存文件。

图 5-42　绘制草图 4

图 5-43　拉伸示意图

5.3　孔

在 Inventor 中可利用孔工具在零件环境、部件环境和焊接环境中创建参数化直孔、沉头孔、锪平或倒角孔特征，还可自定义螺纹孔的螺纹特征和顶角的类型来满足设计要求。

5.3.1　操作步骤

（1）单击"三维模型"选项卡"修改"面板上的"孔"按钮，打开"孔"对话框，选择"线性"放置方式，如图 5-44 所示。

（2）在视图中选择孔放置面，如图 5-45 所示。

图 5-44　"孔"对话框

图 5-45　选择放置面

（3）分别选择两条边为线性参考边，并输入尺寸，如图5-46所示。

（4）在对话框中选择孔类型，并输入孔直径，选择孔底类型并输入角度，选择终止方式。

（5）单击"确定"按钮，按指定的参数生成孔，如图5-47所示。

图5-46　选择参考边　　　　　　　　　　　　　　　图5-47　创建孔

5.3.2　选项说明

1．放置尺寸

放置尺寸有4种方式，即从草图、线性、同心和参考点，可从"放置"下拉列表框中选择。

● 从草图。该方式下，孔是基于草图的特征，要求在现有特征上绘制一个孔中心点，用户也可在现有几何图元上选择端点或中心点来作为孔中心。单击"孔心"按钮选择几何图元的端点或中心点作为孔中心。如果当前草图中只有一个点，则孔中心点将被自动选择为该点。

● 线性。该方式根据两条线性边在面上创建孔。如果选择了"线性"选项，在"放置"选项组中将出现选择"面"以及两个"引用"按钮。单击"面"按钮则选择要放置孔的面。单击"引用1"按钮选择用于标注孔放置尺寸的第一条线性引用边，单击"引用2"按钮选择用于标注孔放置尺寸的第二条线性引用边。当选择了两个引用边之后，与引用边相关的尺寸会自动显示，可单击该尺寸以进行修改。

● 同心。该方式在面上创建与环形边或圆柱面同心的孔。选择该方式以后，在"放置"选项组中将出现选择"面"和"同心引用"的按钮。单击"面"按钮选择要放置孔的面或工作平面。单击"同心"按钮选择孔中心放置所引用的对象，可以是环形边或圆柱面。最后所创建的孔与同心引用对象具有同心约束。

● 参考点。该方式创建与工作点重合并根据轴、边或工作平面进行放置的孔。选择该方式以后，在"放置"选项组中出现选择"点"和"方向"的按钮。单击"点"按钮选择要设置为孔中心的工作点。单击"方向"按钮选择孔轴的方向，可选择与孔轴垂直的平面或工作平面，则该平面的法线方向成为孔轴的方向，或选择与孔轴平行的边或轴。单击"反向"按钮可反转孔的方向。

2．孔的形状

用户可选择创建4种形状的孔，即直孔 $\boxed{U}$、沉头孔 $\boxed{T}$、沉头平面孔 $\boxed{U}$ 和倒角孔 $\boxed{T}$，如图5-48所示。直孔与平面齐平，并且具有指定的直径；沉头孔具有指定的直径、沉头直径和沉头深度；沉头平面孔具有指定的直径、沉头平面直径和沉头平面深度；孔和螺纹深度从沉头平面的底部曲面进行测量；倒角孔具有指定的直径、倒角孔直径和倒角孔角度。

图 5-48　孔的形状

注意：
> 不能将锥角螺纹孔与沉头孔结合使用。

3．孔预览区域

在孔的预览区域内可预览孔的形状。需要注意的是孔的尺寸是在预览窗口中进行修改的，双击对话框中孔图像上的尺寸，此时尺寸值变为可编辑状态，然后输入新值即完成修改。

4．孔底

通过"孔底"选项组设定孔的底部形状，有两个选项：平直和角度，如果选择了"角度"选项的话，应设定角度的值。

5．终止方式

通过"终止方式"选项组中的选项设置孔的方向和终止方式，单击"终止方式"下拉列表框中的向下箭头，所包含的选项有"距离""贯通"或"到"。其中，"到"选项仅可用于零件特征，在该方式下需指定是在曲面还是在延伸面（仅适用于零件特征）上终止孔。如果选择"距离"或"贯通"选项，则可以通过方向按钮选择是否反转孔的方向。

6．孔的类型

用户可选择创建 4 种类型的孔，即简单孔、螺纹孔、配合孔和锥螺纹孔。要为孔设置螺纹特征，可选中"螺纹孔"或"锥螺纹孔"选项，此时出现"螺纹"选项组，用户可自己指定螺纹类型。

（1）英制螺纹孔对应于"ANSI Unified Screw Threads"选项作为螺纹类型，公制孔则对应于"ANSI Metric M Profile"选项作为螺纹类型。

（2）可设定螺纹的右旋或左旋方向，设置是否为全螺纹，可设定公称尺寸、螺距、系列和直径等。

（3）如果选中"配合孔"选项，可创建与所选紧固件配合的孔，此时出现"紧固件"选项组。可从"标准"下拉列表框中选择紧固件标准，从"紧固件类型"下拉列表框中选择紧固件类型，从"大小"下拉列表框中选择紧固件的大小，从"配合"下拉列表框中设置孔配合的类型，可选的值为"常规""紧"或"松"。

技巧：

　　怎样用共享草图指定孔位置？

　　如果阵列中需要多种尺寸或类型的孔，可以使用"共享草图"在零件环境中创建多个孔特征。将孔创建为部件特征时，共享草图不可用。

　　（1）在单一草图上布置多个孔的中心点。

　　（2）为孔阵列选择指定的中心点。如果需要，可以使用草图几何图元的端点或中心点作为孔中心。

　　（3）对于不同的孔尺寸或类型，可选择另一组孔中心点。

5.3.3　实例——阀体

　　绘制图 5-49 所示的阀体。

图 5-49　阀体

操作步骤

　　（1）新建文件。单击"快速访问"工具栏中的"新建"按钮，在打开的"新建文件"对话框中"Templates"选项卡的"零件"下拉列表中选择"Standard.ipt"选项，单击"创建"按钮，新建一个零件文件。

　　（2）创建草图。单击"三维模型"选项卡"草图"面板中的"开始创建二维草图"按钮，选择 XY 平面为草图绘制平面，进入草图绘制环境。单击"草图"选项卡"创建"面板中的"两点中心矩形"按钮和"圆角"按钮，绘制草图轮廓。单击"约束"面板中的"尺寸"按钮，标注尺寸如图 5-50 所示。单击"草图"标签中的"完成草图"按钮，退出草图环境。

　　（3）创建拉伸体。单击"三维模型"选项卡"创建"面板中的"拉伸"按钮，打开"拉伸"对话框，由于草图中只有图 5-50 所示的一个截面轮廓，所以自动被选取为拉伸截面轮廓，将拉伸距离设置为"12mm"，如图 5-51 所示。单击"确定"按钮，完成拉伸，创建图 5-52 所示的零件基体。

　　（4）创建草图。单击"三维模型"选项卡"草图"面板的"开始创建二维草图"按钮，选择 XZ 平面为草图绘制面。单击"草图"选项卡"创建"面板中的"圆弧"按钮和"直线"按钮，绘制草图。单击"约束"面板中的"尺寸"按钮，标注尺寸，如图 5-53 所示。单击"草图"标签中的"完成草图"按钮，退出草图环境。

图 5-50　绘制草图 1

图 5-51　设置参数 1

图 5-52　创建拉伸体 1

图 5-53　绘制草图 2

（5）创建旋转体。单击"三维模型"选项卡"创建"面板中的"旋转"按钮，打开"旋转"对话框，选取上一步绘制的草图为旋转截面轮廓，选取竖直线为旋转轴，如图 5-54 所示。单击"确定"按钮，完成旋转，创建图 5-55 所示的零件基体。

图 5-54　设置参数 2

图 5-55　完成旋转

（6）创建草图。单击"三维模型"选项卡"草图"面板的"开始创建二维草图"按钮，选择 *XZ* 的平面为草图绘制面。单击"草图"选项卡"创建"面板中的"圆心圆"按钮，绘制草图。单击"约束"面板中的"尺寸"按钮，标注尺寸如图 5-56 所示。单击"草图"标签中的"完成草图"按钮，退出草图环境。

（7）创建拉伸体。单击"三维模型"选项卡"创建"面板中的"拉伸"按钮，打开"拉伸"对话框，选取上一步

图 5-56　绘制草图 3

绘制的草图为拉伸截面轮廓,将拉伸距离设置为"56"mm,如图 5-57 所示。单击"确定"按钮,完成拉伸,如图 5-58 所示。

图 5-57 设置参数 3

图 5-58 创建拉伸体 2

(8)创建草图。单击"三维模型"选项卡"草图"面板的"开始创建二维草图"按钮 ,选择 *YZ* 平面为草图绘制面。单击"草图"选项卡"创建"面板中的"直线"按钮 ,绘制草图。单击"约束"面板中的"尺寸"按钮 ,标注尺寸如图 5-59 所示。单击"草图"标签中的"完成草图"按钮 ,退出草图环境。

(9)创建旋转体。单击"三维模型"选项卡"创建"面板中的"旋转"按钮 ,打开"旋转"对话框,选取上一步绘制的草图为旋转截面轮廓,选取竖直线为旋转轴,选择求差方式,如图 5-60 所示。单击"确定"按钮,完成旋转切除,创建图 5-61 所示的孔。

(10)创建草图。单击"三维模型"选项卡"草图"面板的"开始创建二维草图"按钮 ,选择 *YZ* 平面为草图绘制面。单击"草图"选项卡"创建"面板中的"直线"按钮 ,绘制草图。单击"约束"面板中的"尺寸"按钮 ,标注尺寸如图 5-62 所示。单击"草图"标签中的"完成草图"按钮 ,退出草图环境。

图 5-59 绘制草图 4

图 5-60 旋转示意图 1

(11)创建旋转体。单击"三维模型"选项卡"创建"面板中的"旋转"按钮 ,打开"旋转"对话框,选取上一步绘制的草图为旋转截面轮廓,选取水平直线为旋转轴,选择求差方式,如图 5-63 所示。单击"确定"按钮,完成旋转切除,创建图 5-64 所示的孔。

图 5-61 旋转切除 1

图 5-62 绘制草图 5

图 5-63 旋转示意图 2

图 5-64 旋转切除 2

（12）创建草图。单击"三维模型"选项卡"草图"面板的"开始创建二维草图"按钮，选择图 5-64 所示的面 1 为草图绘制面。单击"草图"选项卡"创建"面板中的"直线"按钮，绘制草图。单击"约束"面板中的"尺寸"按钮，标注尺寸如图 5-65 所示。单击"草图"标签中的"完成草图"按钮，退出草图环境。

（13）创建拉伸体。单击"三维模型"选项卡"创建"面板中的"拉伸"按钮，打开"拉伸"对话框，选取上一步绘制的草图为拉伸截面轮廓，将拉伸距离设置为"2"mm，选择求差方式，如图 5-66 所示。单击"确定"按钮，完成拉伸，如　图 5-67 所示。

图 5-65 绘制草图 6

（14）创建草图。单击"三维模型"选项卡"草图"面板的"开始创建二维草图"按钮，选择 YZ 平面为草图绘制面。单击"草图"选项卡"创建"面板中的"直线"按钮，绘制草图。单击"约束"面板中的"尺寸"按钮，标注尺寸如图 5-68 所示。单击"草图"标签中的"完成草图"按钮，退出草图环境。

图 5-66　设置参数 4

图 5-67　完成拉伸

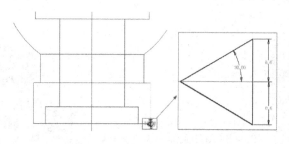

图 5-68　绘制草图 7

（15）创建螺纹。单击"三维模型"选项卡"创建"面板中的"螺旋扫掠"按钮，打开如图 5-69 所示的"螺旋扫掠"对话框，选择上一步绘制的草图为截面轮廓，选择水平直线为旋转轴，设置类型为"螺距和高度"，输入螺距为"1.5"，高度为"15"，选择求差方式，单击"确定"按钮，完成螺纹创建，如图 5-70 所示。

图 5-69　"螺旋扫掠"对话框

图 5-70　绘制螺纹

（16）创建草图。单击"三维模型"选项卡"草图"面板的"开始创建二维草图"按钮，选择 XY 平面为草图绘制面。单击"草图"选项卡"创建"面板中的"直线"按钮和"点"按钮，绘制草图。单击"约束"面板中的"尺寸"按钮，标注尺寸如图 5-71 所示。单击"草图"标签中的"完成草图"按钮，退出草图环境。

（17）创建直孔。单击"三维模型"选项卡"修改"面板中的"孔"按钮，打开"孔"对话框。在"放置"下拉列表中选择"从草图"放置方式，系统自动捕捉上一步创建的草图点，类型选择"螺纹孔"，选择尺寸为"10"的"GB Metric profile"螺纹类型，选中"全螺纹"复选框，如图 5-72 所示，单击"确定"按钮。

（18）保存文件。单击"快速访问"工具栏中的"保存"按钮 💾，打开"另存为"对话框，输入文件名为"阀体.ipt"，单击"保存"按钮，保存文件。

图 5-71　绘制草图 8

图 5-72　设置参数 5

5.4　抽壳

抽壳特征是指从零件的内部去除材料，创建一个具有指定厚度的空腔零件。抽壳也是参数化特征，常用于模具和铸造方面的造型。

5.4.1　操作步骤

（1）单击"三维模型"选项卡"修改"面板上的"抽壳"按钮 🔲，打开"抽壳"对话框，如图 5-73 所示。

图 5-73　"抽壳"对话框

（2）选择开口面，指定一个或多个要去除的零件面，只保留作为壳壁的面，如果不想选择某个面，可按住〈Ctrl〉键的同时单击该面即可。

（3）选择好开口面以后，需要指定壳体的壁厚，如图 5-74 所示。

（4）单击"确定"按钮完成抽壳特征的创建，如图 5-75 所示。

图 5-74　设置参数

图 5-75　完成抽壳

5.4.2　选项说明

1. 抽壳方式

● 向内：向零件内部偏移壳壁，原始零件的外壁成为抽壳的外壁。

● 向外：向零件外部偏移壳壁，原始零件的外壁成为抽壳的内壁。

● 双向：向零件内部和外部以相同距离偏移壳壁，每侧偏移厚度是零件厚度的一半。

2. 特殊面厚度

用户可忽略默认厚度，而对所选的壁面应用其他厚度。需要指出的是，指定相等的壁厚是一个好的习惯，因为相等的壁厚有助于避免在加工和冷却的过程中出现变形。当然如果情况特殊，可为特定壳壁指定不同的厚度。

● 选择：显示应用新厚度的所选面个数。

● 厚度：显示和修改为所选面设置的新厚度。

5.4.3　实例——锅盖

本实例创建图 5-76 所示的锅盖。

图 5-76　锅盖

操作步骤

（1）新建文件。单击"快速访问"工具栏上的"新建"按钮，在打开的"新建文件"对话框中"Templates"选项卡的"零件"下拉列表中选择"Standard.ipt"选项，单击"创建"按钮，新建一个零件文件。

（2）创建草图 1。单击"三维模型"选项卡"草图"面板上的"开始创建二维草图"按钮，选择 XY 平面为草图绘制平面，进入草图绘制环境。单击"草图"选项卡"创建"面板上的"圆心圆"按钮，绘制草图。单击"约束"面板上的"尺寸"按钮，标注尺寸如图 5-77 所示。单击"草图"标签上的"完成草图"按钮，退出草图环境。

（3）创建拉伸体。单击"三维模型"选项卡"创建"面板上的"拉伸"按钮，打开"拉伸"对话框，系统自动选取上步绘制的草图为拉伸截面轮廓，将拉伸距离设置为"5.5"mm，如图 5-78 所示。单击"确定"按钮完成拉伸。

图 5-77 绘制草图 1

图 5-78 拉伸示意图 1

（4）创建草图 2。单击"三维模型"选项卡"草图"面板上的"开始创建二维草图"按钮，选择上步创建的拉伸体的上表面为草图绘制平面，进入草图绘制环境。单击"草图"选项卡"创建"面板上的"圆心圆"按钮，绘制草图。单击"约束"面板上的"尺寸"按钮，标注尺寸如图 5-79 所示。单击"草图"标签上的"完成草图"按钮，退出草图环境。

（5）创建拉伸体。单击"三维模型"选项卡"创建"面板上的"拉伸"按钮，打开"拉伸"对话框，选取上步绘制的草图为拉伸截面轮廓，将拉伸距离设置为"15"mm，在"更多"选项卡中设置锥度为"-60"deg，如图 5-80 所示。单击"确定"按钮完成拉伸，结果如图 5-81 所示。

图 5-79 绘制草图 2

图 5-80 拉伸示意图 2

（6）抽壳处理。单击"三维模型"选项卡"修改"面板上的"抽壳"按钮，打开"抽壳"对话框，选择图 5-82 所示的面为开口面，输入厚度为"1 mm"，如图 5-82 所示，单击"确定"按钮，结果如图 5-83 所示。

图 5-81　创建拉伸体 1　　　　　　　　　　　图 5-82　抽壳示意图

（7）创建草图 3。单击"三维模型"选项卡"草图"面板上的"开始创建二维草图"按钮，选择第一个拉伸体的上表面为草图绘制平面，进入草图绘制环境。单击"草图"选项卡"创建"面板上的"圆心圆"按钮，绘制草图。单击"约束"面板上的"尺寸"按钮，标注尺寸如图 5-84 所示。单击"草图"标签上的"完成草图"按钮，退出草图环境。

图 5-83　抽壳处理　　　　　　　　　　　　　图 5-84　绘制草图 3

（8）创建拉伸体。单击"三维模型"选项卡"创建"面板上的"拉伸"按钮，打开"拉伸"对话框，选取上步绘制的草图为拉伸截面轮廓，将拉伸距离设置为"1.5"mm，如图 5-85 所示。单击"确定"按钮完成拉伸，结果如图 5-86 所示。

图 5-85　拉伸示意图 3　　　　　　　　　　　图 5-86　创建拉伸体 2

（9）创建草图 4。单击"三维模型"选项卡"草图"面板上的"开始创建二维草图"按钮，选择第二个拉伸体的上表面为草图绘制平面，进入草图绘制环境。单击"草图"选项卡"创建"面板上的"圆心圆"按钮，绘制草图。单击"约束"面板上的"尺寸"按钮，标注尺寸如图 5-87 所示。单击"草图"标签上的"完成草图"按钮，退出草图环境。

（10）创建拉伸体。单击"三维模型"选项卡"创建"面板上的"拉伸"按钮，打开"拉伸"对话框，选取上步绘制的草图为拉伸截面轮廓，将拉伸距离设置为"2"mm，如图 5-88 所示。单击"确定"按钮完成拉伸，结果如图 5-89 所示。

图 5-87 绘制草图 4   图 5-88 拉伸示意图 4

（11）创建草图 5。单击"三维模型"选项卡"草图"面板上的"开始创建二维草图"按钮，选择上步创建拉伸体 3 的上表面为草图绘制平面，进入草图绘制环境。单击"草图"选项卡"创建"面板上的"圆心圆"按钮，绘制草图。单击"约束"面板上的"尺寸"按钮，标注尺寸如图 5-90 所示。单击"草图"标签上的"完成草图"按钮，退出草图环境。

图 5-89 创建拉伸体 3   图 5-90 绘制草图 5

（12）创建拉伸体。单击"三维模型"选项卡"创建"面板上的"拉伸"按钮，打开"拉伸"对话框，选取上步绘制的草图为拉伸截面轮廓，将拉伸距离设置为"5"mm，如图 5-91 所示。单击"确定"按钮完成拉伸，结果如图 5-92 所示。

图 5-91 拉伸示意图 5   图 5-92 创建拉伸体 4

（13）创建草图 6。单击"三维模型"选项卡"草图"面板上的"开始创建二维草图"按钮，选择上步创建拉伸体 4 的上表面为草图绘制平面，进入草图绘制环境。单击"草图"选项卡"创建"面板上的"圆心圆"按钮，绘制草图。单击"约束"面板上的"尺寸"按钮，标注尺寸如图 5-93 所示。单击"草图"标签上的"完成草图"按钮，退出草图环境。

（14）创建拉伸体。单击"三维模型"选项卡"创建"面板上的"拉伸"按钮，打开"拉伸"对话框，选取上步绘制的草图为拉伸截面轮廓，将拉伸距离设置为"8"mm，在"更多"选项卡中输入锥度为"-15"deg，如图 5-94 所示。单击"确定"按钮完成拉伸，结果如图 5-95 所示。

图 5-93　绘制草图 6

图 5-94　拉伸示意图 6

图 5-95　创建拉伸体 5

（15）保存文件。单击"快速访问"工具栏上的"保存"按钮，打开"另存为"对话框，输入文件名为"锅盖.ipt"，单击"保存"按钮，保存文件。

5.5　拔模斜度

在进行铸件设计时，通常需要一个拔模面使得零件更容易从模子里面取出。在为模具或铸造零件设计特征时，可通过为拉伸或扫掠指定正的或负的扫掠斜角来应用拔模斜度，当然也可直接对现成的零件进行拔模斜度操作。在 Inventor 中提供了一个拔模斜度工具，可很方便地对零件进行拔模操作。

5.5.1　操作步骤

创建拔模斜度的步骤如下。

（1）单击"三维模型"选项卡"修改"面板上的"拔模"按钮，打开"面拔模：面拔模 1"对话框，如图 5-96 所示，选择拔模类型。

图 5-96 "面拔模：面拔模 1"对话框

（2）在右侧的"拔模斜度"文本框中输入要进行拔模的斜度，可以是正值或负值。

（3）选择要进行拔模的平面，可选择一个或多个拔模面，注意拔模的平面不能与拔模方向垂直。当鼠标位于某个符合要求的平面时，会出现效果的预览，如图 5-97 所示。

（4）单击"确定"按钮即可完成拔模斜度特征的创建，如图 5-98 所示。

图 5-97 设置拔模参数

图 5-98 创建拔模斜度特征

5.5.2 选项说明

1．拔模方式

● 固定边方式：在每个平面的一个或多个相切的连续固定边处创建拔模，拔模结果是创建额外的面。

● 固定平面方式：需要选择一个固定平面（也可是工作平面），选择以后拔模方向就自动设定为垂直于所选平面，然后再选择拔模面，即根据确定的拔模斜度角来创建拔模斜度特征。

● 分模线方式：创建有关二维或三维草图的拔模，模型将在分模线上方和下方进行拔模。

2．自动链选面

包含与拔模选择集中的选定面相切的面。

3．自动过渡

适用于以圆角或其他特征过渡到相邻面的面创建拔模斜度特征。选中此复选框，可维护过渡的几何图元。

5.5.3 实例——表壳

本实例创建如图 5-99 所示的表壳。

图 5-99 表壳

操作步骤

（1）新建文件。单击"快速访问"工具栏上的"新建"按钮，在打开的"新建文件"对话框中"Templates"选项卡的"零件"下拉列表中选择"Standard.ipt"选项，单击"创建"按钮，新建一个零件文件。

（2）创建草图 1。单击"三维模型"选项卡"草图"面板上的"开始创建二维草图"按钮，选择 XY 平面为草图绘制平面，进入草图绘制环境。单击"草图"选项卡"创建"面板上的"圆心圆"按钮、"直线"按钮和"修剪"按钮，绘制草图。单击"约束"面板上的"尺寸"按钮，标注尺寸如图 5-100 所示。单击"草图"标签上的"完成草图"按钮，退出草图环境。

（3）创建拉伸体。单击"三维模型"选项卡"创建"面板上的"拉伸"按钮，打开"拉伸"对话框，系统自动选取上步绘制的草图为拉伸截面轮廓，将拉伸距离设置为"5 mm"，如图 5-101 所示。单击"确定"按钮完成拉伸。

图 5-100　绘制草图 1

图 5-101　拉伸示意图 1

（4）创建倒角。

1）单击"三维模型"选项卡"修改"面板上的"倒角"按钮，打开"倒角"对话框，类型选择"倒角边长"，选择图 5-102 所示的边线，输入倒角边长为"2 mm"，单击"应用"按钮。

2）类型选择"两个倒角边长"，选择图 5-103 所示的边线，输入倒角边长 1 为 "3" mm，倒角边长 2 为 "4" mm，单击"应用"按钮。

图 5-102 设置参数 1

图 5-103 选取倒角边线 1

3）类型选择"两个倒角边长"，选择图 5-104 所示的边线，输入倒角边长 1 为 "4" mm，倒角边长 2 为 "3" mm，单击"确定"按钮，结果如图 5-105 所示。

图 5-104 选取倒角边线 2

图 5-105 创建倒角 1

（5）创建草图 2。单击"三维模型"选项卡"草图"面板上的"开始创建二维草图"按钮 ，选择 XY 平面为草图绘制平面，进入草图绘制环境。单击"草图"选项卡"创建"面板上的"圆心圆"按钮 ，绘制草图。单击"约束"面板上的"尺寸"按钮 ，标注尺寸如图 5-106 所示。单击"草图"标签上的"完成草图"按钮 ，退出草图环境。

（6）创建拉伸体。单击"三维模型"选项卡"创建"面板上的"拉伸"按钮 ，打开"拉伸"对话框，系统自动选取上步绘制的草图为拉伸截面轮廓，将拉伸距离设置为 "7 mm"，如图 5-107 所示。单击"确定"按钮完成拉伸，结果如图 5-108 所示。

图 5-106 绘制草图 2

图 5-107 拉伸示意图 2

图 5-108　创建拉伸体 1

（7）创建倒角。单击"三维模型"选项卡"修改"面板上的"倒角"按钮，打开"倒角"对话框，类型选择"倒角边长"，选择图 5-109 所示的边线，输入倒角边长为"1.5 mm"，单击"确定"按钮，结果如图 5-110 所示。

图 5-109　设置参数 2

图 5-110　创建倒角 2

（8）创建直孔 1。单击"三维模型"选项卡"修改"面板上的"孔"按钮，打开"孔"对话框。在"放置"下拉列表中选择"同心"放置方式，选取第二个拉伸体上表面为孔放置面，选取拉伸体的边线为同心参考，终止方式选择"距离"，输入距离为"0.8"mm，孔直径为"30 mm"，孔底选择"平直"，如图 5-111 所示，单击"确定"按钮，结果如图 5-112 所示。

图 5-111　设置参数 3

图 5-112　创建直孔 1

（9）创建直孔 2。单击"三维模型"选项卡"修改"面板上的"孔"按钮，打开"孔"对话框。在"放置"下拉列表中选择"同心"放置方式，选取上步创建的孔底面为孔放置面，选取孔边线为同心参考，终止方式选择"距离"，输入距离为"2.2 mm"，孔直径为

"29 mm"，孔底选择"平直"，如图 5-113 所示，单击"确定"按钮，结果如图 5-114 所示。

图 5-113　设置参数 4

图 5-114　创建直孔 2

（10）创建拔模特征。单击"三维模型"选项卡"修改"面板上的"拔模"按钮，打开"面拔模"对话框。类型选择"固定边"，选取上步创建的孔底面为固定面，选取孔侧面为拔模面，输入拔模斜度为"25 deg"，如图 5-115 所示，单击"确定"按钮，结果如图 5-116 所示。

图 5-115　设置参数 5

图 5-116　创建拔模特征

（11）创建草图 3。单击"三维模型"选项卡"草图"面板上的"开始创建二维草图"按钮，选择第二个孔的底面为草图绘制平面，进入草图绘制环境。单击"草图"选项卡"创建"面板上的"圆心圆"按钮，在圆心处绘制直径为 1.2 mm 的圆。单击"草图"标签上的"完成草图"按钮，退出草图环境。

（12）创建拉伸体。单击"三维模型"选项卡"创建"面板上的"拉伸"按钮，打开"拉伸"对话框，系统自动选取上步绘制的草图为拉伸截面轮廓，将拉伸距离设置为"1.2"mm，如图 5-117 所示。单击"确定"按钮完成拉伸。

（13）重复步骤（11）和（12），创建直径为 0.6、高度为 0.5 和直径为 0.3、高度为 0.3 的拉伸体，结果如图 5-118 所示

（14）创建草图 4。单击"三维模型"选项卡"草图"面板上的"开始创建二维草图"按钮，选择 XY 平面为草图绘制平面，进入草图绘制环境。单击"草图"选项卡"创建"面板上的"圆心圆"按钮，绘制草图。单击"约束"面板上的"尺寸"按钮，标注尺寸如图 5-119 所示。单击"草图"标签上的"完成草图"按钮，退出草图环境。

图 5-117　拉伸示意图 3

图 5-118　创建拉伸体 2

（15）创建拉伸体。单击"三维模型"选项卡"创建"面板上的"拉伸"按钮 ，打开"拉伸"对话框，选取上步绘制的草图为拉伸截面轮廓，将拉伸距离设置为 2 mm，在"更多"选项卡中设置锥度为"-20 deg"，如图 5-120 所示。单击"确定"按钮完成拉伸，结果如图 5-121 所示。

图 5-119　绘制草图 4

图 5-120　拉伸示意图 4

图 5-121　创建拉伸体 3

（16）创建直孔 3。单击"三维模型"选项卡"修改"面板上的"孔"按钮 ，打开"孔"对话框。在"放置"下拉列表中选择"同心"放置方式，选取上步创建的拉伸体表面为孔放置面，选取拉伸体边线为同心参考，终止方式选择"距离"，输入距离为"1.5 mm"，孔直径为"31 mm"，孔底选择"平直"，如图 5-122 所示，单击"确定"按钮，结果如图 5-123 所示。

图 5-122　设置参数 6

图 5-123　创建直孔 3

（17）创建草图 5。单击"三维模型"选项卡"草图"面板上的"开始创建二维草图"按钮，选择 XY 平面为草图绘制平面，进入草图绘制环境。单击"草图"选项卡"创建"面板上的"两点矩形"按钮、"直线"按钮和"镜像"按钮，绘制草图。单击"约束"面板上的"尺寸"按钮，标注尺寸如图 5-124 所示。单击"草图"标签上的"完成草图"按钮，退出草图环境。

（18）创建拉伸体。单击"三维模型"选项卡"创建"面板上的"拉伸"按钮，打开"拉伸"对话框，系统自动选取上步绘制的草图为拉伸截面轮廓，将拉伸距离设置为"5 mm"，选择求差方式，如图 5-125 所示。单击"确定"按钮完成拉伸，结果如图 5-126 所示。

图 5-124　绘制草图 5

图 5-125　拉伸示意图 5

（19）创建工作平面。单击"三维模型"选项卡"定位特征"面板上的"从平面偏移"按钮，在原始坐标系中选择 YZ 平面并拖动，输入距离为"18.5"mm，如图 5-127 所示。

（20）创建草图 6。单击"三维模型"选项卡"草图"面板上的"开始创建二维草图"按钮，选择上步创建的工作平面为草图绘制平面，进入草图绘制环境。单击"草图"选项卡"创建"面板上的"圆心圆"按钮，绘制草图。单击"约束"面板上的

"尺寸"按钮，标注尺寸如图 5-128 所示。单击"草图"标签上的"完成草图"按钮，退出草图环境。

图 5-126　创建拉伸体 4

图 5-127　创建工作平面

（21）创建拉伸体。单击"三维模型"选项卡"创建"面板上的"拉伸"按钮，打开"拉伸"对话框，选取上步绘制的草图为拉伸截面轮廓，将拉伸距离设置为"1.5"mm，选择求差方式，如图 5-129 所示。单击"确定"按钮完成拉伸，结果如图 5-130 所示。

图 5-128　绘制草图 6

图 5-129　拉伸示意图 6

（22）创建直孔 4。单击"三维模型"选项卡"修改"面板上的"孔"按钮，打开"孔"对话框。在"放置"下拉列表中选择"同心"放置方式，选取上步创建的拉伸体表面为孔放置面，选取拉伸体边线为同心参考，终止方式选择"距离"，输入距离为"2.5 mm"，孔直径为"0.5 mm"，孔底选择"平直"，如图 5-131 所示，单击"确定"按钮，结果如图 5-132 所示。

图 5-130　创建拉伸体 5

图 5-131　设置参数 7

（23）创建草图 7。单击"三维模型"选项卡"草图"面板上的"开始创建二维草图"按钮，选择图 5-132 所示的面 2 为草图绘制平面，进入草图绘制环境。单击"草图"选项卡"创建"面板上的"圆心圆"按钮 ⊘，绘制草图。单击"约束"面板上的"尺寸"按钮 ⊓，标注尺寸如图 5-133 所示。单击"草图"标签上的"完成草图"按钮 ✔，退出草图环境。

图 5-132 创建直孔 4

图 5-133 绘制草图 7

（24）创建拉伸体。单击"三维模型"选项卡"创建"面板上的"拉伸"按钮 ⬚，打开"拉伸"对话框，系统自动选取上步绘制的草图为拉伸截面轮廓，将拉伸距离设置为"1.5 mm"，如图 5-134 所示。单击"确定"按钮完成拉伸，结果如图 5-135 所示。

图 5-134 拉伸示意图 7

图 5-135 创建拉伸体 6

（25）保存文件。单击"快速访问"工具栏上的"保存"按钮 💾，打开"另存为"对话框，输入文件名为"表壳.ipt"，单击"保存"按钮，保存文件。

5.6 螺纹特征

在 Inventor 中，可使用螺纹特征工具在孔或诸如轴、螺柱、螺栓等圆柱面上创建螺纹特征。Inventor 的螺纹特征实际上不是真实存在的螺纹，是用贴图的方法实现的效果图。这样可大大减少系统的计算量，使得特征的创建时间更短，效率更高。

5.6.1 操作步骤

（1）单击"三维模型"选项卡"修改"面板上的"螺纹"按钮 ▥，打开"螺纹"对话框，如图 5-136 所示。

图 5-136 "螺纹"对话框

（2）在视图区中选择一个圆柱/圆锥面放置螺纹，如图 5-137 所示。

（3）在对话框中设置螺纹长度，打开"定义"选项卡，更改螺纹类型。

（4）单击"确定"按钮即可完成螺纹特征的创建，如图 5-138 所示。

图 5-137 选择放置面

图 5-138 创建螺纹特征

5.6.2 选项说明

"螺纹"对话框中的选项说明如下。

● 在模型上显示：选中此复选框，创建的螺纹可在模型上显示出来，否则即使创建了
   螺纹也不会显示在零件上。

● "螺纹长度"选项组：可指定螺纹为全螺纹，也可指定螺纹相对于螺纹起始面的偏移
   量和螺纹的长度。

● "定义"选项卡，如图 5-139 所示，可指定螺纹类型、尺寸、规格、类和旋向，如右
   旋或左旋。

图 5-139 "定义"选项卡

Inventor 使用 Excel 电子表格来管理螺纹和螺纹孔数据。默认情况下，电子表格位于"\Inventor 安装文件夹\Inventor2018\Design Data\文件夹"中。电子表格中包含了一些常用行业标准的螺纹类型和标准的螺纹孔大小，用户可编辑该电子表格，以便包含更多尺寸的标准螺纹和螺纹类型，创建自定义尺寸的螺纹及螺纹类型等。

电子表格的基本形式如下。

（1）每张工作表表示不同的螺纹类型或行业标准。

（2）每个工作表上的单元格 A1 保留用来定义测量单位。

（3）每行表示一个螺纹条目。

（4）每列表示一个螺纹条目的独特信息。

如果用户要自行创建或修改螺纹（或螺纹孔）数据，应该考虑以下因素。

（1）编辑文件之前备份电子表格（thread.xls）；要在电子表格中创建新的螺纹类型，应先复制一份现有工作表以便维持数据列结构的完整性，然后在新工作表中进行修改得到新的螺纹数据。

（2）要创建自定义尺寸的螺纹孔，应在电子表格中创建一个新工作表，使其包含自定义的螺纹属性，然后选择"螺纹"对话框的"定义"选项卡，再选择"螺纹类型"下拉列表中的"自定义"选项。

（3）修改电子表格不会使现有的螺纹和螺纹孔产生关联变动。

（4）修改并保存电子表格后，编辑螺纹特征并选择不同的螺纹类型，然后保存文件即可。

技巧：

Inventor 中的螺纹是通过贴图的方式生成的，并不是真实存在的螺纹，这样可以加快显示的速度，降低系统的需求和资源消耗。

5.6.3 实例——螺栓

绘制图 5-140 所示的螺栓。

图 5-140 螺栓

操作步骤

（1）新建文件。运行 Inventor，单击"快速访问"工具栏中的"新建"按钮，在打开的"新建文件"对话框中"Templates"选项卡的"零件"下拉列表中选择"Standard.ipt"选项，单击"创建"按钮，新建一个零件文件。

（2）创建草图。单击"三维模型"选项卡"草图"面板中的"开始创建二维草图"按钮
，选择 XZ 平面为草图绘制平面，进入草图绘制环境。单击"草图"选项卡"创建"面板
中的"多边形"按钮，绘制六边形。单击"约束"面板中的"尺寸"按钮，标注尺寸
如图 5-141 所示。单击"草图"标签中的"完成草图"按钮，退出草图环境。

（3）创建拉伸体。单击"三维模型"选项卡"创建"面板中的"拉伸"按钮，打开
"拉伸"对话框，系统自动选取上一步绘制的草图为拉伸截面轮廓，将拉伸距离设置为
"6.4" mm，如图 5-142 所示。单击"确定"按钮完成拉伸，如图 5-143 所示。

图 5-141　绘制草图 1

图 5-142　设置参数 1

图 5-143　创建拉伸体 1

（4）创建草图。单击"三维模型"选项卡"草图"面板的"开始创建二维草图"按钮
，选择拉伸体的下表面为草图绘制平面，进入草图绘制环境。单击"草图"选项卡"创
建"面板的"圆心圆"按钮，绘制轮廓。单击"约束"面板中的"尺寸"按钮，标注
尺寸如图 5-144 所示。单击"草图"标签中的"完成草图"按钮，退出草图环境。

（5）创建拉伸体。单击"三维模型"选项卡"创建"面板中的"拉伸"按钮，打开
"拉伸"对话框，选取上一步绘制的草图为拉伸截面轮廓，将拉伸距离设置为"38" mm，如
图 5-145 所示。单击"确定"按钮完成拉伸，如图 5-146 所示。

图 5-144　绘制草图 2

图 5-145　拉伸示意图

图 5-146　创建拉伸体 2

（6）创建草图。单击"三维模型"选项卡"草图"面板的"开始创建二维草图"按钮
，选择 XY 平面为草图绘制平面，进入草图绘制环境。单击"草图"选项卡"创建"面板
的"直线"按钮，绘制轮廓。单击"约束"面板中的"尺寸"按钮，标注尺寸如图 5-147
所示。单击"草图"标签中的"完成草图"按钮，退出草图环境。

（7）创建旋转体。单击"三维模型"选项卡"创建"面板中的"旋转"按钮，打开
"旋转"对话框，选取上一步绘制的草图截面为旋转轮廓，选取竖直直线段为旋转轴，选择

布尔求差操作，如图 5-148 所示。单击"确定"按钮完成旋转，如图 5-149 所示。

图 5-147 绘制草图 3

图 5-148 设置参数 2

图 5-149 创建旋转切除

（8）创建外螺纹。单击"三维模型"选项卡"修改"面板中的"螺纹"按钮，打开"螺纹"对话框，选择图 5-150 所示的面为螺纹放置面，取消"全螺纹"复选框选择，输入长度为"26mm"，单击"确定"按钮，完成螺纹创建。

图 5-150 选择螺纹放置面

（9）保存文件。单击"快速访问"工具栏中的"保存"按钮，打开"另存为"对话框，输入文件名为"螺栓.ipt"，单击"保存"按钮，保存文件。

5.7 镜像

镜像特征可以以等长距离在平面的另外一侧创建一个或多个特征甚至整个实体的副本。如果零件中有多个相同的特征且在空间的排列上具有一定的对称性，可使用镜像工具以减少工作量，提高工作效率。

5.7.1 镜像特征

镜像特征的操作步骤如下。

（1）单击"三维模型"选项卡"阵列"面板上的"镜像"按钮，打开"镜像"对话框，选择镜像特征，如图 5-151 所示。

图 5-151 "镜像"对话框

（2）选择一个或多个要镜像的特征，如果所选特征带有从属特征，则它们也将被自动选中，如图 5-152 所示。

（3）选择镜像平面，任何直的零件边、平坦零件表面、工作平面或工作轴都可作为镜像所选特征的对称平面。

（4）单击"确定"按钮完成特征的创建，如图 5-153 所示。

图 5-152 选取特征和平面

图 5-153 镜像特征

5.7.2 镜像实体

镜像实体的操作步骤如下。

（1）单击"三维模型"选项卡"阵列"面板上的"镜像"按钮，打开"镜像"对话框，选择镜像实体特征，如图 5-154 所示。

（2）选择一个或多个要镜像的特征，如果所选特征带有从属特征，则它们也将被自动选中，如图 5-155 所示。

图 5-154 "镜像"对话框

图 5-155 选取特征和镜像平面

（3）选择镜像平面，任何直的零件边、平坦零件表面、工作平面或工作轴都可作为镜像所选特征的对称平面。

（4）单击"确定"按钮完成特征的创建，如图 5-156 所示。

图 5-156 镜像实体

"镜像"对话框中的选项说明如下。

● 包括定位/曲面特征：选择一个或多个要镜像的定位特征。

● 镜像平面：选中该选项，选择工作平面或平面，所选定位特征将穿过该平面完成镜像。

● 删除原始特征：选中该选项，则删除原始实体，零件文件中仅保留镜像引用。可使用此选项对零件的左旋和右旋版本进行造型。

镜像创建方法有三种。

● 优化：选中该选项，则创建的镜像引用是原始特征的直接副本。

● 完全相同：选中该选项，则创建完全相同的镜像体，而不管它们是否与另一特征相交。当镜像特征终止在工作平面上时，使用此方法可高效地镜像出大量的特征。

● 调整：选中该选项，则用户可根据其中的每个特征分别计算各自的镜像特征。

5.7.3 实例——铲斗支撑架

绘制图 5-157 所示的铲斗支撑架。

图 5-157 铲斗支撑架

操作步骤

（1）新建文件。运行 Inventor，单击"快速访问"工具栏中的"新建"按钮，在打开的"新建文件"对话框中"Templates"选项卡的"零件"下拉列表中选择"Standard.ipt"选项，单击"创建"按钮，新建一个零件文件。

（2）创建草图。单击"三维模型"选项卡"草图"面板中的"开始创建二维草图"按钮
，选择 XY 平面为草图绘制平面，进入草图绘制环境。单击"草图"选项卡"创建"面板中
的"直线"按钮 和"圆弧"按钮 ，绘制草图。单击"约束"面板中的"尺寸"按钮 ，
标注尺寸如图 5-158 所示。单击"草图"标签中的"完成草图"按钮 ，退出草图环境。

（3）创建拉伸体。单击"三维模型"选项卡"创建"面板中的"拉伸"按钮 ，打开
"拉伸"对话框，系统自动选取上一步绘制的草图为拉伸截面轮廓，将拉伸距离设置为
"95mm"，如图 5-159 所示。单击"确定"按钮，完成拉伸。

图 5-158　绘制草图 1

图 5-159　拉伸示意图 1

（4）创建工作平面 1。单击"三维模型"选项卡"定位特征"面板中的"从平面偏移"
按钮 ，在浏览器的原始坐标系下选择 XY 平面，输入距离为"35"，如图 5-160 所示。

（5）创建草图。单击"三维模型"选项卡"草图"面板中的"开始创建二维草图"按钮
，选择工作平面 1 为草图绘制平面，进入草图绘制环境。单击"草图"选项卡"创建"面
板中的"直线"按钮 、"圆弧"按钮 和"圆心圆"按钮 ，绘制草图。单击"约束"面
板中的"尺寸"按钮 ，标注尺寸如图 5-161 所示。单击"草图"标签中的"完成草图"
按钮 ，退出草图环境。

图 5-160　创建工作平面 1

图 5-161　绘制草图 2

（6）创建拉伸体。单击"三维模型"选项卡"创建"面板中的"拉伸"按钮，打开"拉伸"对话框，选取上一步绘制的草图为拉伸截面轮廓，将拉伸距离设置为"13mm"，如图5-162所示。单击"确定"按钮，完成拉伸。

（7）创建工作平面2。单击"三维模型"选项卡"定位特征"面板中的"从平面偏移"按钮，在浏览器的原始坐标系下选择XY平面，输入距离为"77.5"，如图5-163所示。

图5-162 拉伸示意图2

图5-163 创建工作平面2

（8）创建草图。单击"三维模型"选项卡"草图"面板中的"开始创建二维草图"按钮，选择工作平面2为草图绘制平面，进入草图绘制环境。单击"草图"选项卡"创建"面板中的"直线"按钮和"圆弧"按钮，绘制草图。单击"约束"面板中的"尺寸"按钮，标注尺寸如图5-164所示。单击"草图"标签中的"完成草图"按钮，退出草图环境。

（9）创建拉伸体。单击"三维模型"选项卡"创建"面板中的"拉伸"按钮，打开"拉伸"对话框，系统自动选取上一步绘制的草图为拉伸截面轮廓，将拉伸距离设置为"17.5mm"，单击方向1按钮，调整方向如图5-165所示。单击"确定"按钮，完成拉伸。

图5-164 绘制草图3

图5-165 拉伸示意图3

（10）创建工作平面3。单击"三维模型"选项卡"定位特征"面板中的"从平面偏移"按钮，在浏览器的原始坐标系下选择XY平面，输入距离为"115"，如图5-166所示。

（11）创建草图。单击"三维模型"选项卡"草图"面板中的"开始创建二维草图"按钮 🖾，选择工作平面 3 为草图绘制平面，进入草图绘制环境。单击"草图"选项卡"创建"面板中的"投影几何图元"按钮 📇，提取第（9）步创建的拉伸体的外轮廓边绘制草图。单击"草图"标签中的"完成草图"按钮 ✔，退出草图环境。

（12）创建拉伸体。单击"三维模型"选项卡"创建"面板中的"拉伸"按钮 📭，打开"拉伸"对话框，系统自动选取上一步绘制的草图为拉伸截面轮廓，将拉伸距离设置为"17.5mm"，单击方向 1 按钮 ⬚，调整方向如图 5-167 所示。单击"确定"按钮，完成拉伸。

图 5-166 创建工作平面 3

图 5-167 拉伸示意图 4

（13）创建草图。单击"三维模型"选项卡"草图"面板中的"开始创建二维草图"按钮 🖾，选择工作平面 3 为草图绘制平面，进入草图绘制环境。单击"草图"选项卡"创建"面板中的"圆心圆"按钮 ⊙，绘制草图，如图 5-168 所示。单击"草图"标签中的"完成草图"按钮 ✔，退出草图环境。

（14）创建拉伸体。单击"三维模型"选项卡"创建"面板中的"拉伸"按钮 📭，打开"拉伸"对话框，系统自动选取上一步绘制的草图为拉伸截面轮廓，设置拉伸范围为"到表面或平面"，如图 5-169 所示。单击"确定"按钮，隐藏工作平面，结果如图 5-170 所示。

图 5-168 绘制圆

图 5-169 拉伸示意图 5

（15）镜像实体。单击"三维模型"选项卡"阵列"面板中的"镜像"按钮 ⬡⬡，打开"镜像"对话框，单击"镜像实体"按钮 ⬡，如图 5-171 所示，系统自动选取所有的实体，选择 XY 平面为镜像平面，单击"确定"按钮，结果如图 5-157 所示。

图 5-170 拉伸实体 　　　　　　　　　　图 5-171 "镜像"对话框

（16）保存文件。单击"快速访问"工具栏中的"保存"按钮■，打开"另存为"对话框，输入文件名为"铲斗支撑架.ipt"，单击"保存"按钮，保存文件。

5.8 阵列

阵列是指多重复制选择对象，并把这些副本按矩形或环形排列。

5.8.1 矩形阵列

矩形阵列是指复制一个或多个特征的副本，并且在矩形中或沿着指定的线性路径排列所得到的引用特征。线性路径可以是直线、圆弧、样条曲线或修剪的椭圆。矩形阵列步骤如下。

（1）单击"三维模型"选项卡"阵列"面板上的"矩形阵列"按钮■，打开"矩形阵列"对话框，如图 5-172 所示。

（2）选择要阵列的特征或实体。

（3）选择阵列的两个方向。

（4）为在该方向上复制的特征指定副本的个数 ，以及副本之间的距离 ◇ 10 mm ▶ 。副本之间的距离可用 3 种方法来定义，即间距、距离和曲线长度。

（5）在"方向"选项组中，选择"完全相同"选项，用第一个所选特征的放置方式放置所有特征，或选择"方向 1"或"方向 2"选项，指定控制阵列特征旋转的路径，如图 5-173 所示。

图 5-172 "矩形阵列"对话框

（6）单击"确定"按钮完成特征的创建，如图 5-174 所示。

"矩形阵列"对话框中的选项说明如下。

1. 选择阵列各个特征 ▨ **/阵列整个实体** ▨

如果要阵列各个特征，可选择要阵列的一个或多个特征，对于精加工特征（如圆角和倒角），仅当选择了它们的父特征时才能包含在阵列中。

2. 选择方向

选择阵列的两个方向，用路径选择工具 ▨ 来选择线性路径以指定阵列的方向，路径可是二维或三维直线、圆弧、样条曲线、修剪的椭圆或边，可是开放回路，也可是闭合回路。"反向"按钮用来使得阵列方向反向。

图 5-173 设置参数

图 5-174 矩形阵列

3. 设置参数
- 间距：指定每个特征副本之间的距离。
- 距离：指定特征副本的总距离。
- 曲线长度：指定在指定长度的曲线上平均排列特征的副本，两个方向上的设置是完全相同的。对于任何一个方向，通过"起始位置"选项选择路径上的一点以指定一列或两列的起点。如果路径是封闭回路，则必须指定起点。

4. 计算
- 优化：创建一个副本并重新生成面，而不是重新生成特征。
- 完全相同：创建完全相同的特征，而不管终止方式。
- 调整：使特征在遇到面时终止。需要注意的是，用"完全相同"选项创建的阵列比用"调整"选项创建的阵列计算速度快。如果使用"调整"选项，则阵列特征会在遇到平面时终止，所以可能会得到一个其大小和形状与原始特征不同的特征。

注意：
阵列整个实体的选项与阵列特征选项基本相同，只是"调整"选项在阵列整个实体时不可用。

---

5. 方向
- 完全相同：用第一个所选特征的放置方式放置所有特征。
- "方向1"/"方向2"：指定控制阵列特征旋转的路径。

技巧：
在矩形（环形）阵列中，可抑制某一个或几个单独的引用特征即创建的特征副本。当创建了一个矩形阵列特征后，在浏览器中显示每一个引用的图标，右击某个引用，该引用即被选中，同时打开右键快捷菜单，如图 5-175 所示。如果选择"抑制"选项的话，该特征即被抑制，同时变为不可见。要同时抑制几个引用，可按住〈Ctrl〉键的同时单击想要抑制的引用即可。如果要去除引用的抑制，右击被抑制的引用，在快捷菜单中单击"抑制"选项去掉其前面的勾号即可。

图 5-175 右键快捷菜单中单击"抑制"选项

5.8.2 实例——铲斗

绘制图 5-176 所示的铲斗。

图 5-176 铲斗

操作步骤

（1）新建文件。运行 Inventor，单击"快速访问"工具栏中的"新建"按钮，在打开的"新建文件"对话框中"Templates"选项卡的"零件"下拉列表中选择"Standard.ipt"选项，单击"创建"按钮，新建一个零件文件。

（2）创建草图 1。单击"三维模型"选项卡"草图"面板中的"开始创建二维草图"按钮，选择 XY 平面为草图绘制平面，进入草图绘制环境。单击"草图"选项卡"创建"面板中的"直线"按钮和"圆弧"按钮，绘制轮廓。单击"约束"面板中的"尺寸"按钮，标注尺寸如图 5-177 所示。单击"草图"标签中的"完成草图"按钮，退出草图环境。

图 5-177 绘制草图 1

（3）创建拉伸体。单击"三维模型"选项卡"创建"面板中的"拉伸"按钮![按钮]，打开"拉伸"对话框，系统自动选取上一步绘制的草图为拉伸截面轮廓，将拉伸距离设置为"450mm"，拉伸方向为对称，如图5-178所示。单击"确定"按钮，完成拉伸。

（4）抽壳处理。单击"三维模型"选项卡"修改"面板中的"抽壳"按钮![按钮]，打开"抽壳"对话框，选择图5-178所示的两个面为开口面，输入厚度为"15"mm，如图5-179所示，单击"确定"按钮，结果如图5-180所示。

图 5-178　设置参数 1

图 5-179　抽壳示意图

（5）创建工作平面1。单击"三维模型"选项卡"定位特征"面板中的"从平面偏移"按钮![按钮]，在浏览器的原始坐标系下选择 *XY* 平面，输入距离为"-115"，如图5-181所示。

图 5-180　抽壳处理

图 5-181　偏移工作平面 1

（6）创建草图2。单击"三维模型"选项卡"草图"面板的"开始创建二维草图"按钮![按钮]，在视图中选取工作平面1为草图绘制面，单击"草图"选项卡"创建"面板的"直线"按钮![按钮]和"圆弧"按钮![按钮]，绘制草图轮廓；单击"约束"面板中的"尺寸"按钮![按钮]，标注尺寸如图5-182所示。单击"草图"标签中的"完成草图"按钮![按钮]，退出草图环境。

（7）创建拉伸体。单击"三维模型"选项卡"创建"面板中的"拉伸"按钮![按钮]，打开"拉伸"对话框，选取上一步创建的草图为拉伸截面轮廓，将拉伸距离设置为"20mm"，如图5-183所示。单击"确定"按钮完成拉伸，隐藏工作平面1后创建如图5-184所示的零件基体。

（8）镜像特征。单击"三维模型"选项卡"阵列"面板中的"镜像"按钮![按钮]，打开"镜像"对话框，选择上一步创建的拉伸体为镜像特征，选择 *XY* 平面为镜像平面，单击"确定"按钮,结果如图 5-185 所示。

图 5-182 绘制草图 2

图 5-183 设置参数 2

图 5-184 创建拉伸体 1

图 5-185 镜像特征 1

（9）创建草图 3。单击"三维模型"选项卡"草图"面板的"开始创建二维草图"按钮
，选择图 5-185 所示的平面 1 为草图绘制面。单击"草图"选项卡"创建"面板的"直
线"按钮，绘制草图；单击"约束"面板中的"尺寸"按钮，标注尺寸如图 5-186 所
示。单击"草图"标签中的"完成草图"按钮，退出草图环境。

图 5-186 绘制草图 3

（10）创建拉伸。单击"三维模型"选项卡"创建"面板中的"拉伸"按钮，打开
"拉伸"对话框，选取上一步创建的草图为拉伸截面轮廓，将拉伸距离设置为"25mm"，
单击方向 2 按钮调整拉伸方向，如图 5-187 所示。单击"确定"按钮，完成拉伸，如
图 5-188 所示。

图 5-187　设置参数 3

图 5-188　创建拉伸体 2

（11）圆角处理。单击"三维模型"选项卡"修改"面板中的"圆角"按钮，打开"圆角"对话框，选择"回路"选项，输入半径为"2.5mm"，选择图 5-189 所示的回路进行圆角，单击"确定"按钮，完成圆角操作，结果如图 5-190 所示。

图 5-189　选择回路

图 5-190　圆角处理

（12）矩形阵列齿。单击"三维模型"选项卡"阵列"面板中的"矩形阵列"按钮，打开"矩形阵列"对话框，在视图中选取第（10）和（11）步创建的拉伸特征和圆角特征为阵列特征，选取图 5-191 所示的边线为阵列方向，输入阵列个数为"5"，距离为"47mm"，单击"确定"按钮，结果如图 5-192 所示。

图 5-191　阵列示意图

图 5-192　矩形阵列

（13）镜像特征。单击"三维模型"选项卡"阵列"面板中的"镜像"按钮，打开"镜像"对话框，选择上一步创建的矩形阵列特征为镜像特征，选择 XY 平面为镜像平面，单击"确定"按钮，结果如图 5-193 所示。

图 5-193 镜像特征 2

（14）创建放样草图 1。单击"三维模型"选项卡"草图"面板的"开始创建二维草图"按钮⬚，选择图 5-193 所示的平面 2 为草图绘制面。单击"草图"选项卡"创建"面板的"直线"按钮╱，绘制草图；单击"约束"面板中的"尺寸"按钮⊢⊣，标注尺寸如图 5-194 所示。单击"草图"标签中的"完成草图"按钮✔，退出草图环境。

图 5-194 绘制放样草图 1

（15）创建工作平面 2。单击"三维模型"选项卡"定位特征"面板中的"从平面偏移"按钮▥，选择图 5-195 所示的工作平面进行偏移，输入距离为"–15"mm。

（16）创建草图 4。单击"三维模型"选项卡"草图"面板中的"开始创建二维草图"按钮⬚，选择第一个拉伸体的顶面为草图绘制面。单击"草图"选项卡"创建"面板的"直线"按钮╱，绘制草图；单击"约束"面板中的"尺寸"按钮⊢⊣，标注尺寸如图 5-196 所示。单击"草图"标签中的"完成草图"按钮✔，退出草图环境。

图 5-195 偏移工作平面 2

图 5-196 绘制草图 4

（17）创建放样草图 2。单击"三维模型"选项卡"草图"面板的"开始创建二维草图"按钮⬚，选择上一步创建的工作平面 2 为草图绘制面。单击"草图"选项卡"创建"面板

的"直线"按钮 ✏，绘制草图；单击"约束"面板中的"尺寸"按钮 ⬛，标注尺寸如图 5-197
所示。单击"草图"标签中的"完成草图"按钮 ✅，退出草图环境。

图 5-197　绘制放样草图 2

（18）放样实体。单击"三维模型"选项卡"创建"面板中的"放样"按钮 🔘，打开
"放样"对话框，在"截面"列表框中单击"单击以添加"选项，选择图 5-198 所示的两个
草图为截面。单击"确定"按钮，完成放样，如图 5-199 所示。

图 5-198　选择截面

图 5-199　放样实体

（19）圆角处理。单击"三维模型"选项卡"修改"面板中的"圆角"按钮 🔘，打开
"圆角"对话框，输入半径为"2.5mm"，选择图 5-200 所示的边线进行圆角，单击"确定"
按钮，完成圆角操作，结果如图 5-176 所示。

图 5-200　选择圆角

（20）保存文件。单击"快速访问"工具栏中的"保存"按钮 💾，打开"另存为"对话
框，输入文件名为"铲斗.ipt"，单击"保存"按钮，保存文件。

5.8.3 环形阵列

环形阵列是指复制一个或多个特征，然后在圆弧或圆中按照指定的数量和间距排列所得到的引用特征。环形阵列创建步骤如下。

（1）单击"三维模型"选项卡"阵列"面板上的"环形阵列"按钮，打开"环形阵列"对话框，如图 5-201 所示。

（2）选择阵列各个特征或阵列整个实体。如果要阵列各个特征，则可选择要阵列的一个或多个特征。

（3）选择旋转轴，旋转轴可以是边线、工作轴以及圆柱的中心线等，它可以不和特征在同一个平面上。

图 5-201 "环形阵列"对话框

（4）在"放置"选项组中，可指定引用的数目 8 ，引用之间的夹角 360 deg 。创建方法与矩形阵列中的对应选项的含义相同。

（5）在"放置方法"选项组中，可定义引用夹角是所有引用之间的夹角（"范围"选项）还是两个引用之间的夹角（"增量"选项），如图 5-202 所示。

（6）单击"确定"按钮完成特征的创建，如图 5-203 所示。

图 5-202 设置参数

图 5-203 环形阵列

"环形阵列"对话框中的选项说明如下。

1．放置
- 数量：指定阵列中引用的数目。
- 角度：引用之间的角度间距取决于放置方法。
- 中间平面：指定在原始特征的两侧分布特征引用。

2．放置方法
- 增量：定义特征之间的间距。
- 范围：使用一个角度来定义阵列特征占用的总区域。

技巧：

如果选择"阵列整个实体"选项，则"调整"选项不可用。其他选项意义和矩形阵列各个特征的对应选项相同。

5.8.4 实例——滚轮

本实例创建图 5-204 所示的滚轮。

操作步骤

（1）新建文件。单击"快速访问"工具栏上的"新建"按钮，在打开的"新建文件"对话框中"Templates"选项卡的"零件"下拉列表中选择"Standard.ipt"选项，单击"创建"按钮，新建一个零件文件。

（2）创建草图 1。单击"三维模型"选项卡"草图"面板上的"开始创建二维草图"按钮，选择 XY 平面为草图绘制平面，进入草图绘制环境。单击"草图"选项卡"创建"面板上的"圆心圆"按钮，绘制草图。单击"约束"面板上的"尺寸"按钮，标注尺寸如图 5-205 所示。单击"草图"标签上的"完成草图"按钮，退出草图环境。

图 5-204　滚轮

（3）创建拉伸体。单击"三维模型"选项卡"创建"面板上的"拉伸"按钮，打开"拉伸"对话框，系统自动选取上步绘制的草图为拉伸截面轮廓，将拉伸距离设置为"56 mm"，单击"对称"按钮，如图 5-206 所示。单击"确定"按钮完成拉伸。

图 5-205　绘制草图 1

图 5-206　拉伸示意图 1

（4）创建草图 2。单击"三维模型"选项卡"草图"面板上的"开始创建二维草图"按钮，选择上步创建的拉伸体上表面为草图绘制平面，进入草图绘制环境。单击"草图"选项卡"创建"面板上的"圆心圆"按钮，绘制草图。单击"约束"面板上的"尺寸"按钮，标注尺寸如图 5-207 所示。单击"草图"标签上的"完成草图"按钮，退出草图环境。

图 5-207　绘制草图 2

（5）创建拉伸体。单击"三维模型"选项卡"创建"面板上的"拉伸"按钮，打开"拉伸"对话框，系统自动选取上步绘制的草图为拉伸截面轮廓，将拉伸距离设置为"24 mm"，选择求差方式，如图 5-208 所示。单击"确定"按钮完成拉伸，结果如图 5-209 所示。

图 5-208　拉伸示意图 2

图 5-209　创建拉伸体 1

（6）镜像特征。单击"三维模型"选项卡"阵列"面板上的"镜像"按钮，打开"镜像"对话框，单击"镜像各个特征"按钮，如图 5-210 所示，选取上步创建的拉伸特征为镜像特征，选择 XY 平面为镜像平面，单击"确定"按钮，结果如图 5-211 所示。

图 5-210　"镜像"对话框

图 5-211　镜像特征

（7）创建草图 3。单击"三维模型"选项卡"草图"面板上的"开始创建二维草图"按钮，选择拉伸体下表面为草图绘制平面，进入草图绘制环境。单击"草图"选项卡"创建"面板上的"圆心圆"按钮，绘制草图。单击"约束"面板上的"尺寸"按钮，标注尺寸如图 5-212 所示。单击"草图"标签上的"完成草图"按钮，退出草图环境。

图 5-212　绘制草图 3

（8）创建拉伸体。单击"三维模型"选项卡"创建"面板上的"拉伸"按钮，打开"拉伸"对话框，系统自动选取上步绘制的草图为拉伸截面轮廓，将拉伸范围设置为"贯通"，选择求差方式，如图 5-213 所示。单击"确定"按钮完成拉伸，结果如图 5-214 所示。

图 5-213 拉伸示意图 3

图 5-214 创建拉伸体 2

（9）环形阵列孔。单击"三维模型"选项卡"阵列"面板上的"环形阵列"按钮，打开"环形阵列"对话框。选择上步创建的孔特征为阵列特征，选取拉伸体的外圆柱面，系统自动选取圆柱面的中心轴为旋转轴，输入旋转个数为"4"，引用夹角为"360deg"，如图 5-215 所示，单击"确定"按钮，结果如图 5-216 所示。

图 5-215 "环形阵列"对话框

图 5-216 阵列孔

（10）创建倒角。

1）单击"三维模型"选项卡"修改"面板上的"倒角"按钮，打开"倒角"对话框，类型选择"倒角边长"，选择图 5-217 所示的边线，输入倒角边长为"1 mm"，单击"应用"按钮。

2）选择图 5-218 所示的边线，输入倒角边长为"1.5"mm，结果如图 5-219 所示。

（11）圆角处理。单击"三维模型"选项卡"修改"面板上的"圆角"按钮，打开"圆角"对话框，输入半径为"1 mm"，选择图 5-220 所示的边线倒圆角。单击"确定"按钮完成圆角操作，结果如图 5-204 所示。

（12）保存文件。单击"快速访问"工具栏上的"保存"按钮，打开"另存为"对话框，输入文件名为"滚轮.ipt"，单击"保存"按钮，保存文件。

图 5-217　设置参数 1

图 5-218　设置参数 2

图 5-219　倒角处理

图 5-220　圆角示意图

5.9　综合实例——主件

绘制图 5-221 所示的主件。

图 5-221　主件

操作步骤

（1）新建文件。运行 Inventor，单击"快速访问"工具栏中的"新建"按钮，在打开的"新建文件"对话框中"Templates"选项卡的"零件"下拉列表中选择"Standard.ipt"选项，单击"创建"按钮，新建一个零件文件。

（2）创建草图。单击"三维模型"选项卡"草图"面板中的"开始创建二维草图"按钮 ，选择 XY 平面为草图绘制平面，进入草图绘制环境。利用绘制工具绘制草图轮廓。单击"约束"面板中的"尺寸"按钮 ，标注尺寸如图 5-222 所示。单击"草图"标签中的"完成草图"按钮 ，退出草图环境。

图 5-222　绘制草图 1

（3）创建拉伸体。单击"三维模型"选项卡 "创建"面板中的"拉伸"按钮 ，打开"拉伸"对话框，系统自动选取上一步绘制的草图为拉伸截面轮廓，将拉伸距离设置为"140mm"，单击"对称"按钮 ，如图 5-223 所示。单击"确定"按钮，完成拉伸，如图 5-224 所示。

图 5-223　设置参数 1

图 5-224　创建拉伸体 1

（4）抽壳处理。单击"三维模型"选项卡 "修改"面板中的"抽壳"按钮 ，打开"抽壳"对话框，选择图 5-225 所示的三个面为开口面，输入厚度为"5mm"，如图 5-225 所示，单击"确定"按钮，结果如图 5-226 所示。

图 5-225 选择开口面

图 5-226 抽壳处理

（5）创建草图。单击"三维模型"选项卡"草图"面板的"开始创建二维草图"按钮，选择图 5-226 所示的面 1 为草图绘制平面，进入草图绘制环境。单击"草图"选项卡"创建"面板中的"直线"按钮，绘制草图轮廓。单击"约束"面板中的"尺寸"按钮，标注尺寸如图 5-227 所示。单击"草图"标签中的"完成草图"按钮，退出草图环境。

（6）创建拉伸体。单击"三维模型"选项卡"创建"面板中的"拉伸"按钮，打开"拉伸"对话框，选取上一步绘制的草图为拉伸截面轮廓，将拉伸距离设置为"10mm"，如图 5-228 所示。单击"确定"按钮，完成拉伸，如图 5-229 所示。

（7）创建草图。单击"三维模型"选项卡 "草图"面板中的"开始创建二维草图"按钮，选择图 5-229 所示的面 2 为草图绘制平面，进入草图绘制环境。单击"草图"选项卡"创建"面板中的"直线"按钮，绘制草图。单击"约束"面板中的"尺寸"按钮，标注尺寸如图 5-230 所示。单击"草图"标签中的"完成草图"按钮，退出草图环境。

图 5-227 绘制草图 2

图 5-228 设置参数 2

（8）创建拉伸体。单击"三维模型"选项卡"创建"面板中的"拉伸"按钮，打开"拉伸"对话框，选取上一步绘制的草图为拉伸截面轮廓，将拉伸距离设置为"45mm"，如图 5-231 所示。单击"确定"按钮，完成拉伸，如图 5-232 所示。

图 5-229　创建拉伸体 2

图 5-230　绘制草图 3

（9）创建草图。单击"三维模型"选项卡"草图"面板中的"开始创建二维草图"按钮，选择图 5-232 所示的面 3 为草图绘制平面，进入草图绘制环境。单击"草图"选项卡"创建"面板中的"直线"按钮，绘制草图。单击"约束"面板中的"尺寸"按钮，标注尺寸如图 5-233 所示。单击"草图"标签中的"完成草图"按钮，退出草图环境。

图 5-231　设置参数 3

面3

图 5-232　创建拉伸体 3

图 5-233　绘制草图 4

（10）创建拉伸体。单击"三维模型"选项卡 "创建"面板中的"拉伸"按钮，打开"拉伸"对话框，选取上一步绘制的草图为拉伸截面轮廓，将拉伸距离设置为"15mm"，如

图 5-234 所示。单击"确定"按钮,完成拉伸,如图 5-235 所示。

图 5-234 设置参数 4

图 5-235 创建拉伸体 4

(11)创建草图。单击"三维模型"选项卡"草图"面板中的"开始创建二维草图"按钮 ,选择图 5-235 所示的面 4 为草图绘制平面,进入草图绘制环境。单击"草图"选项卡"创建"面板中的"直线"按钮 ,绘制草图。单击"约束"面板中的"尺寸"按钮 ,标注尺寸如图 5-236 所示。单击"草图"标签中的"完成草图"按钮 ,退出草图环境。

图 5-236 绘制草图 5

(12)创建拉伸体。单击"三维模型"选项卡 "创建"面板中的"拉伸"按钮 ,打开"拉伸"对话框,选取上一步绘制的草图为拉伸截面轮廓,单击"不对称"按钮 ,设置方向 1 的距离为"60mm",方向 2 的距离为"15mm",如图 5-237 所示。单击"确定"按钮,完成拉伸,如图 5-238 所示。

图 5-237 设置参数 5

（13）创建草图。单击"三维模型"选项卡"草图"面板中的"开始创建二维草图"按钮，选择图 5-238 所示的面 5 为草图绘制平面，进入草图绘制环境。单击"草图"选项卡"创建"面板中的"直线"按钮，绘制草图。单击"约束"面板中的"尺寸"按钮，标注尺寸如图 5-239 所示。单击"草图"标签中的"完成草图"按钮，退出草图环境。

图 5-238　创建拉伸实体 5

图 5-239　绘制草图 6

（14）创建拉伸体。单击"三维模型"选项卡"创建"面板中的"拉伸"按钮，打开"拉伸"对话框，选取上一步绘制的草图为拉伸截面轮廓，选择拉伸范围为"到表面或平面"，如图 5-240 所示。单击"确定"按钮，完成拉伸，如图 5-241 所示。

图 5-240　设置参数 6

图 5-241　创建拉伸体 6

（15）创建草图。单击"三维模型"选项卡"草图"面板中的"开始创建二维草图"按钮，选择图 5-241 所示的面 6 为草图绘制平面，进入草图绘制环境。单击"草图"选项卡　"创建"面板中的"圆心圆"按钮，绘制圆。单击"约束"面板中的"尺寸"按钮，标注尺寸如图 5-242 所示。单击"草图"标签中的"完成草图"按钮，退出草图环境。

图 5-242　绘制草图 7

（16）创建拉伸体。单击"三维模型"选项卡"创建"面板中的"拉伸"按钮![btn]，打开"拉伸"对话框，选取上一步绘制的草图为拉伸截面轮廓，将拉伸距离设置为"15mm"，选择求差方式，如图 5-243 所示。单击"确定"按钮，完成拉伸，如图 5-244 所示。

图 5-243　设置参数 7

图 5-244　创建拉伸体 7

（17）圆角处理。单击"三维模型"选项卡"修改"面板中的"圆角"按钮![btn]，打开"圆角"对话框，输入半径为"20mm"，选择图 5-245 所示的边线进行圆角，单击"确定"按钮，完成圆角操作，结果如图 5-246 所示。

图 5-245　圆角示意图

图 5-246　圆角处理

（18）镜像特征。单击"三维模型"选项卡"阵列"面板中的"镜像"按钮，打开"镜像"对话框，选取（5）～（17）步创建的所有特征为镜像特征，选择 XY 平面为镜像平面，单击"确定"按钮，结果如图 5-247 所示。

（19）创建草图。单击"三维模型"选项卡"草图"面板中的"开始创建二维草图"按钮，选择图 5-247 所示的面 7 为草图绘制平面，进入草图绘制环境。单击"草图"选项卡"创建"面板中的"圆心圆"按钮，绘制圆。单击"约束"面板中的"尺寸"按钮，标注尺寸如图 5-248 所示。单击"草图"标签中的"完成草图"按钮，退出草图环境。

图 5-247　镜像特征 1

图 5-248　绘制草图 8

（20）创建拉伸体。单击"三维模型"选项卡"创建"面板中的"拉伸"按钮，打开"拉伸"对话框，选取上一步绘制的草图为拉伸截面轮廓，选择拉伸范围为"到表面或平面"，系统自动选取表面，如图 5-249 所示。单击"确定"按钮，完成拉伸，如图 5-250 所示。

图 5-249　拉伸示意图 1

图 5-250　创建拉伸实体 8

（21）创建草图。单击"三维模型"选项卡"草图"面板的"开始创建二维草图"按钮，选择图 5-250 所示的面 8 为草图绘制平面，进入草图绘制环境。单击"草图"选项卡"创建"面板中的"圆心圆"按钮，绘制圆。单击"约束"面板中的"尺寸"按钮，标注尺寸如图 5-251 所示。单击"草图"标签中的"完成草图"按钮，退出草图环境。

图 5-251 绘制草图 9

（22）创建拉伸体。单击"三维模型"选项卡"创建"面板中的"拉伸"按钮，打开"拉伸"对话框，选取上一步绘制的草图为拉伸截面轮廓，选择拉伸范围为"贯通"，选择求差方式如图 5-252 所示。单击"确定"按钮，完成拉伸，如图 5-253 所示。

图 5-252 拉伸示意图 2

图 5-253 切除拉伸

（23）创建工作平面 1。单击"钣金"选项卡"定位特征"面板中的"从平面偏移"按钮，在浏览器的原始坐标系下选择 XY 平面，输入距离为"13.5"，如图 5-254 所示。

图 5-254 创建工作平面 1

（24）创建草图。单击"三维模型"选项卡"草图"面板中的"开始创建二维草图"按钮，选择工作平面 1 为草图绘制平面，进入草图绘制环境。单击"草图"选项卡"创建"面板中的"圆心圆"按钮和"直线"按钮，绘制草图。单击"约束"面板中的"尺寸"按钮，标注尺寸如图 5-255 所示。单击"草图"标签中的"完成草图"按钮，退出草图环境。

图 5-255　绘制草图 10

（25）创建拉伸体。单击"三维模型"选项卡"创建"面板中的"拉伸"按钮，打开"拉伸"对话框，选取上一步绘制的草图为拉伸截面轮廓，输入距离为"10mm"，如图 5-256 所示。单击"确定"按钮，完成拉伸，隐藏工作平面后如图 5-257 所示。

图 5-256　拉伸示意图 3

图 5-257　创建拉伸体 9

（26）镜像特征。单击"三维模型"选项卡"阵列"面板中的"镜像"按钮，打开"镜像"对话框，选取上一步创建的特征为镜像特征，选择 *XY* 平面为镜像平面，单击"确定"按钮，结果如图 5-258 所示。

（27）创建草图。单击"三维模型"选项卡"草图"面板的"开始创建二维草图"按钮，选择图 5-258 所示的面 9 为草图绘制平面，进入草图绘制环境。单击"草图"选项卡

"创建"面板中的"圆弧"按钮、"直线"按钮和"镜像"按钮，绘制草图。单击"约束"面板中的"尺寸"按钮，标注尺寸如图 5-259 所示。单击"草图"标签中的"完成草图"按钮，退出草图环境。

面9

图 5-258　镜像特征 2

（28）创建拉伸体。单击"三维模型"选项卡"创建"面板中的"拉伸"按钮，打开"拉伸"对话框，选取上一步绘制的草图为拉伸截面轮廓，输入距离为"30mm"，如图 5-260 所示。单击"确定"按钮，完成拉伸。结果如图 5-261 所示。

图 5-259　绘制草图 11

图 5-260　拉伸示意图 4

（29）创建草图。单击"三维模型"选项卡"草图"面板中的"开始创建二维草图"按钮，选择图 5-261 所示的面 10 为草图绘制平面，进入草图绘制环境。单击"草图"选项卡"创建"面板中的"圆弧"按钮、"直线"按钮和"镜像"按钮，绘制草图。单击"约束"面板中的"尺寸"按钮，标注尺寸如图 5-262 所示。单击"草图"标签中的"完成草图"按钮，退出草图环境。

（30）创建拉伸体。单击"三维模型"选项卡"创建"面板中的"拉伸"按钮，打开"拉伸"对话框，选取上步绘制的草图为拉伸截面轮廓，输入距离为"20"mm，单击按钮为方向 2 的拉伸方式，调整拉伸方向，如图 5-263 所示。单击"确定"按钮，完成拉伸，结果如图 5-264 所示。

图 5-261　创建拉伸体 10

图 5-262　绘制草图 12

图 5-263　拉伸示意图 5

图 5-264　创建拉伸体 11

（31）创建草图。单击"三维模型"选项卡"草图"面板中的"开始创建二维草图"按钮，选择图 5-264 所示的面 11 为草图绘制平面，进入草图绘制环境。单击"草图"选项卡"创建"面板中的"圆心圆"按钮，绘制草图。单击"约束"面板中的"尺寸"按钮，标注尺寸如图 5-265 所示。单击"草图"标签中的"完成草图"按钮，退出草图环境。

（32）创建拉伸体。单击"三维模型"选项卡"创建"面板中的"拉伸"按钮，打开"拉伸"对话框，选取上一步绘制的草图为拉伸截面轮廓，设置拉伸范围为"贯通"，如图 5-266 所示。单击"确定"按钮完成拉伸，结果如图 5-221 所示。

图 5-265　绘制草图 13

图 5-266　拉伸示意图 6

（33）保存文件。单击"快速访问"工具栏中的"保存"按钮，打开"另存为"对话框，输入文件名为"主件.ipt"，单击"保存"按钮，保存文件。

第6章 钣 金 设 计

 知识导引

钣金零件通常用来作为零部件的外壳，在产品设计中的地位越来越重要。本章主要介绍如何运用 Autodesk Inventor 2018 中的钣金特征创建钣金零件。

6.1 设置钣金环境

钣金零件的特点之一就是同一种零件都具有相同的厚度，所以它的加工方式和普通的零件不同。在三维 CAD 软件中，普遍将钣金零件和普通零件分开，并且提供不同的设计方法。在 Inventor 中，将零件造型和钣金作为了零件文件的子类型。用户在任何时候通过单击"转换"菜单，然后选择子菜单中的"零件"选项或者"钣金"选项，即可在零件造型子类型和钣金子类型之间转换。零件子类型转换为钣金子类型后，零件被识别为钣金，并启用"钣金特征"面板和添加钣金参数。如果将钣金子类型改回为零件子类型，钣金参数还将保留，但系统会将其识别为零件造型子类型。

6.1.1 进入钣金环境

创建钣金件有以下两种方法。

1. 启动新的钣金件

（1）单击"快速入门"选项卡"启动"面板中的"新建"按钮，打开"新建文件"对话框，在对话框中选择"Sheet Metal.ipt"模板，如图6-1所示。

图6-1 "新建文件"对话框

（2）单击"创建"按钮，进入钣金环境，如图 6-2 所示。

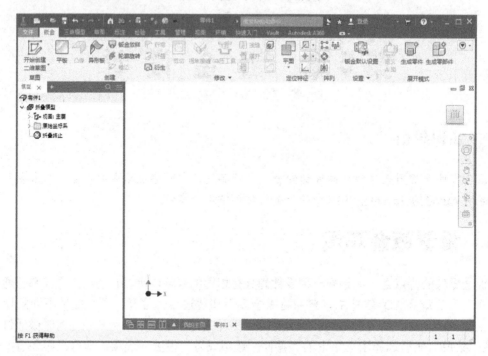

图 6-2　钣金环境

2. 将零件转换为钣金件

（1）打开要转换的零件。

（2）单击"三维模型"选项卡"转换"面板中的"转换为钣金件"按钮，选择基础平面。

（3）打开"钣金默认设置"对话框，设置钣金参数，单击"确定"按钮，进入钣金环境。

6.1.2　钣金默认设置

　　钣金零件具有描述其特性和制造方式的样式参数，可在已命名的钣金规则中获取这些参数，创建新的钣金零件时，将默认应用这些参数。

　　单击"钣金"选项卡"设置"面板中的"钣金默认设置"按钮，打开"钣金默认设置"对话框，如图 6-3 所示。

　　"钣金默认设置"对话框选项说明如下。

- 钣金规则：显示所有钣金规则的下拉列表。单击"编辑钣金规则"按钮，打开"样式和标准编辑器"对话框，对钣金规则进行修改。
- 使用规则中的厚度：取消此复选框的选择，在"厚度"文本框中输入厚度。
- 材料：在下拉列表中选择钣金材料。如果所需的材料位于其他库中，浏览该库，然后选择材料。
- 展开规则：在下拉列表中选择钣金展开规则，单击"编辑展开规则"按钮，打开"样式和标准编辑器"对话框，编辑线性展开方式和折弯表驱动的折弯及 K 系数值和折弯表公差选项。

图 6-3 "钣金默认设置"对话框

6.2 创建简单钣金特征

钣金模块是 Inventor 众多模块中的一个，提供了基于参数、特征方式的钣金零件建模功能。

6.2.1 平板

通过为草图截面轮廓添加厚度来创建拉伸钣金平板，平板通常是钣金零件的基础特征。平板创建步骤如下。

（1）单击"钣金"选项卡"创建"面板上的"平板"按钮，打开"面"对话框，如图 6-4 所示。

图 6-4 "面"对话框

（2）在视图中选择用于钣金平板的截面轮廓，如图 6-5 所示。

（3）在对话框中单击"偏移"按钮，更改平板厚度的方向。

（4）在对话框中单击"确定"按钮，完成平板的创建，结果如图 6-6 所示。

图 6-5　选择截面轮廓

图 6-6　平板

"面"对话框中的选项说明如下。

1．"形状"选项卡

（1）"形状"选项组。

● 截面轮廓：选择一个或多个截面轮廓，按钣金厚度进行拉伸。

● 偏移：单击此按钮更改拉伸的方向。

（2）"折弯"选项组。

● 半径：显示默认的折弯半径，包括测量、显示尺寸和列出参数选项。

● 边：选择要包含在折弯中的其他钣金平板边。

2．"展开选项"选项卡（图 6-7）

● 展开规则：允许选择先前定义的任意展开规则。

3．"折弯"选项卡（图 6-8）

图 6-7　"展开选项"选项卡

图 6-8　"折弯"选项卡

（1）释压形状。

● 线性过渡：由方形拐角定义的折弯释压形状。

● 水滴形：由材料故障引起的可接受的折弯释压。

● 圆角：由使用半圆形终止的切割定义的折弯释压形状。

（2）折弯过渡。

● 无：根据几何图元，在选定折弯处相交的两个面的边之间会产生一条样条曲线。

● 交点：从与折弯特征的边相交的折弯区域的边上产生一条直线。

● 直线：从折弯区域的一条边到另一条边产生一条直线。

● 圆弧：根据输入的圆弧半径值，产生一条相应尺寸的圆弧，该圆弧与折弯特征的边相切且具有线性过渡。

● 修剪到折弯：折叠模型中显示此类过渡，将垂直于折弯的特征对折弯区域进行切割。

（3）释压宽度：定义折弯释压的宽度。

（4）释压深度：定义折弯释压的深度。

（5）最小余量：定义了沿折弯释压切割允许保留的最小备料的可接受尺寸。

6.2.2 凸缘

凸缘特征包含一个平板以及沿直边连接至现有平板的折弯。通过选择一条或多条边并指定可确定添加材料位置和大小的一组选项来添加凸缘特征。凸缘的创建步骤如下。

（1）单击"钣金"选项卡"创建"面板上的"凸缘"按钮，打开"凸缘"对话框，如图6-9所示。

图6-9 "凸缘"对话框

（2）在钣金零件上选择一条边、多条边或回路来创建凸缘，如图6-10所示。

（3）在对话框中指定凸缘的角度，默认为90°。

（4）使用默认的折弯半径或直接输入半径值。

（5）指定测量高度的基准，包括"从两个外侧面的交线折弯""从两个内侧面的交线折弯""平行于凸缘终止面"和"对齐与正交"等选项。

（6）指定相对于选定边的折弯位置，包括"基础面范围之内""从相邻面折弯""基础面范围之外"和"与侧面相切的折弯"等选项。

（7）在对话框中单击"确定"按钮，完成凸缘的创建，如图6-11所示。

图 6-10 选择边　　　　　　　　　　图 6-11 创建凸缘

"凸缘"对话框中的选项说明如下。

1．边

选择用于凸缘的一条或多条边，还可以选择由选定面周围的边回路定义的所有边。

● 边选择模式 ◢：选择应用于凸缘的一条或多条独立边。

● 回路选择模式 ◢：选择一个边回路，然后将凸缘应用于选定回路的所有边。

2．凸缘角度

定义了相对于包含选定边的面的凸缘角度的数据字段。

3．折弯半径

定义了凸缘和包含选定边的面之间的折弯半径的数据字段。

4．高度范围

确定凸缘高度。单击 ↓↑ 按钮，使凸缘反向。

5．高度基准

● 从两个外侧面的交线折弯 ◢：从外侧面的交线测量凸缘高度，如图6-12a 所示。

● 从两个内侧面的交线折弯 ◢：从内侧面的交线测量凸缘高度，如图6-12b 所示。

● 平行于凸缘终止面 ◢：测量平行于凸缘面且折弯相切的凸缘高度，如图6-12c 所示。

● 对齐与正交 ◢：可以确定高度测量是与凸缘面对齐还是与基础面正交。

图 6-12 高度基准

a) 从两个外侧面的交线折弯　b) 从两个内侧面的交线折弯　c) 平行于凸缘终止面

6．折弯位置

● 折弯面范围之内 ◢：定位凸缘的外表面使其保持在选定边的面范围之内，如图6-13a 所示。

● 从相邻面折弯 ◢：将折弯定位在从选定面的边开始的位置，如图6-13b 所示。

● 折弯面范围之外 ◢：定位凸缘的内表面使其保持在选定边的面范围之外，如图6-13c 所示。

● 与侧面相切的折弯 ◢：将折弯定位在与选定边相切的位置，如图6-13d 所示。

图 6-13　折弯位置

a) 折弯面范围之内　b) 从相邻面折弯　c) 折弯面范围之外　d) 与侧面相切的折弯

7. 宽度范围—类型

- 边：创建选定平板边的全长的凸缘。
- 宽度：从现有面的边上的单个选定顶点、工作点、工作平面或平面的指定偏移量来创建指定宽度的凸缘，还可以指定凸缘为居中选定边的中点的特定宽度。
- 偏移量：从现有面的边上的两个选定顶点、工作点、工作平面或平面的偏移量创建凸缘。
- 从表面到表面：创建通过选择现有零件几何图元定义其宽度的凸缘，该几何图元定义了凸缘的自/至范围。

6.2.3　卷边

沿钣金边创建折叠的卷边可以加强零件结构或消除尖锐边。卷边的创建步骤如下。

（1）单击"钣金"选项卡"创建"面板上的"卷边"按钮，打开"卷边"对话框，如图 6-14 所示。

图 6-14　"卷边"对话框

（2）在对话框中选择卷边类型。

（3）在视图中选择平板边，如图 6-15 所示。

（4）在对话框中根据所选类型设置参数，如卷边的间隙、长度或半径等值。

（5）在对话框中单击"确定"按钮，完成卷边的创建，结果如图6-16所示。

图 6-15 选择边　　　　　　　　　　图 6-16 创建卷边

"卷边"对话框中的选项说明如下。

1. 类型

● 单层：创建单层卷边，如图 6-17a 所示。

● 水滴形：创建水滴形卷边，如图 6-17b 所示。

● 滚边形：创建滚边形卷边，如图 6-17c 所示。

● 双层：创建双层卷边，如图 6-17d 所示。

a)　　　　　　　　　　b)

c)　　　　　　　　　　d)

图 6-17 类型

a) 单层　b) 水滴形　c) 滚边形　d) 双层

2. "形状"选项组

● 选择边：用于选择钣金边以创建卷边。

● 反向：单击此按钮，反转卷边的方向。

● 间隙：指定卷边内表面之间的距离。

● 长度：指定卷边的长度。

6.2.4 轮廓旋转

通过旋转由线、圆弧、样条曲线和椭圆弧组成的轮廓创建轮廓旋转特征。轮廓旋转特征可以是基础特征也可以是钣金零件模型中的后续特征。利用"轮廓旋转"命令可以将轮廓旋转创建为常规特征或基础特征，与异形板一样，轮廓旋转将尖锐的草图拐角变换成零件中的圆角。轮廓旋转的操作步骤如下。

（1）单击"钣金"选项卡"创建"面板上的"轮廓旋转"按钮，打开"轮廓旋转"对话框，如图6-18所示。

图 6-18 "轮廓旋转"对话框

（2）在视图中选择截面轮廓和旋转轴，如图 6-19 所示。

（3）在对话框中设置参数，单击"确定"按钮，完成轮廓旋转的创建，如图 6-20 所示。

图 6-19 选择截面轮廓和旋转轴   图 6-20 轮廓旋转

6.2.5 实例——花盆

绘制图 6-21 所示的花盆。

图 6-21 花盆

操作步骤

（1）新建文件。单击"快速访问"工具栏上的"新建"按钮，在打开的"新建文

件"对话框中"Templates"选项卡的"零件"下拉列表中选择"Sheet Metal.ipt"选项,单击
"创建"按钮,新建一个钣金文件。

(2)创建草图。单击"钣金"选项卡"草图"面板上的"开始创建二维草图"按钮，
选择 XY 平面为草图绘制平面,进入草图绘制环境。单击"草图"选项卡"创建"面板上的
"直线"按钮，绘制草图;单击"约束"面板上的"尺寸"按钮，标注尺寸如图 6-22
所示。单击"草图"标签上的"完成草图"按钮，退出草图环境。

图 6-22 绘制草图

(3)创建轮廓旋转。单击"钣金"选项卡"创建"面板上的"轮廓旋转"按钮，打开
"轮廓旋转"对话框,选取上步绘制的草图为截面轮廓,选取竖直线段为旋转轴,输入旋转角度
为"359.9deg",折弯半径为"5 mm",如图 6-23 所示。单击"确定"按钮完成花盆的创建,
如图 6-24 所示。

图 6-23 设置参数

图 6-24 创建花盆

6.2.6 钣金放样

钣金放样特征允许使用两个截面轮廓草图定义形状。草图几何图元可以表示钣金材料的
内侧面或外侧面,还可以表示材料中间平面。钣金放样的创建步骤如下。

(1)单击"钣金"选项卡"创建"面板上的"钣金放样"按钮，打开"钣金放样"对
话框,如图 6-25 所示。

图 6-25 "钣金放样"对话框

（2）在视图中选择已经创建好的截面轮廓 1 和截面轮廓 2，如图 6-26 所示。

（3）在对话框中设置截面轮廓偏移方向、折弯半径和输出形式。

（4）在对话框中单击"确定"按钮，创建钣金放样，如图 6-27 所示。

图 6-26 选择截面

图 6-27 钣金放样

"钣金放样"对话框中的选项说明如下。

1．形状

● 截面轮廓 1：选择第一个用于定义钣金放样的截面轮廓草图。

● 截面轮廓 2：选择第二个用于定义钣金放样的截面轮廓草图。

● 反转到对侧 ：单击此按钮，将材料厚度偏移到选定截面轮廓的对侧。

● 对称：单击此按钮，将材料厚度等量偏移到选定截面轮廓的两侧。

2．输出

● 冲压成型 ：单击此按钮，生成平滑的钣金放样。

● 折弯成型 ：单击此按钮，生成镶嵌的折弯钣金放样。

● 面控制：从下拉列表中选择方法来控制所得面的大小，包括"A 弓高允差""B 相邻面角度"和"C 面宽度"3 个选项。

6.2.7 异形板

通过使用截面轮廓草图和现有平板上的直边来定义异形板。截面轮廓草图由线、圆弧、样条曲线和椭圆弧组成。截面轮廓中的连续几何图元会在轮廓中产生符合钣金样式的折弯半径值的折弯，可以通过使用特定距离、由现有特征定义的自/至位置和从选定边的任意一端或两端偏移来创建异形板。异形板的创建步骤如下。

（1）单击"钣金"选项卡"创建"面板上的"异形板"按钮，打开"异形板"对话框，如图 6-28 所示。

图 6-28 "异形板"对话框

（2）在视图中选择已经绘制好的截面轮廓，如图 6-29 所示。

（3）在视图中选择边或回路，如图 6-29 所示。

（4）在对话框中设置参数，并单击"确定"按钮，完成异形板，如图 6-30 所示。

图 6-29 选择边或回路

图 6-30 异形板

"异形板"对话框中的选项说明：

1. 形状

- 截面轮廓：选择一个包括定义了异形板形状的开放截面轮廓的未使用的草图。
- 边选择模式：选择一条或多条独立边，边必须垂直于截面轮廓草图平面。当截面轮廓草图的起点或终点与选定的第一条边定义的无穷直线不重合，或者选定的截面轮廓包含非直线或圆弧段的几何图元时不能选择多边。

● 回路选择模式 ○：选择一个边回路，然后将凸缘应用于选定回路的所有边。截面轮廓草图必须和回路的任意一边重合和垂直。

2.折弯范围

确定折弯是否参与平板的边之间的延伸材料，包括"与侧面对齐的延伸折弯"和"与侧面垂直的延伸折弯"两个选项。

● 与侧面对齐的延伸折弯 ：沿由折弯连接的侧边上的平板延伸材料，而不是垂直于折弯轴。在平板的侧边不垂直的时候有用。

● 与侧面垂直的延伸折弯 ：与侧面垂直地延伸材料。

技巧：

可以通过使用哪些条件创建异形板？

可以通过特定距离、由现有特征定义的自/至位置和从选定边的任意一端或两端偏移来创建异形板。

6.2.8 实例——仪表面板

绘制图 6-31 所示的仪表面板。

图 6-31　仪表面板

操作步骤

（1）新建文件。单击"快速访问"工具栏中的"新建"按钮 ，在打开的"新建文件"对话框中"Templates"选项卡的"零件"下拉列表中选择"Sheet Metal.ipt"选项，单击"创建"按钮，新建一个零件文件。

（2）设置钣金厚度。单击"钣金"选项卡"设置"面板中的"钣金默认设置"按钮 ，打开"钣金默认设置"对话框，取消"使用规则中的厚度"复选框的选择，输入钣金厚度为"1mm"，其他采用默认设置，如图 6-32 所示，单击"确定"按钮。

（3）创建草图。单击"钣金"选项卡"草图"面板中的"开始创建二维草图"按钮 ，选择 XZ 平面为草图绘制平面，进入草图绘制环境。利用草图绘制命令，绘制草图。单击"约束"面板中的"尺寸"按钮 ，标注尺寸如图 6-33 所示。单击"草图"标签中的"完成草图"按钮 ，退出草图环境。

图 6-32 "钣金默认设置"对话框

图 6-33 绘制草图 1

（4）创建平板。单击"钣金"选项卡"创建"面板中的"平板"按钮，打开"面"对话框，系统自动选取上一步绘制的草图为截面轮廓，如图 6-34 所示。单击"确定"按钮，完成平板的创建，如图 6-35 所示。

图 6-34 选择截面

图 6-35 创建平板

（5）创建凸缘。单击"钣金"选项卡"创建"面板中的"凸缘"按钮，打开"凸缘"对话框，选择图 6-36 所示的边，输入高度为"60mm"，凸缘角度为"90"，选择"从两个外侧面的交线折弯"选项和"折弯面范围之内"选项，如图 6-36 所示，单击"确定"按钮，完成凸缘的创建，如图 6-37 所示。

图 6-36 设置参数 1

（6）创建草图。单击"钣金"选项卡"草图"面板中的"开始创建二维草图"按钮，选择图 6-37 所示的面 1 为草图绘制平面，进入草图绘制环境。单击"草图"选项卡"创建"面板中的"直线"按钮／和"绘制圆角"按钮￼，绘制草图。单击"约束"面板中的"尺寸"按钮￼，标注尺寸如图 6-38 所示。单击"草图"标签中的"完成草图"按钮￼，退出草图环境。

图 6-37　创建凸缘 1

图 6-38　绘制草图 2

（7）创建剪切。单击"钣金"选项卡"修改"面板中的"剪切"按钮￼，打开"剪切"对话框，选择图 6-38 所示的截面轮廓。采用默认设置，单击"确定"按钮，结果如图 6-39 所示。

（8）创建草图。单击"钣金"选项卡"草图"面板中的"开始创建二维草图"按钮￼，选择图 6-37 所示的面 1 为草图绘制平面，进入草图绘制环境。单击"草图"选项卡"创建"面板中的"点"按钮￼，绘制草图。单击"约束"面板中的"尺寸"按钮￼，标注尺寸如图 6-40 所示。单击"草图"标签中的"完成草图"按钮￼，退出草图环境。

图 6-39　剪切实体 1

图 6-40　绘制草图 3

（9）创建直孔。单击"三维模型"选项卡"修改"面板中的"孔"按钮￼，打开"孔"对话框。在"放置"下拉列表中选择"从草图"放置方式，系统自动捕捉上一步创建的草图点，类型选择"螺纹孔"，选择尺寸为"10"的"GB Metric profile"螺纹类型，选中"全螺纹"复选框，如图 6-41 所示，单击"确定"按钮，结果如图 6-42 所示。

图 6-41 "孔"对话框

图 6-42 创建直孔

（10）创建凸缘。单击"钣金"选项卡"创建"面板中的"凸缘"按钮，打开"凸缘"对话框，选择图 6-43 所示的边，输入高度为"50mm"，凸缘角度为"90"，选择"从两个外侧面的交线折弯"选项和"折弯面范围之内"选项，如图 6-43 所示，单击"确定"按钮，完成凸缘的创建，如图 6-44 所示。

图 6-43 设置参数 2

（11）创建草图。单击"钣金"选项卡"草图"面板中的"开始创建二维草图"按钮，选择图 6-44 所示的面 2 为草图绘制平面，进入草图绘制环境。单击"草图"选项卡"创建"面板中的"直线"按钮和"圆弧"按钮，绘制草图。单击"约束"面板中的"尺寸"按钮，标注尺寸如图 6-45 所示。单击"草图"标签中的"完成草图"按钮，退出草图环境。

（12）创建剪切。单击"钣金"选项卡"修改"面板

图 6-44 创建凸缘 2

中的"剪切"按钮▣，打开"剪切"对话框，选择图6-45所示的截面轮廓。采用默认设置，单击"确定"按钮，结果如图6-46所示。

图 6-45　绘制草图 4

图 6-46　剪切实体 2

（13）创建凸缘。单击"钣金"选项卡"创建"面板中的"凸缘"按钮，打开"凸缘"对话框，选择图6-47所示的边，输入高度为"30mm"，凸缘角度为"90"，选择"从两个外侧面的交线折弯"选项和"折弯面范围之内"选项，如图6-47所示，单击"确定"按钮，完成凸缘的创建，如图6-48所示。

图 6-47　设置参数 3

（14）圆角处理。单击"三维模型"选项卡"修改"面板中的"圆角"按钮，打开"圆角"对话框，输入半径为"10mm"，选择图6-49所示的边线进行圆角，单击"确定"按钮，完成圆角操作。

图 6-48　创建凸缘 3

图 6-49　圆角示意图

（15）创建草图。单击"钣金"选项卡"草图"面板中的"开始创建二维草图"按钮，选择图 6-50 所示的面 3 为草图绘制平面，进入草图绘制环境。单击"草图"选项卡"创建"面板中的"直线"按钮和"圆弧"按钮，绘制草图。单击"约束"面板中的"尺寸"按钮，标注尺寸如图 6-51 所示。单击"草图"标签中的"完成草图"按钮，退出草图环境。

图 6-50　选取平面

图 6-51　绘制草图 5

（16）创建异形板。单击"钣金"选项卡"创建"面板中的"异形板"按钮，打开"异形板"对话框，选择上一步绘制的草图为截面轮廓，选择如图 6-52 所示的边。单击"确定"按钮，结果如图 6-53 所示。

图 6-52　设置参数 4

图 6-53　异形板

（17）创建凸缘 1。单击"钣金"选项卡"创建"面板中的"凸缘"按钮，打开"凸缘"对话框，选择图 6-54 所示的边，输入高度为"30mm"，凸缘角度为"90"，选择"从两个内侧面的交线折弯"选项和"从相邻面折弯"选项，单击按钮，类型选择"偏移量"，输入偏移 1 为"40mm"，输入偏移 2 为"40mm"，单击"确定"按钮，结果如图 6-55 所示。

图 6-54 "凸缘"对话框

（18）展开模式。单击"钣金"选项卡"展开模式"面板中的"创建展开模式"按钮，展开模式，如图 6-56 所示。

图 6-55　绘制凸缘　　　　　　　　　　图 6-56　展开模式

（19）保存文件。单击"快速访问"工具栏中的"保存"按钮，打开"另存为"对话框，输入文件名为"仪表面板.ipt"，单击"保存"按钮，保存文件。

6.3　创建高级钣金特征

在 Inventor 中可以生成复杂的钣金零件，并可以对其进行参数化编辑，能够定义和仿真钣金零件的制造过程，并对钣金模型进行展开和重叠的模拟操作。

6.3.1　折弯

钣金折弯特征通常用于连接为满足特定设计条件而在某个特殊位置创建的钣金平板。通过选择现有钣金特征上的边，使用由钣金样式定义的折弯半径和材料厚度将材料添加到模型。折弯的操作步骤如下。

（1）单击"钣金"选项卡"创建"面板上的"折弯"按钮，打开"折弯"对话框，如图 6-57 所示。

图 6-57 "折弯"对话框

（2）在视图中选择平板上的模型边，如图 6-58 所示。

（3）在对话框中选择折弯类型，设置折弯参数，如图 6-59 所示。如果平板平行但不共面，则可在"双向折弯"选项组中选择折弯方式。

图 6-58 选择边   图 6-59 设置折弯参数

（4）在对话框中单击"确定"按钮，完成折弯特征，结果如图 6-60 所示。

图 6-60 折弯特征

"折弯"对话框中的选项说明如下。

1. 折弯

● 边：在每个平板上选择模型边，根据需要修剪或延伸平板创建折弯。

● 折弯半径：显示默认的折弯半径。

2. 双向折弯

● 固定边：添加等长折弯到现有的钣金边。

● 45 度：平板根据需要进行修剪或延伸，并插入 45° 折弯。

● 全半径：平板根据需要进行修剪或延伸，并插入半圆折弯，如图 6-61b 所示。

● 90 度：平板根据需要进行修剪或延伸，并插入 90° 折弯，如图 6-61c 所示。

● 固定边反向 ：反转顺序。

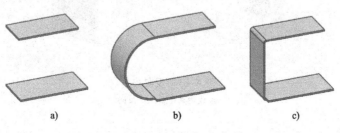

图 6-61 双向折弯示意图

a) 原图 b) 全半径 c) 90°

6.3.2 折叠

在现有平板上沿折弯草图线折弯钣金平板。折叠的操作步骤如下。

（1）单击"钣金"选项卡"创建"面板上的"折叠"按钮 ，打开"折叠"对话框，如图 6-62 所示。

（2）在视图中选择用于折叠的折弯线，如图 6-63 所示。折弯线必须放置在要折叠的平板上，并终止于平板的边。

（3）在对话框中设置折叠参数，或接受当前钣金样式中指定的默认折弯钣金和角度。

（4）设置折叠的折叠侧和方向，单击"确定"按钮，结果如图 6-64 所示。

图 6-62 "折叠"对话框

图 6-63 选择折弯线

图 6-64 折叠

"折叠"对话框中的选项说明如下。

1. 折弯线

指定用于折弯线的草图。草图直线端点必须位于边上，否则该线不能选作折弯线。

2. 反向控制

● 反转到对侧⬏：将折弯线的折叠侧改为向上或向下，如图 6-65a 所示。

● 反向➡️：更改折叠的上/下方向，如图 6-65b 所示。

图 6-65　反向控制
a) 反转到对侧　b) 反向

3. 折叠位置

● 折弯中心线⬇️：将草图线用作折弯的中心线，如图 6-66a 所示。

● 折弯起始线⬇️：将草图线用作折弯的起始线，如图 6-66b 所示。

● 折弯终止线⬇️：将草图线用作折弯的终止线，如图 6-66c 所示。

图 6-66　折叠位置
a) 折弯中心线　b) 折弯起始线　c) 折弯终止线

4. 折叠角度

指定用于折叠的角度。

6.3.3　实例——校准架

绘制图 6-67 所示的校准架。

图 6-67　校准架

操作步骤

（1）新建文件。单击"快速访问"工具栏中的"新建"按钮，在打开的"新建文件"对话框中"Templates"选项卡中的"零件"下拉列表中选择"Sheet Metal.ipt"选项，单击"创建"按钮，新建一个零件文件。

（2）创建草图。单击"钣金"选项卡"草图"面板中的"开始创建二维草图"按钮，选择 XZ 平面为草图绘制平面，进入草图绘制环境。单击"草图"选项卡"创建"面板中的"两点中心矩形"按钮，绘制草图。单击"约束"面板中的"尺寸"按钮，标注尺寸如图 6-68 所示。单击"草图"标签中的"完成草图"按钮，退出草图环境。

（3）创建平板。单击"钣金"选项卡"创建"面板中的"平板"按钮，打开"面"对话框，系统自动选取上一步绘制的草图为截面轮廓，如图 6-69 所示。单击"确定"按钮，完成平板的创建，如图 6-70 所示。

图 6-68　绘制草图 1

图 6-69　选择截面

（4）创建草图。单击"钣金"选项卡"草图"面板中的"开始创建二维草图"按钮，选择平板的上表面为草图绘制平面，进入草图绘制环境。单击"草图"选项卡"创建"面板中的"圆心圆"按钮，绘制草图。单击"约束"面板中的"尺寸"按钮，标注尺寸如图 6-71 所示。单击"草图"标签中的"完成草图"按钮，退出草图环境。

图 6-70　创建平板

图 6-71　绘制草图 2

（5）创建剪切。单击"钣金"选项卡"修改"面板中的"剪切"按钮，打开"剪切"对话框，选择图 6-72 所示的截面轮廓。采用默认设置，单击"确定"按钮。

（6）创建草图。单击"钣金"选项卡"草图"面板中的"开始创建二维草图"按钮，选择平板上表面为草图绘制平面，进入草图绘制环境。单击"草图"选项卡"创建"面板中的"直线"按钮，绘制草图。单击"约束"面板中的"尺寸"按钮，标注尺寸如图 6-73 所示。单击"草图"标签中的"完成草图"按钮，退出草图环境。

图 6-72 "剪切"对话框   图 6-73 绘制直线

（7）创建折叠 1。单击"钣金"选项卡"创建"面板中的"折叠"按钮，打开"折叠"对话框，选择图 6-73 所示的草图线，输入折叠角度为"90"，选择"折弯中心线"选项，如图 6-74 所示。单击"确定"按钮，结果如图 6-75 所示。

图 6-74 设置参数 1

（8）创建草图。单击"钣金"选项卡"草图"面板的"开始创建二维草图"按钮，选择图 6-75 所示的面 1 为草图绘制平面，进入草图绘制环境。单击"草图"选项卡"创建"面板中的"直线"按钮，绘制草图。单击"约束"面板中的"尺寸"按钮，标注尺寸如图 6-76 所示。单击"草图"标签中的"完成草图"按钮，退出草图环境。

图 6-75 创建折叠 1

图 6-76 绘制草图 3

（9）创建折叠 2。单击"钣金"选项卡"创建"面板中的"折叠"按钮，打开"折叠"对话框，选择图 6-77 所示的草图线，输入折叠角度为"90"，选择"折弯中心线"选项，如图 6-77 所示。单击"确定"按钮，结果如图 6-78 所示。

图 6-77　设置参数 2

图 6-78　创建折叠 2

（10）镜像折叠特征。单击"钣金"选项卡"阵列"面板中的"镜像"按钮，打开图 6-79 所示"镜像"对话框，选择前面创建的折叠 1 和折叠 2 为镜像特征，选择 *YZ* 平面为镜像平面，单击"确定"按钮，结果如图 6-80 所示。

图 6-79　"镜像"对话框

图 6-80　镜像特征 1

（11）创建凸缘 1。单击"钣金"选项卡"创建"面板中的"凸缘"按钮，打开"凸缘"对话框，选择图 6-81 所示的边，输入高度为"7mm"，凸缘角度为"0"，选择"从两个外侧面的交线折弯"选项和"折弯面范围之内"选项，单击按钮，类型选择"偏移量"，输入偏移 1 为"1mm"，输入偏移 2 为"0mm"，单击"确定"按钮，结果如图 6-81 所示。

图 6-81 设置参数 3

（12）创建凸缘 2。单击"钣金"选项卡"创建"面板中的"凸缘"按钮，打开"凸缘"对话框，选择图 6-82 所示的边，输入高度为"15mm"，凸缘角度为"90"，选择"从两个外侧面的交线折弯"选项和"折弯面范围之内"选项，单击"确定"按钮，结果如图 6-82 所示。

图 6-82 设置参数 4

（13）创建凸缘 3。单击"钣金"选项卡"创建"面板中的"凸缘"按钮，打开"凸缘"对话框，选择图 6-83 所示的边，输入高度为"8mm"，凸缘角度为"90"，选择"从两个外侧面的交线折弯"选项和"折弯面范围之内"选项，单击"确定"按钮，结果如图 6-84 所示。

（14）镜像凸缘特征。单击"钣金"选项卡"阵列"面板中的"镜像"按钮，打开"镜像"对话框，选择前面创建的三个凸缘特征为镜像特征，选择 *XY* 平面为镜像平面，单击"确定"按钮，结果如图 6-85 所示。

图6-83 设置参数5

图6-84 创建凸缘   图6-85 镜像特征2

（15）镜像凸缘特征。单击"钣金"选项卡"阵列"面板中的"镜像"按钮，打开"镜像"对话框，选择凸缘特征和上一步创建的镜像后的特征为镜像特征，选择 *YZ* 平面为镜像平面，单击"确定"按钮，结果如图6-67所示。

（16）保存文件。单击"快速访问"工具栏中的"保存"按钮，打开"另存为"对话框，输入文件名为"校准架.ipt"，单击"保存"按钮，保存文件。

6.3.4 剪切

剪切就是从钣金平板中去除材料，在钣金平板上绘制截面轮廓，然后贯穿一个或多个平板进行切割。剪切钣金特征的操作步骤如下。

（1）单击"钣金"选项卡"修改"面板上的"剪切"按钮，打开"剪切"对话框，如图6-86所示。

（2）如果草图中只有一个截面轮廓，系统将自动选择该截面轮廓，如果有多个截面轮廓，单击"截面轮廓"按钮，选择要切割的截面轮廓，如图6-87所示。

（3）在"范围"选项组中选择终止方式，调整剪切方向。

图6-86 "剪切"对话框

（4）在对话框中单击"确定"按钮，完成剪切，结果如图6-88所示。

图 6-87 选择截面轮廓

图 6-88 完成剪切

"剪切"对话框中的选项说明如下。

1. 形状

● 截面轮廓：选择一个或多个截面作为要去除材料的截面轮廓。

● 冲裁贯通折弯：选中此复选框，通过环绕截面轮廓贯通平板以及一个或多个钣金折弯的截面轮廓来去除材料。

● 法向剪切：将选定的截面轮廓投影到曲面，然后按垂直于投影相交的面进行剪切。

2. 范围

● 距离：默认为平板的厚度，如图 6-89a 所示。

● 到表面或平面：剪切终止于下一个表面或平面，如图 6-89b 所示。

● 到：选择终止剪切的表面或平面。可以在所选面或其延伸面上终止剪切，如图 6-89c 所示。

● 从表面到表面：选择终止剪切的起始和终止面或平面，如图 6-89d 所示。

● 贯通：在指定方向上贯通所有特征和草图拉伸截面轮廓，如图 6-89e 所示。

图 6-89 范围示意图

a) 距离　b) 到表面或平面　c) 到　d) 从表面到表面　e) 贯通

6.3.5　实例——硬盘固定架

绘制图 6-90 所示的硬盘固定架。

操作步骤

（1）新建文件。单击"快速访问"工具栏中的"新建"按钮 ，在打开的"新建文件"对话框中"Templates"选项卡的"零件"下拉列表中选择"Sheet Metal.ipt"选项，单击"创建"按钮，新建一个零件文件。

（2）创建草图。单击"钣金"选项卡"草图"面板中的"开始创建二维草图"按钮 ，选择 *XZ* 平面为草图绘制平面，进入草图绘制环境。单击"草图"选项卡"创建"面板中的"矩形"按钮 ，绘制草图。单击"约束"面板中的"尺寸"按钮 ，标注尺寸如图 6-91 所示。单击"草图"标签中的"完成草图"按钮 ，退出草图环境。

图 6-90　硬盘固定架

图 6-91　绘制草图 1

（3）创建平板。单击"钣金"选项卡"创建"面板中的"平板"按钮 ，打开"面"对话框，系统自动选取上一步绘制的草图为截面轮廓，如图 6-92 所示。单击"确定"按钮，完成平板的创建，如图 6-93 所示。

图 6-92　选择截面

图 6-93　创建平板

（4）创建草图。单击"钣金"选项卡"草图"面板中的"开始创建二维草图"按钮 ，选择平板的上表面为草图绘制平面，进入草图绘制环境。单击"草图"选项卡"创建"面板中的"矩形"按钮 ，绘制草图。单击"约束"面板中的"尺寸"按钮 ，标注尺寸如图 6-94 所示。单击"草图"标签中的"完成草图"按钮 ，退出草图环境。

（5）创建剪切。单击"钣金"选项卡"修改"面板中的"剪切"按钮 ，打开"剪切"对话框，选择图 6-95 所示的截面轮廓。采用默认设置，单击"确定"按钮，完成剪切操作。

图 6-94　绘制草图 2　　　　　　　　　　　图 6-95　"剪切"对话框

（6）创建草图。单击"钣金"选项卡"草图"面板中的"开始创建二维草图"按钮，选择平板的上表面为草图绘制平面，进入草图绘制环境。单击"草图"选项卡"创建"面板中的"圆心圆"按钮，绘制草图。单击"约束"面板中的"尺寸"按钮，标注尺寸如图 6-96 所示。单击"草图"标签中的"完成草图"按钮，退出草图环境。

（7）创建剪切。单击"钣金"选项卡"修改"面板中的"剪切"按钮，打开"剪切"对话框，选择如图 6-96 所示的草图为截面轮廓。采用默认设置，单击"确定"按钮，完成剪切操作，如图 6-97 所示。

图 6-96　绘制草图 3　　　　　　　　　　　图 6-97　剪切截面

（8）矩形阵列特征。单击"钣金"选项卡"阵列"面板中的"矩形阵列"按钮，打开"矩形阵列"对话框，选取上一步创建的剪切特征为阵列特征，选取图 6-98 所示的边为参考并输入阵列个数"3"，距离为"30mm"；单击"确定"按钮。

图 6-98　设置参数 1

（9）创建草图。单击"钣金"选项卡"草图"面板中的"开始创建二维草图"按钮，选择平板的上表面为草图绘制平面，进入草图绘制环境。单击"草图"选项卡"创建"面板中的"直线"按钮 ，绘制草图。单击"约束"面板中的"尺寸"按钮 ，标注尺寸如图 6-99 所示。单击"草图"标签中的"完成草图"按钮 ，退出草图环境。

图 6-99　绘制草图 4

（10）创建折叠。单击"钣金"选项卡"创建"面板中的"折叠"按钮 ，打开"折叠"对话框，选择图 6-100 所示的草图线，输入折叠角度为"90"，选择"折弯中心线"选项 ，如图 6-100 所示。单击"确定"按钮，结果如图 6-101 所示。

图 6-100　选择草图线

图 6-101　创建折叠

（11）创建草图。单击"钣金"选项卡"草图"面板中的"开始创建二维草图"按钮 ，选择平板的上表面为草图绘制平面，进入草图绘制环境。单击"草图"选项卡"创建"面板中的

"矩形"按钮 □ ，绘制草图。单击"约束"面板中的"尺寸"按钮 □ ，标注尺寸如图 6-102 所示。单击"草图"标签中的"完成草图"按钮 ✓ ，退出草图环境。

（12）创建剪切。单击"钣金"选项卡"修改"面板中的"剪切"按钮 □ ，打开"剪切"对话框，选择图 6-102 所示的草图为截面轮廓。采用默认设置，单击"确定"按钮，结果如图 6-103 所示。

图 6-102　绘制草图 5

图 6-103　剪切实体

（13）创建凸缘。单击"钣金"选项卡"创建"面板中的"凸缘"按钮 ◁ ，打开"凸缘"对话框，选择图 6-104 所示的边，输入高度为"10mm"，凸缘角度为"90"，选择"从两个外侧面的交线折弯"选项 ◢ 和"折弯面范围之内"选项 ◣ ，单击"确定"按钮，完成凸缘的创建，如图 6-105 所示。

图 6-104　设置参数 2

（14）镜像特征。单击"钣金"选项卡"阵列"面板中的"镜像"按钮 ◫ ，打开"镜像"对话框，选择步骤（12）和（13）创建的剪切和凸缘特征为镜像特征，选择 YZ 平面为镜像平面，单击"确定"按钮，结果如图 6-106 所示。

图 6-105　创建凸缘

图 6-106　镜像特征

（15）创建草图。单击"钣金"选项卡"草图"面板中的"开始创建二维草图"按钮，选择平板上平面为草图绘制平面，进入草图绘制环境。利用草图命令绘制草图。单击"约束"面板中的"尺寸"按钮，标注尺寸如图 6-107 所示。单击"草图"标签中的"完成草图"按钮，退出草图环境。

图 6-107　绘制草图 6

（16）创建剪切。单击"钣金"选项卡"修改"面板中的"剪切"按钮，打开"剪切"对话框，选择图 6-108 所示的草图为截面轮廓。采用默认设置，单击"确定"按钮，结果如图 6-109 所示。

图 6-108　设置参数 3

（17）创建草图。单击"钣金"选项卡"草图"面板中的"开始创建二维草图"按钮，选择平板上平面为草图绘制平面，进入草图绘制环境。利用草图命令，绘制草图。单击"约束"面板中的"尺寸"按钮，标注尺寸如图 6-110 所示。单击"草图"标签中的"完成草图"按钮，退出草图环境。

图 6-109　剪切钣金

图 6-110　绘制草图 7

（18）创建剪切。单击"钣金"选项卡"修改"面板中的"剪切"按钮▢，打开"剪切"对话框，选择图 6-110 所示的截面轮廓。采用默认设置，如图 6-111 所示，单击"确定"按钮。

图 6-111　设置参数 4

（19）创建草图。单击"钣金"选项卡"草图"面板中的"开始创建二维草图"按钮▢，选择平板上平面为草图绘制平面，进入草图绘制环境。利用草图命令，绘制草图。单击"约束"面板中的"尺寸"按钮▢，标注尺寸如图 6-112 所示。单击"草图"标签中的"完成草图"按钮✔，退出草图环境。

图 6-112　绘制草图 8

（20）创建剪切。单击"钣金"选项卡"修改"面板中的"剪切"按钮▢，打开"剪切"对话框，选择图 6-112 所示的截面轮廓。采用默认设置，如图 6-113 所示，单击"确定"按钮。

图 6-113　设置参数 5

（21）矩形阵列特征。单击"钣金"选项卡"阵列"面板中的"矩形阵列"按钮，打开"矩形阵列"对话框，选取上一步创建的剪切特征为阵列特征，选取如图 6-114 所示的边为参考并输入阵列个数为"2"，距离为"50mm"；单击"确定"按钮。

图 6-114　设置参数 6

（22）创建凸缘。单击"钣金"选项卡"创建"面板中的"凸缘"按钮，打开"凸缘"对话框，选择如图 6-115 所示的边，输入高度为"10mm"，凸缘角度为"90"，选择"从两个外侧面的交线折弯"选项和"折弯面范围之内"选项，单击"确定"按钮，完成凸缘的创建，如图 6-90 所示。

图 6-115　设置参数 7

（23）保存文件。单击"快速访问"工具栏中的"保存"按钮，打开"另存为"对话框，输入文件名为"硬盘固定架.ipt"，单击"保存"按钮，保存文件。

6.3.6　拐角接缝

在钣金平板中添加拐角接缝，可以在相交或共面的两个平板之间创建接缝。拐角接缝的操作步骤如下。

（1）单击"钣金"选项卡"修改"面板上的"拐角接缝"按钮，打开"拐角接缝"对话框，如图 6-116 所示。

（2）在相邻的两个钣金平板上均选择模型边，如图 6-117 所示。

（3）在对话框中接受默认接缝类型或选择其他接缝类型。

（4）在对话框中单击"确定"按钮，完成拐角接缝，结果如图 6-118 所示。

图 6-116 "拐角接缝"对话框

图 6-117 选择边

图 6-118 拐角接缝

"拐角接缝"对话框中的选项说明如下。

1．形状

选择模型的边并指定是否接缝拐角。

● 接缝：指定现有的共面或相交钣金平板之间的新拐角几何图元。

● 分割：此选项打开方形拐角以创建钣金拐角接缝。

● 边：在每个面上选择模型边。

2．接缝

● 最大间隙距离：使用该选项创建拐角接缝间隙，可以与使用物理检测标尺方式一致的方式对其进行测量。

● 面/边距离：使用该选项创建拐角接缝间隙，可以测量从与选定的第一条边相邻的面到选定的第二条边的距离。

技巧：

可以使用哪两种方法来创建和测量拐角接缝间隙？

（1）面/边方法：基于从与第一个选定边相邻的面到第二个选定边的尺寸来测量接缝间隙的方法。

（2）最大间隙距离方法：通过滑动物理检测厚薄标尺来测量接缝间隙的方法。

6.3.7 冲压工具

冲压工具必须具有一个定义了中心标记的草图，即钣金平板必须具有一个草图，该草图带有一个或多个未使用的中心标记。冲压工具的操作步骤如下。

（1）单击"钣金"选项卡"修改"面板上的"冲压工具"按钮 ，打开"冲压工具目录"对话框，如图 6-119 所示。

图 6-119 "冲压工具目录"对话框

（2）在"冲压工具目录"对话框中浏览到包含冲压形状的文件夹，选择冲压形状进行预览。选择好冲压工具后，单击"打开"按钮，打开"冲压工具"对话框，如图 6-120 所示。

（3）如果草图中存在多个中心点，按〈Ctrl〉键并单击任何不需要冲压的位置，以防止在这些位置放置冲压。

（4）在"几何图元"选项卡上指定角度以使冲压相对于平面进行旋转。

（5）在"规格"选项卡上双击参数值进行修改，单击"完成"按钮完成冲压，如图 6-121 所示。

图 6-120 "冲压工具"对话框

图 6-121 冲压

"冲压工具"对话框中的选项说明如下。

1. 预览

- 位置：允许选择包含钣金冲压 iFeature 的文件夹。
- 冲压：在下拉列表框左侧的图形窗格中预览选定的 iFeature。

2. 几何图元（图6-122）

- 中心：自动选择用于定位 iFeature 的孔中心。如果钣金平板上有多个孔中心，则每个孔中心上都会放置 iFeature。
- 角度：指定用于定位 iFeature 的平面角度。
- 刷新：重新绘制满足几何图元要求的 iFeature。

3. 规格（图6-123）

修改冲压形状的参数以更改其大小。列表框中列出每个控制形状参数的"名称"和"值"，双击修改值。

图6-122 "几何图元"选项卡

图6-123 "规格"选项卡

6.3.8 接缝

在使用封闭的截面轮廓草图创建的允许展平的钣金零件上创建一个间隙。点到点接缝类型需要选择一个模型面和两个现有的点来定义接缝的起始和结束位置，就像单点接缝类型一样，选择的点可以是工作点、边的中点、面顶点上的端点或先前所创建的草图点。接缝的操作步骤如下。

（1）单击"钣金"选项卡"修改"面板上的"接缝"按钮，打开"接缝"对话框，如图6-124所示。

（2）在视图中选择要进行接缝的钣金模型的面，如图6-125所示。

图 6-124 "接缝"对话框   图 6-125 选择接缝面

（3）在视图中选择定义接缝起始位置的点和结束位置的点，如图 6-126 所示。

（4）在对话框中设置接缝间隙位于选定点或者向右或向左偏移，单击"确定"按钮，完成接缝，结果如图 6-127 所示。

图 6-126 选择点   图 6-127 创建接缝

"接缝"对话框中的选项说明如下。

1. 接缝类型

- 单点：允许通过选择要创建接缝的面和该面某条边上的一个点来定义接缝特征。
- 点到点：允许通过选择要创建接缝的面和该面的边上的两个点来定义接缝特征。
- 面范围：允许通过选择要去除的模型面来定义接缝特征。

2. 形状

- 接缝所在面：选择将应用接缝特征的模型面。
- 接缝点：选择定义接缝位置的点。

技巧：

创建分割的方式有哪些？

（1）选择曲面边上的点。选择的点可以是边的中点、面顶点上的端点、工作点或先前所创建草图上的草图点。

（2）在选定面的相对侧上的两点之间分割。这两个点可以是工作点、面边的中点、面顶点上的端点或先前所创建草图上的草图点。

（3）去除整个选定的面。

6.4 展开和折叠特征

本节主要介绍展开和重新折叠特征。重新折叠特征必须在展开状态下，并且至少包含一个展开特征时才能使用。

6.4.1 展开

展开特征是指展开一个或多个钣金折弯或相对参考面的卷曲。"展开"命令会向钣金零件浏览器中添加展开特征，并允许向模型的展平部分添加其他特征。用户可以展开不包含任何平面的折叠钣金模型。"展开"命令要求零件文件中包含单个实体。展开的操作步骤如下。

（1）单击"钣金"选项卡"修改"面板上的"展开"按钮，打开"展开"对话框，如图 6-128 所示。

图 6-128 "展开"对话框

（2）在视图中选择用于作展开参考的面或平面，如图 6-129 所示。

（3）在视图中选择要展开的各个亮显的折弯或卷曲，也可以单击"添加所有折弯"按钮来选择所有亮显的几何图元，如图 6-129 所示。

（4）预览展平的状态，并添加或去除折弯或卷曲以获得需要的平面。

（5）在对话框中单击"确定"按钮，完成展开，结果如图 6-130 所示。

图 6-129 选择基础参考   图 6-130 展开钣金

"展开"对话框中的选项说明如下。

1. 基础参考

选择用于定义展开或重新折叠折弯或旋转所参考的面或平面。

2. 展开几何图元

● 折弯：选择要展开或重新折叠的各个折弯或旋转特征。

● 添加所有折弯：选择要展开或重新折叠的所有折弯或旋转特征。

3. 复制草图

选择要展开或重新折叠的未使用的草图。

技巧：

阵列中的钣金特征需要注意几点：

（1）展开特征通常沿整条边进行拉伸，可能不适用于阵列。

（2）钣金剪切类似于拉伸剪切。使用"完全相同"终止方式获得的结果，可能会与使用"根据模型调整"终止方式获得的结果不同。

（3）冲裁贯通折弯特征阵列结果因折弯几何图元和终止方式的不同而不同。

（4）不支持多边凸缘阵列。

（5）"完全相同"终止方式仅适用于面特征、凸缘、异形板和卷边特征。

6.4.2 重新折叠

用户可以重新折叠在展开状态下至少包含一个展开特征的特征，也可以重新折叠不包含平面且至少包含一个处于展开状态的卷曲特征的钣金特征。重新折叠的操作步骤如下。

（1）单击"钣金"选项卡"修改"面板上的"重新折叠"按钮，打开"重新折叠"对话框，如图 6-131 所示。

图 6-131 "重新折叠"对话框

（2）在视图中选择用作重新折叠参考的面或平面，如图 6-132 所示。

（3）在视图中选择要重新折叠的各个亮显的折弯或卷曲，也可以单击"添加所有折弯"按钮来选择所有亮显的几何图元，如图 6-132 所示。

（4）预览重新折叠的状态，并添加或去除折弯或卷曲以获得需要的折叠模型状态。

（5）在对话框中单击"确定"按钮，完成折叠，结果如图 6-133 所示。

图 6-132　选择基础参考

图 6-133　重新折叠

6.4.3　实例——电气支架

绘制图 6-134 所示的电气支架。

操作步骤

（1）新建文件。单击"快速访问"工具栏中的"新建"按钮 ，在打开的"新建文件"对话框中"Templates"选项卡的"零件"下拉列表中选择"Sheet Metal.ipt"选项，单击"创建"按钮，新建一个零件文件。

（2）设置钣金厚度。单击"钣金"选项卡"设置"面板中的"钣金默认设置"按钮 ，打开"钣金默认设置"对话框，取消"使用规则中的厚度"复选框的选择，输入钣金厚度为"5mm"，其他采用默认设置，如图 6-135 所示，单击"确定"按钮。

图 6-134　电气支架

图 6-135　"钣金默认设置"对话框

（3）创建草图。单击"钣金"选项卡"草图"面板中的"开始创建二维草图"按钮 ，选择 XZ 平面为草图绘制平面，进入草图绘制环境。利用草图绘制命令，绘制草图。单击"约束"面板中的"尺寸"按钮 ，标注尺寸如图 6-136 所示。单击"草图"标签中的"完成草图"按钮 ，退出草图环境。

图 6-136　绘制草图 1

（4）创建平板。单击"钣金"选项卡"创建"面板中的"平板"按钮 ，打开"面"对话框，系统自动选取上一步绘制的草图为截面轮廓，如图 6-137 所示。单击"确定"按钮，完成平板的创建，如图 6-138 所示。

图6-137　选择截面

图6-138　创建平板

（5）创建草图。单击"钣金"选项卡"草图"面板中的"开始创建二维草图"按钮 ，选择平板上表面为草图绘制平面，进入草图绘制环境。单击"草图"选项卡"创建"面板中的"直线"按钮 ，绘制草图。单击"约束"面板中的"尺寸"按钮 ，标注尺寸如图 6-139 所示。单击"草图"标签中的"完成草图"按钮 ，退出草图环境。

（6）创建折叠。单击"钣金"选项卡"创建"面板中的"折叠"按钮 ，打开"折叠"对话框，选择图 6-140 所示的草图线，输入折叠角度为"90"，输入折弯半径为"15"mm，选择"折弯中心线"选项 ，如图 6-140 所示。单击"确定"按钮，结果如图 6-141 所示。

图 6-139　绘制直线 1

图 6-140 设置参数 1

（7）创建草图。单击"钣金"选项卡"草图"面板中的"开始创建二维草图"按钮，选择平板上表面为草图绘制平面，进入草图绘制环境。单击"草图"选项卡"创建"面板中的"直线"按钮，绘制草图。单击"约束"面板中的"尺寸"按钮，标注尺寸如图 6-142 所示。单击"草图"标签中的"完成草图"按钮，退出草图环境。

图 6-141 创建折叠 1

图 6-142 绘制直线 2

（8）创建折叠。单击"钣金"选项卡"创建"面板中的"折叠"按钮，打开"折叠"对话框，选择图 6-143 所示的草图线，输入折叠角度为"90"，输入折弯半径为"15"mm，选择"折弯中心线"选项，如图 6-143 所示。单击"确定"按钮，结果如图 6-144 所示。

图 6-143 设置参数 2

图 6-144　创建折叠 2

（9）创建展开。单击"钣金"选项卡"修改"面板中的"展开"按钮📋，打开"展开"对话框，选择图 6-145 所示的基础平面，单击"添加所有折弯"按钮🔍，如图 6-145 所示，单击"确定"按钮，展开钣金如图 6-146 所示。

图 6-145　设置参数 3

（10）创建草图。单击"钣金"选项卡"草图"面板中的"开始创建二维草图"按钮📐，选择平板上表面为草图绘制平面，进入草图绘制环境。单击"草图"选项卡"创建"面板中的"直线"按钮╱，绘制草图。单击"约束"面板中的"尺寸"按钮▭，标注尺寸如图 6-147 所示。单击"草图"标签中的"完成草图"按钮✔，退出草图环境。

图 6-146　展开钣金　　　　　　　　　　　图 6-147　绘制直线 3

（11）创建剪切。单击"钣金"选项卡"修改"面板中的"剪切"按钮▢，打开"剪切"对话框，选择图 6-148 所示的截面轮廓。采用默认设置，单击"确定"按钮，结果如图 6-149 所示。

图 6-148 设置参数 4

（12）圆角处理。单击"三维模型"选项卡"修改"面板中的"圆角"按钮，打开"圆角"对话框，输入半径为"20mm"，选择图 6-150 所示的边线进行圆角，单击"确定"按钮，完成圆角操作，结果如图 6-151 所示。

图 6-149 创建剪切   图 6-150 选择边线

图 6-151 圆角处理

（13）创建重新折叠。单击"钣金"选项卡"修改"面板中的"重新折叠"按钮，打开"重新折叠"对话框。选择图 6-152 所示的面为基础平面，单击"添加所有折弯"按钮，选择所有的折弯，如图 6-152 所示，单击"确定"按钮，结果如图 6-138 所示。

基础平面

图 6-152 选择基础平面

（14）保存文件。单击"快速访问"工具栏中的"保存"按钮，打开"另存为"对话框，输入文件名为"电气支架.ipt"，单击"保存"按钮，保存文件。

6.5 综合实例——硬盘支架

绘制图 6-153 所示的硬盘支架。

操作步骤

（1）新建文件。单击"快速访问"工具栏上的"新建"按钮，在打开的"新建文件"对话框中"Templates"选项卡的"零件"下拉列表中选择"Sheet Metal.ipt"选项，单击"创建"按钮，新建一个钣金文件。

（2）设置钣金厚度。单击"钣金"选项卡"设置"面板上的"钣金默认设置"按钮，打开"钣金默认设置"对话框，取消"使用规则中的厚度"复选框的选择，输入钣金厚度为"0.500mm"，其他采用默认设置，如图 6-154 所示，单击"确定"按钮。

图 6-153 硬盘支架

（3）创建草图 1。单击"钣金"选项卡"草图"面板上的"开始创建二维草图"按钮，选择 XY 平面为草图绘制平面，进入草图绘制环境。单击"草图"选项卡"创建"面板上的"直线"按钮，绘制草图。单击"约束"面板上的"尺寸"按钮，标注尺寸如图 6-155 所示。单击"草图"标签上的"完成草图"按钮，退出草图环境。

图 6-154 "钣金默认设置"对话框

图 6-155 绘制草图 1

（4）创建异形板。单击"钣金"选项卡"创建"面板上的"异形板"按钮，打开"异形板"对话框，选择图 6-155 所示的草图为截面轮廓，类型选择"距离"，输入距离为"110 mm"，如图 6-156 所示，单击"确定"按钮，结果如图 6-157 所示。

（5）创建卷边。

1）单击"钣金"选项卡"创建"面板上的"卷边"按钮，打开"卷边"对话框，选择图 6-158 所示的边，类型选择"单层"，输入长度为"10 mm"，单击"应用"按钮。

图 6-156 设置参数 1

图 6-157 创建异形板

图 6-158 设置参数 2

2）选择图 6-159 所示的边线，创建相同尺寸的卷边，如图 6-160 所示。

图 6-159 选择边

图 6-160 创建卷边

（6）创建凸缘。

1）单击"钣金"选项卡"创建"面板上的"凸缘"按钮，打开"凸缘"对话框，选择图 6-161 所示的边，输入高度为"10 mm"，凸缘角度为"90"，选择"从两个外侧面的交线折弯"选项和"从相邻面折弯"选项，单击按钮展开对话框，类型选择"偏移量"，输入偏移 1 为"0 mm"，输入偏移 2 为"10 mm"，如图 6-161 所示，单击"应用"
按钮。

图 6-161　设置参数 3

2）采用相同的方法，在另一侧创建相同参数的凸缘，如图 6-162 所示。

（7）创建草图 2。单击"钣金"选项卡"草图"面板上的"开始创建二维草图"按钮
，选择上步创建的凸缘上表面为草图绘制平面，进入草图绘制环境。单击"草图"选
项卡"创建"面板上的"矩形"按钮，绘制草图。单击"约束"面板上的"尺寸"按
钮，标注尺寸如图 6-163 所示。单击"草图"标签上的"完成草图"按钮，退出草
图环境。

（8）创建剪切。单击"钣金"选项卡"修改"面板上的"剪切"按钮，打开"剪
切"对话框，选择图 6-163 所示的截面轮廓。输入距离为"1.5 mm"，单击"确定"按
钮，结果如图 6-164 所示。

图 6-162　创建凸缘 1

图 6-163　绘制草图 2

图 6-164　剪切实体

（9）创建凸缘。单击"钣金"选项卡"创建"面板上的"凸缘"按钮，打开"凸

缘"对话框，选择图 6-165 所示的边，输入高度为"6 mm"，凸缘角度为"90"，选择"从两个外侧面的交线折弯"选项 ⚞ 和"从相邻面折弯"选项 ⬐，如图 6-165 所示，单击"确定"按钮完成凸缘的创建，如图 6-166 所示。

图 6-165　设置参数 4

图 6-166　创建凸缘 2

（10）创建草图 3。单击"钣金"选项卡"草图"面板上的"开始创建二维草图"按钮 ，选择上步创建的凸缘上表面为草图绘制平面，进入草图绘制环境。单击"草图"选项卡"创建"面板上的"圆心圆"按钮 ，绘制草图。单击"约束"面板上的"尺寸"按钮 ，标注尺寸如图 6-167 所示。单击"草图"标签上的"完成草图"按钮 ，退出草图环境。

（11）创建剪切。单击"钣金"选项卡"修改"面板上的"剪切"按钮 ，打开"剪切"对话框，选择图 6-168 所示的截面轮廓。采用默认设置，单击"确定"按钮。

图 6-167　绘制草图 3　　　　　　图 6-168　创建剪切特征 1

（12）创建草图 4。单击"钣金"选项卡"草图"面板上的"开始创建二维草图"按钮，选择图 6-168 所示的面 1 为草图绘制平面，进入草图绘制环境。单击"草图"选项卡"创建"面板上的"矩形"按钮，绘制草图。单击"约束"面板上的"尺寸"按钮，标注尺寸如图 6-169 所示。单击"草图"标签上的"完成草图"按钮，退出草图环境。

（13）创建剪切。单击"钣金"选项卡"修改"面板上的"剪切"按钮，打开"剪切"对话框，选择图 6-169 所示的截面轮廓。采用默认设置，单击"确定"按钮。结果如图 6-170 所示。

图 6-169　绘制草图 4

图 6-170　创建剪切特征 2

（14）创建草图 5。单击"钣金"选项卡"草图"面板上的"开始创建二维草图"按钮，选择图 6-171 所示的面 2 为草图绘制平面，进入草图绘制环境。利用"圆"命令、"直线"命令和"修剪"命令绘制草图。单击"约束"面板上的"尺寸"按钮，标注尺寸如图 6-172 所示。单击"草图"标签上的"完成草图"按钮，退出草图环境。

图 6-171　选取草图放置面

图 6-172　绘制草图 5

（15）创建剪切。单击"钣金"选项卡"修改"面板上的"剪切"按钮，打开"剪切"对话框，选择图 6-172 所示的截面轮廓。采用默认设置，单击"确定"按钮。结果如图 6-173 所示。

（16）创建凸缘。单击"钣金"选项卡"创建"面板上的"凸缘"按钮，打开"凸缘"对话框，选择图 6-174 所示的边，输入高度为"10 mm"，凸缘角度为"90"，选择"从两个外侧面的交线折弯"选项和"从相邻面折弯"选

图 6-173　创建剪切特征 3

项，如图 6-174 所示，单击"确定"按钮完成凸缘的创建，如图 6-175 所示。

图 6-174　设置参数 5

（17）创建直孔。

1）单击"三维模型"选项卡"修改"面板上的"孔"按钮，打开"孔"对话框。在"放置"下拉列表中选择"线性"放置方式，选取孔放置面，选取边线 1 为参考 1，输入距离为"5 mm"，选取边线 2 为参考 2，输入距离为"15 mm"，终止方式选择"贯通"，输入孔直径为"3.5 mm"，如图 6-176 所示，单击"应用"按钮。

图 6-175　创建凸缘 3

图 6-176　设置参数 6

2）采用相同的参数在另一侧创建孔，如图 6-177 所示。

图 6-177　创建直孔

（18）创建拐角圆角。单击"钣金"选项卡"修改"面板上的"拐角圆角"按钮，选择图 6-178 所示的边进行圆角处理，输入半径为"6 mm"，单击"确定"按钮，完成圆角处理，结果如图 6-179 所示。

图 6-178　设置参数 7

（19）创建草图 6。单击"钣金"选项卡"草图"面板上的"开始创建二维草图"按钮，选择图 6-179 所示的面 3 为草图绘制平面，进入草图绘制环境。单击"草图"选项卡"创建"面板上的"点"按钮，创建一个草图点。单击"约束"面板上的"尺寸"按钮，标注尺寸如图 6-180 所示。单击"草图"标签上的"完成草图"按钮，退出草图环境。

图 6-179　圆角处理结果

图 6-180　绘制草图 6

（20）冲压成型。单击"钣金"选项卡"修改"面板上的"冲压工具"按钮，打开"冲压工具目录"对话框，如图 6-181 所示。选择"obround.ide"工具，单击"打开"按钮，打开如图 6-182 所示的"冲压工具"对话框，单击"完成"按钮，完成成型工具的创建，结果如图 6-183 所示。

图 6-181　"冲压工具目录"对话框

图 6-182 "冲压工具"对话框

图 6-183 创建冲压工具

（21）矩形阵列孔。单击"三维模型"选项卡"阵列"面板上的"矩形阵列"按钮，打开"矩形阵列"对话框，在视图中选取上步创建的孔特征为阵列特征，选取图 6-184 所示的边线 1 为阵列方向，输入阵列个数为"2"，距离为"20 mm"，选取边线 2 为阵列方向，输入阵列个数为"2"，距离为"105.5 mm"，单击"确定"按钮。结果如图 6-153 所示。

图 6-184 设置参数 8

（22）保存文件。单击"快速访问"工具栏上的"保存"按钮，打开"另存为"对话框，输入文件名为"硬盘支架.ipt"，单击"保存"按钮，保存文件。

第7章 曲面造型

 知识导引

曲面是一种泛称，片体和实体的自由表面都可以称为曲面。平面表面是曲面的一种特例。其中，片体是由一个或多个表面组成、厚度为 0 的几何体。

7.1 编辑曲面

在第 4 章中介绍了曲面和实体的创建，在本节中主要介绍曲面的编辑方法。

7.1.1 加厚

加厚是指添加或删除零件或缝合曲面的厚度，或从零件面或曲面创建偏移曲面或创建新实体。加厚曲面的操作步骤如下。

（1）单击"三维模型"选项卡"修改"面板上的"加厚/偏移"按钮 ，打开"加厚/偏移"对话框，如图 7-1 所示。

（2）在视图中选择要加厚的面，如图 7-2 所示。

（3）在对话框中输入厚度，并为加厚特征指定求并、求差或求交操作，设置加厚方向。

（4）在对话框中单击"确定"按钮，完成曲面加厚，结果如图 7-3 所示。

图 7-1 "加厚/偏移"对话框

图 7-2 选择加厚面

图 7-3 加厚面

"加厚/偏移"对话框中的选项说明如下。

1. "加厚/偏移"选项卡

（1）选择：指定要加厚的面或要从中创建偏移曲面的面。

（2）实体：如果存在多个实体，选择参与体。

（3）选择模式：设置选择的是单个面或缝合曲面。可以选择多个相连的面或缝合曲面，但是不能选择混合的面和缝合曲面。

● 面：此选项为默认选项，表示每单击一次，只能选择一个面。

● 缝合曲面：单击一次选择一组相连的面。

（4）距离：指定加厚特征的厚度，或者指定偏移特征的距离。当输出为曲面时，偏移距离可以为零。

（5）输出：指定特征是实体还是曲面。

（6）布尔操作：指定加厚特征与实体零件是进行求并、求差或求交操作。

（7）方向：将厚度或偏移特征沿一个方向延伸或在两个方向上同等延伸。

（8）自动过渡：选中此复选框，可自动移动相邻的相切面，还可以创建新过渡。

2．"更多"选项卡（图 7-4）

（1）自动链选面：用于对选择的多个连续相切的面进行加厚，所有选中的面使用相同的布尔操作和方向加厚。

（2）创建竖直曲面：对于偏移特征，创建将偏移面连接到原始缝合曲面的竖直面，竖直曲面仅在内部曲面的边处创建，而不会在曲面边界的边处创建。

（3）允许近似值：如果不存在精确方式，在计算偏移特征时，允许与指定的厚度有偏差。精确方式可以创建偏移曲面，该曲面中，原始曲面上的每一点在偏移曲面上都具有对应点。

图 7-4　"更多"选项卡

● 中等：将偏差分为近似指定距离的两部分。

● 不要过薄：保留最小距离。

● 不要过厚：保留最大距离。

（4）优化：使用合理公差和最短计算时间进行计算。

（5）指定公差：使用指定的公差进行计算。

技巧：

可以一起选择面和曲面进行加厚吗？

不可以。加厚的面和偏移的曲面不能在同一个特征中创建。厚度特征和偏移特征在浏览器中有各自的图标。

7.1.2　延伸

延伸是通过指定距离或终止平面，使曲面在一个或多个方向上扩展。延伸曲面的操作步骤如下。

（1）单击"三维模型"选项卡"曲面"面板上的"延伸"按钮↑，打开"延伸曲面"对话框，如图 7-5 所示。

（2）在视图中选择要延伸的曲面边，如图 7-6 所示。所有边均必须在单一曲面或缝合曲面上。

图 7-5　"延伸曲面"对话框

（3）在"范围"下拉列表中选择延伸的终止方式，并设置相关参数。

（4）在对话框中单击"确定"按钮，完成曲面延伸，结果如图 7-7 所示。

图 7-6 选择边

图 7-7 曲面延伸

"延伸曲面"对话框中的选项说明如下。

（1）边：选择并高亮显示单一曲面或缝合曲面，对每个面边进行延伸。

（2）链选边：自动延伸所选边，以包含相切并连续于所选边的所有边。

（3）范围：确定延伸的终止方式并设置其距离。

● 距离：将边延伸指定的距离。

● 到：选择在其上终止延伸的终止面或工作平面。

（4）边延伸：控制用于延伸或要延伸的曲面边相邻边的方法。

● 延伸：沿与选定的边相邻的边的曲线方向创建延伸边。

● 拉伸：沿直线从与选定的边相邻的边创建延伸边。

7.1.3 边界嵌片

边界嵌片特征是指从闭合的二维草图或闭合的边界生成平面曲面或三维曲面。边界嵌片的操作步骤如下。

（1）单击"三维模型"选项卡"曲面"面板上的"边界嵌片"按钮，打开"边界嵌片：边界嵌片 1"对话框，如图 7-8 所示。

图 7-8 "边界嵌片：边界嵌片 1"对话框

（2）在视图中选择定义闭合回路的相切、连续的链选边，如图 7-9 所示。

（3）在"范围"下拉列表中选择每条边或每组选定边的边界条件。

（4）在对话框中单击"确定"按钮，创建边界嵌片特征，结果如图 7-10 所示。

图 7-9 选择边　　　　　　　　　　　图 7-10 边界嵌片

"边界嵌片"对话框中的选项说明如下。

（1）边界：指定嵌片的边界。选择闭合的二维草图或相切、连续的链选边来指定闭合面域。

（2）条件：列出选定边的名称和选择集中的边数，还指定应用于边界嵌片的每条边的条件。条件包括无条件、相切条件和平滑（G2）条件，如图 7-11 所示。

a)　　　　　　　　　　　b)　　　　　　　　　　　c)

图 7-11 条件

a) 无条件　b) 相切条件　c) 平滑（G2）条件

技巧：

如何控制曲面的外观和可见性？

可以在"应用程序选项"对话框中将曲面的外观从"半透明"更改为"不透明"。在"零件"选项卡的"构造"类别中，选择"不透明曲面"选项。曲面在创建时为不透明，其颜色与定位特征相同。

在设置该选项之前创建的曲面为半透明。要改变曲面外观，可在浏览器中的曲面上单击鼠标右键，然后在快捷菜单中选择"半透明"。选中或清除复选标记可以打开或关闭不透明。

7.1.4 实例——葫芦

绘制图 7-12 所示的葫芦。

操作步骤

（1）新建文件。单击"快速访问"工具栏上的"新建"按钮 ，在打开的"新建文件"对话框中"Templates"选项卡的"零件"下拉列表中选择"Standard.ipt"选项，单击"创建"按钮，新建一个零件文件。

（2）创建草图。单击"三维模型"选项卡"草图"面板上的"开始创建二维草图"按钮，选择 XZ 平面为草图绘制平面，进入草图绘制环境。单击"草图"选项卡"创建"面板上的"样条曲线（控制顶点）"按钮，绘制草图。单击"约束"面板上的"尺寸"按钮，标注尺寸如图 7-13 所示。单击"草图"标签上的"完成草图"按钮，退出草图环境。

图 7-12　葫芦

图 7-13　绘制草图

（3）创建旋转曲面。单击"三维模型"选项卡"创建"面板上的"旋转"按钮，打开"旋转"对话框，选取图 7-13 所示的草图为旋转截面轮廓，选取竖直直线段为旋转轴，如图 7-14 所示。单击"确定"按钮完成旋转，如图 7-15 所示。

图 7-14　设置参数 1

图 7-15　创建旋转曲面

（4）创建边界曲面，单击"三维模型"选项卡"曲面"面板上的"边界嵌片"按钮，打开"边界嵌片"对话框，选择图 7-16 所示的边线，单击"确定"按钮，结果如图 7-17 所示。

图 7-16　设置参数 2

图 7-17 创建边界嵌片

（5）加厚曲面，单击"三维模型"选项卡"修改"面板上的"加厚/偏移"按钮，打开"加厚/偏移"对话框，选择图 7-17 所示的曲面，输入距离为"1 mm"，加厚方式选择"对称"，如图 7-18 所示，单击"确定"按钮，结果如图 7-19 所示。

图 7-18 设置参数 3 　　　　　　　　　　　图 7-19 加厚曲面

（6）加厚曲面，单击"三维模型"选项卡"修改"面板上的"加厚/偏移"按钮，打开"加厚/偏移"对话框，选择图 7-20 所示的曲面，输入距离为"1 mm"，如图 7-20 所示，单击"确定"按钮，结果如图 7-21 所示。

图 7-20 设置参数 4 　　　　　　　　　　　图 7-21 完成加厚

（7）保存文件，单击"快速访问"工具栏上的"保存"按钮，打开"另存为"对话框，输入文件名为"葫芦.ipt"，单击"保存"按钮，保存文件。

7.1.5 缝合

缝合用于选择参数化曲面以缝合在一起形成缝合曲面或实体。曲面的边必须相邻才能成功缝合。缝合曲面的操作步骤如下。

（1）单击"三维模型"选项卡"曲面"面板上的"缝合"按钮📇，打开"缝合"对话框，如图 7-22 所示。

（2）在视图中选择一个或多个单独曲面，如图 7-23 所示。选中曲面后，将显示边条件，不具有公共边的边将变成红色，已成功缝合的边为黑色。

（3）输入公差。

（4）在对话框中单击"确定"按钮，将曲面缝合在一起形成缝合曲面或实体，结果如图 7-24 所示。

图 7-22 "缝合"对话框   图 7-23 选择面   图 7-24 缝合

技巧：

要缝合第一次未成功缝合的曲面，可在对话框"最大公差"文本框中选择或输入值来使用公差控制，并查看要缝合在一起的剩余边对和最小的关联"最大接缝"值。"最大接缝"值为"缝合"命令在选择公差边时所考虑的最大间隙，可将最小"最大接缝"值用作输入"最大公差"值时的参考值。例如，如果"最大间隙"为 0.00362，则应在"最大公差"文本框中输入 0.004，以实现成功缝合。

"缝合"对话框中的选项说明如下。

1．"缝合"选项卡

● 曲面：用于选择单个曲面或所有曲面，以缝合在一起形成缝合曲面或进行分析。

● 最大公差：用于选择或输入自由边之间的最大许用公差值。

● 查找剩余的自由边：用于显示缝合后剩余的自由边及它们之间的最大间隙。

● 保留为曲面：如果不选中此选项，则具有有效闭合体积的缝合曲面将实体化。如果选中，则缝合曲面仍然为曲面。

2．"分析"选项卡（图7-25）

● 显示边条件：选中该复选框，可以用颜色指示曲面边来显示分析结果。

● 显示接近相切：选中该复选框，可以显示接近相切条件。

7.1.6 实例——牙膏盒

绘制图7-26所示的牙膏盒。

操作步骤

（1）新建文件。单击"快速访问"工具栏中的"新建"按钮![btn]，在打开的"新建文件"对话框中"Templates"选项卡的"零件"下拉列表中选择"Standard.ipt"选项，单击"创建"按钮，新建一个零件文件。

图7-25 "分析"选项卡

（2）创建草图1。单击"三维模型"选项卡"草图"面板中的"开始创建二维草图"按钮![btn]，选择 *XZ* 平面为草图绘制平面，进入草图绘制环境。单击"草图"选项卡"创建"面板中的"直线"按钮![btn]，绘制草图。单击"约束"面板中的"尺寸"按钮![btn]，标注尺寸如图7-27所示。单击"草图"标签中的"完成草图"按钮![btn]，退出草图环境。

图7-26 牙膏盒

（3）创建工作平面1。单击"三维模型"选项卡"定位特征"面板中的"从平面偏移"按钮![btn]，选取 *XZ* 平面为参考平面，输入距离为"90mm"，如图7-28所示。单击"确定"按钮，完成工作平面的创建。

图7-27 绘制草图1

图7-28 创建工作平面1

（4）创建草图2。单击"三维模型"选项卡"草图"面板中的"开始创建二维草图"按钮![btn]，选择工作平面1为草图绘制平面，进入草图绘制环境。单击"草图"选项卡"创建"面板中的"圆弧"按钮![btn]，绘制草图。单击"约束"面板中的"尺寸"按钮![btn]，标注尺寸如图7-29所示。单击"草图"标签中的"完成草图"按钮![btn]，退出草图环境。

（5）放样曲面。单击"三维模型"选项卡"创建"面板中的"放样"按钮![btn]，打开"放样"对话框，单击"曲面"按钮，在"截面"列表框中单击"单击以添加"选项，分别选择前面绘制的草图 1 和草图 2 为截面，如图 7-30 所示。单击"确定"按钮，完成放样，如图 7-31 所示。

图 7-29 绘制草图 2　　　　图 7-30 放样示意图　　　　图 7-31 放样曲面

（6）镜像曲面。单击"三维模型"选项卡"阵列"面板中的"镜像"按钮，打开"镜像"对话框，选择第（5）步创建的放样曲面为镜像特征，选择 *XY* 平面为镜像平面，单击"确定"按钮，结果如图 7-32 所示。

（7）创建草图 3。单击"三维模型"选项卡"草图"面板中的"开始创建二维草图"按钮，选择工作平面 1 为草图绘制平面，进入草图绘制环境。单击"草图"选项卡"创建"面板中的"圆心圆"按钮，绘制草图。单击"约束"面板中的"尺寸"按钮，标注尺寸如图 7-33 所示。单击"草图"标签中的"完成草图"按钮，退出草图环境。

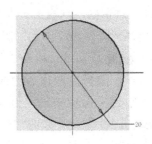

图 7-32 镜像曲面　　　　　　　　　　图 7-33 绘制草图 3

（8）创建拉伸实体。单击"三维模型"选项卡"创建"面板中的"拉伸"按钮，打开"拉伸"对话框，选取上一步绘制的草图为拉伸截面轮廓，将拉伸距离设置为"3mm"，如图 7-34 所示，在对话框中选择"更多"选项卡，输入锥度为"–60mm"，单击"确定"按钮，完成拉伸，如图 7-35 所示。

图 7-34 拉伸示意图 1　　　　　　　　图 7-35 拉伸实体 1

（9）抽壳处理。单击"三维模型"选项卡"修改"面板中的"抽壳"按钮◉，打开"抽壳"对话框，选取上一步创建的拉伸体的上下两个面作为开口面，输入厚度为"0.2mm"，如图 7-36 所示。单击"确定"按钮，完成抽壳，如图 7-37 所示。

（10）创建草图 4。单击"三维模型"选项卡"草图"面板中的"开始创建二维草图"按钮，选择拉伸体的上表面为草图绘制平面，进入草图绘制环境。单击"草图"选项卡"创建"面板中的"圆心圆"按钮，绘制草图。单击"约束"面板中的"尺寸"按钮，标注尺寸如图 7-38 所示。单击"草图"标签中的"完成草图"按钮，退出草图环境。

图 7-36 抽壳示意图

图 7-37 抽壳处理

图 7-38 绘制草图 4

（11）创建拉伸实体。单击"三维模型"选项卡"创建"面板中的"拉伸"按钮，打开"拉伸"对话框，选取上一步绘制的草图为拉伸截面轮廓，将拉伸距离设置为"1mm"，如图 7-39 所示，单击"确定"按钮，完成拉伸，如图 7-40 所示。

（12）创建草图 5。单击"三维模型"选项卡"草图"面板中的"开始创建二维草图"按钮，选择拉伸体的上表面为草图绘制平面，进入草图绘制环境。单击"草图"选项卡"创建"面板中的"圆心圆"按钮，绘制草图。单击"约束"面板中的"尺寸"按钮，标注尺寸如图 7-41 所示。单击"草图"标签中的"完成草图"按钮，退出草图环境。

图 7-39 拉伸示意图 2

图 7-40 拉伸实体 2

图 7-41 创建草图 5

（13）创建拉伸实体。单击"三维模型"选项卡"创建"面板中的"拉伸"按钮，打开"拉伸"对话框，选取上一步绘制的草图为拉伸截面轮廓，将拉伸距离设置为"12mm"，如图 7-42 所示，单击"确定"按钮，完成拉伸，如图 7-43 所示。

图 7-42　拉伸示意图 3

图 7-43　拉伸实体 3

（14）创建直孔。单击"三维模型"选项卡"修改"面板中的"孔"按钮，打开"孔"对话框。在"放置"下拉列表中选择"同心"放置方式，选择拉伸体的上表面为孔放置平面，选择拉伸体边线为同心参考，输入直径为"6mm"，设置终止方式为"贯通"，如图 7-44 所示，单击"确定"按钮，结果如图 7-45 所示。

图 7-44　创建直孔示意图

图 7-45　创建直孔

（15）创建外螺纹。单击"三维模型"选项卡"修改"面板中的"螺纹"按钮，打开"螺纹"对话框，选择图 7-46 所示的面为螺纹放置面，选中"全螺纹"复选框，单击"确定"按钮，完成螺纹创建。

图 7-46　选择放置面

（16）缝合曲面。单击"三维模型"选项卡"曲面"面板中的"缝合"按钮，打开"缝合"对话框，选择图中所有曲面，采用默认设置，如图 7-47 所示，单击"应用"按钮，结果如图 7-48 所示。单击"完毕"按钮，退出对话框。

图 7-47　设置参数 1

图 7-48　完成缝合

（17）加厚曲面。单击"三维模型"选项卡"修改"面板中的"加厚/偏移"按钮，打开"加厚/偏移"对话框，选择图中所有曲面，输入距离为"0.25mm"，如图 7-49 所示，单击"确定"按钮，结果如图 7-26 所示。

图 7-49　设置参数 2

（18）保存文件。单击"快速访问"工具栏中的"保存"按钮，打开"另存为"对话框，输入文件名为"牙膏盒.ipt"，单击"保存"按钮，保存文件。

7.1.7　修剪

修剪曲面可以删除通过"切割"命令定义的曲面区域。切割工具可以是形成闭合回路的曲面边、单个零件面、单个不相交的二维草图曲线或者工作平面。修剪曲面的操作步骤如下。

（1）单击"三维模型"选项卡"曲面"面板上的"修剪"按钮，打开"修剪曲面"对话框，如图 7-50 所示。

（2）在视图中选择作为修剪工具的几何图元，如图 7-51 所示。

图 7-50　"修剪曲面"对话框

图 7-51　选择修剪工具和删除面

（3）选择要删除的区域，要删除的区域包含与切割工具相交的任何曲面。如果要删除的区域多于要保留的区域，请选择要保留的区域，然后单击"反向选择"按钮反转选择。

（4）在对话框中单击"确定"按钮，完成曲面修剪，结果如图7-52所示。

图7-52　修剪曲面

"修剪曲面"对话框中的选项说明如下。

● 修剪工具：选择用于修剪曲面的几何图元。
● 删除：选择要删除的一个或多个区域。
● 反向选择：取消当前选定的区域并选择先前取消（或未选择）的区域。

7.1.8　实例——旋钮

绘制图7-53所示的旋钮。

图7-53　旋钮

操作步骤

（1）新建文件。单击"快速访问"工具栏中的"新建"按钮，在打开的"新建文件"对话框中"Templates"选项卡的"零件"下拉列表中选择"Standard.ipt"选项，单击"创建"按钮，新建一个零件文件。

（2）创建草图。单击"三维模型"选项卡"草图"面板中的"开始创建二维草图"按钮，选择XZ平面为草图绘制平面，进入草图绘制环境。单击"草图"选项卡"创建"面板中的"直线"按钮和"圆弧"按钮，绘制草图。单击"约束"面板中的"尺寸"按钮，标注尺寸如图7-54所示。单击"草图"标签中的"完成草图"按钮，退出草图环境。

（3）创建旋转曲面。单击"三维模型"选项卡"创建"面板中的"旋转"按钮，打开"旋转"对话框，选取图7-54所示的草图为截面轮廓，选取竖直直线段为旋转轴，如图7-55所示。单击"确定"按钮，完成旋转，如图7-56所示。

（4）创建草图。单击"三维模型"选项卡"草图"面板中的"开始创建二维草图"按钮，选择 *XY* 平面为草图绘制平面，进入草图绘制环境。单击"草图"选项卡"创建"面板中的"圆弧"按钮，绘制草图。单击"约束"面板中的"尺寸"按钮，标注尺寸如图 7-57 所示。单击"草图"标签中的"完成草图"按钮，退出草图环境。

图 7-54　绘制草图 1

图 7-55　设置参数

图 7-56　创建旋转曲面

图 7-57　绘制草图 2

（5）创建拉伸曲面。单击"三维模型"选项卡"创建"面板中的"拉伸"按钮，打开"拉伸"对话框，选取上一步绘制的草图为拉伸截面轮廓，将拉伸距离设置为"18mm"，单击"曲面"按钮，如图 7-58 所示。单击"确定"按钮，完成拉伸，结果如图 7-59 所示。

图 7-58　拉伸曲面示意图

图 7-59　拉伸曲面

（6）创建草图。单击"三维模型"选项卡"草图"面板中的"开始创建二维草图"按钮，选择 *YZ* 平面为草图绘制平面，进入草图绘制环境。单击"草图"选项卡"创建"面板中的 "圆弧"按钮，绘制草图。单击"约束"面板中的"尺寸"按钮，标注尺寸如图 7-60 所示。单击"草图"标签中的"完成草图"按钮，退出草图环境。

（7）创建拉伸曲面。单击"三维模型"选项卡"创建"面板中的"拉伸"按钮，打开"拉伸"对话框，选取上一步创建的草图为拉伸截面轮廓，将拉伸距离设置为"18mm"，单击"对称"按钮，单击"曲面"按钮，如图 7-61 所示。单击"确定"按钮，完成拉伸。

图 7-60　绘制草图 3

图 7-61　拉伸示意图

（8）修剪曲面 1。单击"三维模型"选项卡"曲面"面板中的"修剪"按钮，打开"修剪曲面"对话框，选择图 7-62 所示的修剪工具和删除面，单击"确定"按钮；重复"修剪曲面"命令，选择图 7-63 所示的修剪工具和删除面，结果如图 7-63c 所示。

图 7-62　修剪示意图 1

图 7-63　修剪示意图 2

（9）缝合曲面。单击"三维模型"选项卡"曲面"面板中的"缝合"按钮，打开"缝合"对话框，选择所有曲面，采用默认设置，单击"应用"按钮，单击"完毕"按钮，退出对话框。

（10）加厚曲面。单击"三维模型"选项卡"修改"面板中的"加厚/偏移"按钮，打开"加厚/偏移"对话框，选择"缝合曲面"选项，选择缝合曲面，输入距离为"1mm"，单击方向2按钮，如图7-64所示。单击"确定"按钮，结果如图7-65所示。

图7-64 "加厚/偏移"对话框

图7-65 加厚曲面

（11）圆角处理。单击"三维模型"选项卡"修改"面板中的"圆角"按钮，打开"圆角"对话框，输入半径为"2mm"，选择图7-66所示的边线1，单击"应用"按钮；选择图7-67所示的边线2，输入半径为"1mm"，单击"确定"按钮。最终结果如图7-53所示。

图7-66 选择边线1

图7-67 选择边线2

（12）保存文件。单击"快速访问"工具栏中的"保存"按钮，打开"另存为"对话框，输入文件名为"旋钮.ipt"，单击"保存"按钮，保存文件。

7.1.9 替换面

用不同的面替换一个或多个零件面，零件必须与新面完全相交。替换面的操作步骤如下。

（1）单击"三维模型"选项卡"曲面"面板上的"替换面"按钮，打开"替换面"对话框，如图7-68所示。

图7-68 "替换面"对话框

（2）在视图中选择一个或多个要替换的零件面，如图 7-69 所示。

（3）单击"新建面"按钮，选择曲面、缝合曲面、一个或多个工作平面作为新建面。

（4）在对话框中单击"确定"按钮，完成替换面，结果如图 7-70 所示。

图 7-69　选择要替换的面

图 7-70　替换面

"替换面"对话框中的选项说明如下。

● 现有面：选择要替换的单个面、相邻面的集合或不相邻面的集合。

● 新建面：选择用于替换现有面的曲面、缝合曲面、一个或多个工作平面，零件将延伸以与新面相交。

● 自动链选面：自动选择与选定面连续相切的所有面。

技巧：

是否可以将工作平面用作替换面？

可以创建并选择一个或多个工作平面，以生成平面替换面。工作平面与选定曲面的行为相似，但范围不同。无论图形显示为何，工作平面范围均为无限大。

编辑替换面特征时，如果从选择的单个工作平面更改为选择的替代单个工作平面，可保留从属特征。如果在选择的单个工作平面和多个工作平面（或替代多个工作平面）之间更改，则不会保留从属特征。

7.1.10　灌注

根据选定的曲面几何图元，从实体模型或曲面特征添加或删除材料。灌注的操作步骤如下。

（1）单击"三维模型"选项卡"曲面"面板上的"灌注"按钮，打开"灌注"对话框，如图 7-71 所示。

（2）单击"曲面"按钮，在图形区域中选择形成区域边界的一个或多个曲面或工作平面进行添加，如图 7-72 所示。

（3）如果文件中存在一个以上的实体，可以单击"实体"按钮来选择参与体。

（4）在对话框中单击"确定"按钮，完成灌注，结果

图 7-71　"灌注"对话框

如图 7-73 所示。

选择曲面

选择平面

图 7-72　选择曲面和平面

图 7-73　灌注

"灌注"对话框中的选项说明如下。

● 添加▣：根据选定的几何图元，将材料添加到实体或曲面。

● 删除▣：根据选定的几何图元，将材料从实体或曲面中删除。

● 新建实体▣：如果灌注是零件文件中的第一个实体特征，则该选项为默认选择，选择该选项可在包含实体的零件文件中创建新实体。

● 曲面：选择单独的曲面或工作平面作为灌注操作的边界几何图元。

7.1.11　删除面

删除零件面、体块或中空体。删除面的操作步骤如下。

（1）单击"三维模型"选项卡"修改"面板上的"删除面"按钮▣ₓ，打开"删除面"对话框，如图 7-74 所示。

（2）选择删除类型。

（3）在视图中选择一个或多个要删除的面，如图 7-75 所示。

（4）在对话框中单击"确定"按钮，完成删除面操作，如图 7-76 所示。

图 7-74　"删除面"对话框

选择要删除的面

图 7-75　选择删除面

图 7-76　删除面

"删除面"对话框中的选项说明如下。

● 面：根据选择的是单个面或体块，选择一个或多个要删除的面。

● 选择单个面 : 指定要删除的一个或多个独立面。

● 选择体块或中空体 : 指定要删除体块的所有面。

● 修复: 删除单个面后, 尝试通过延伸相邻面直至相交来修复间隙。

> **技巧:**
>
> "删除面" 与 "删除" 命令的区别:
>
> 删除是按〈Delete〉键从零件中删除选定的几何图元, 仅当立即执行 "撤销" 命令时才能对其进行检索。无法使用〈Delete〉键删除单个面。
>
> "删除面" 命令创建删除面特征, 并在浏览器装配层次中放置一个图标。此操作自动将零件转换为曲面, 并用曲面图标替换浏览器顶部的零件图标。与其他任何特征相同, 可以使用 "编辑特征" 命令对其进行修改。

7.2 自由造型

基本自由造型形状有 5 个, 包括长方体、圆柱体、球体、圆环体和四边形球, 系统还提供了多个工具来编辑造型, 连接多个实体以及与现有几何图元进行匹配, 通过添加三维模型特征可以合并或生成自由造型实体。

7.2.1 长方体

在工作平面或平面上创建矩形实体。创建自由造型长方体的操作步骤如下。

(1) 单击 "三维模型" 选项卡 "自由造型" 面板上的 "长方体" 按钮 , 打开 "长方体" 对话框, 如图 7-77 所示。

(2) 在视图中选择工作平面、平面或二维草图。

(3) 在视图中单击以指定长方体的基准点。

(4) 在对话框中更改长度、宽度和高度值, 或直接拖动箭头调整形状, 如图 7-78 所示。

图 7-77 "长方体" 对话框

图 7-78 调整形状

(5) 在对话框中还可以设置长方体的面数等参数, 单击 "确定" 按钮完成操作。

"长方体" 对话框中的选项说明如下。

(1) 长度/宽度/高度: 指定长度/宽度/高度方向上的距离。

（2）长度/宽度/高度方向上的面数：指定长度/宽度/高度方向上的面数。

（3）高度方向：指定是在一个方向还是两个方向上应用高度值。

（4）长度/宽度/高度对称：选中此复选框，使长方体在长度/宽度/高度上对称。

7.2.2 圆柱体

创建自由造型圆柱体的操作步骤如下。

（1）单击"三维模型"选项卡"自由造型"面板上的"圆柱体"按钮，打开"圆柱体"对话框，如图7-79所示。

（2）在视图中选择工作平面、平面或二维草图。

（3）在视图中单击以指定圆柱体的基准点。

（4）在对话框中更改半径和高度值，或直接拖动箭头调整圆柱体形状，如图7-80所示。

图7-79 "圆柱体"对话框

图7-80 调整形状

（5）在对话框中还可以设置圆柱体的面数等参数，单击"确定"按钮完成操作。

"圆柱体"对话框中的选项说明如下。

（1）半径：指定圆柱体的半径。

（2）半径面数：指定围绕圆柱体的面数。

（3）高度：指定高度方向上的距离。

（4）高度面数：指定高度方向上的面数。

（5）高度方向：指定是在一个方向还是两个方向上应用高度值。

（6）X/Y轴对称：选中此复选框，圆柱体沿轴线对称。

（7）Z轴对称：选中此复选框，围绕圆柱体中心的边对称。

7.2.3 球体

创建自由造型球体的操作步骤如下。

（1）单击"三维模型"选项卡"自由造型"面板上的"球体"按钮，打开"球体"对话框，如图7-81所示。

（2）在视图中选择工作平面、平面或二维草图。

（3）在视图中单击以指定球体的中心点。

（4）在对话框中更改半径，或直接拖动箭头调整球体的半径，如图7-82所示。

图 7-81 "球体"对话框

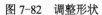

图 7-82 调整形状

（5）在对话框中还可以设置球体的经线和纬线等参数，单击"确定"按钮完成操作。

"球体"对话框中的选项说明如下。

（1）半径：指定球体的半径。

（2）经线面数：指定围绕球体的面数。

（3）纬线面数：指定向上或向下的面数。

（4）X/Y轴对称：选中此复选框，球体沿轴线对称。

（5）Z轴对称：选中此复选框，围绕球体中心的边对称。

7.2.4 圆环体

创建自由造型圆环体的操作步骤如下。

（1）单击"三维模型"选项卡"自由造型"面板上的"圆环体"按钮◉，打开"圆环体"对话框，如图 7-83 所示。

（2）在视图中选择工作平面、平面或二维草图。

（3）在视图中单击以指定圆环体的中心点。

（4）在对话框中更改半径和圆环，或直接拖动箭头调整圆环体的半径，如图 7-84 所示。

图 7-83 "圆环体"对话框

图 7-84 调整形状

（5）在对话框中还可以设置圆环体的参数，单击"确定"按钮完成操作。

"圆环体"对话框中的选项说明如下。

（1）半径：指定圆环体内圆的半径。

（2）半径面数：指定围绕圆环体的面数。

（3）环：指定圆环体环形截面的半径。

（4）环上的面数：指定圆环体环上的面数。

（5）X/Y轴对称：选中此复选框，对圆环体的一半启用对称。

（6）Z轴对称：选中此复选框，对圆环体的顶部和底部启用对称。

7.2.5 四边形球体

创建自由造型四边形球体的操作步骤如下。

（1）单击"三维模型"选项卡"自由造型"面板上的"四边形球"按钮，打开"四边形球"对话框，如图7-85所示。

（2）在视图中选择工作平面、平面或二维草图。

（3）在视图中单击以指定四边形球的中心点。

（4）在对话框中更改半径，或直接拖动箭头调整半径，如图7-86所示。

图7-85 "四边形球"对话框

图7-86 调整形状

（5）在对话框中还可以设置四边形球体的参数，单击"确定"按钮完成操作。

"四边形球"对话框中的选项说明如下。

（1）半径：指定四边形球的半径。

（2）跨度面：指定跨度边上的面数。

（3）X/Y/Z轴对称：选中此复选框，围绕四边形球启用对称。

7.2.6 编辑形状

编辑形状的操作步骤如下。

（1）单击"三维模型"选项卡"自由造型"面板上的"编辑形状"按钮，打开"编辑形状"对话框，如图7-87所示。

（2）在视图中选择面、边或点，然后使用操纵器调整所需的形状。

（3）在对话框中还可以设置参数，单击"确定"按钮完成操作。

"编辑形状"对话框中的部分选项说明如下。

（1）选择：指定可供选择的几何图元类型。

● 点：仅点可供选择，点将会显示在模型上。

图7-87 "编辑形状"对话框

- 边：仅边可供选择。
- 面：仅面可供选择。
- 全部：点、边和面可供选择。
- 实体：仅实体可供选择。

（2）回路：选择边或面的回路。

（3）变换模式：控制图形窗口中可用的操纵器类型。

- 全部：所有的控制器都可用。
- 平动：只有平动操纵器可用。
- 转动：只有转动操纵器可用。
- 比例缩放：仅缩放操纵器可用。

（4）空间：控制操纵器的方向。

- 世界：使用模型原点调整操纵器方向。
- 视图：相对于模型的当前视图调整操纵器方向。
- 局部：相对于选定对象调整操纵器方向。

（5）定位：将空间坐标轴重新定位到新位置。

（6）显示：在块状和平滑显示模式之间切换。

7.2.7 细分自由造型面

细分自由造型面的操作步骤如下。

（1）单击"三维模型"选项卡"自由造型"面板上的"细分"按钮，打开"细分"对话框，如图7-88所示。

（2）在视图中选择一个面或按住〈Ctrl〉键添加多个面。

（3）根据需要修改面的值，指定模式。

（4）在对话框中单击"确定"按钮完成操作。

"细分"对话框中的选项说明如下。

（1）面：允许选择面进行细分。

（2）模式。

图7-88 "细分"对话框

- 简单：仅添加指定的面数。
- 准确：添加其他面到相邻区域以保留当前的形状。

7.2.8 桥接自由造型面

桥接可以在自由造型模型中连接实体或创建孔，操作步骤如下。

（1）单击"三维模型"选项卡"自由造型"面板上的"桥接"按钮，打开"桥接"对话框，如图7-89所示。

（2）在视图中选择桥接起始面。

（3）在视图中选择桥接终止面。

图7-89 "桥接"对话框

（4）单击"反转"按钮使围绕回路反转方向，或者可以选择箭头附件的一条边以反转方向。

（5）在对话框中单击"确定"按钮完成操作。

"桥接"对话框中的选项说明如下。

● 侧面1：选择一组面作为起始面。

● 侧面2：选择另一组面作为终止面。

● 扭曲：指定侧面1和侧面2之间桥接的完整旋转数量。

● 面：指定侧面1和侧面2之间创建的面数。

7.2.9 删除

删除可以用来优化模型，以获得所需的形状，操作步骤如下。

（1）单击"三维模型"选项卡"自由造型"面板上的"删除"按钮，打开"删除"对话框，如图7-90所示。

（2）在视图中选择要删除的对象。

（3）在对话框中单击"确定"按钮完成操作。

图7-90　"删除"对话框

7.3　综合实例——塑料焊接器

绘制图7-91所示的塑料焊接器。

操作步骤

（1）新建文件。单击"快速访问"工具栏中的"新建"按钮，在打开的"新建文件"对话框中"Templates"选项卡的"零件"下拉列表中选择"Standard.ipt"选项，单击"创建"按钮，新建一个零件文件。

（2）创建草图1。单击"三维模型"选项卡"草图"面板中的"开始创建二维草图"按钮，选择 XZ 平面为草图绘制平面，进入草图绘制环境。利用草图绘制命令，绘制草图。单击"约束"面板中的"尺寸"按钮，标注尺寸如图7-92所示。单击"草图"标签中的"完成草图"按钮，退出草图环境。

图7-91　塑料焊接器

图7-92　绘制草图1

（3）创建旋转曲面。单击"三维模型"选项卡"创建"面板中的"旋转"按钮，打开"旋转"对话框，由于草图中只有图7-92所示的一个截面轮廓，所以自动被选取为旋转截面轮廓，选取水平直线段为旋转轴，设置旋转范围为"角度"，输入角度为"180 deg"，如

图 7-93 所示。单击"确定"按钮，完成旋转，如图 7-94 所示。

图 7-93　旋转示意图　　　　　　　　　　　图 7-94　旋转曲面

（4）创建草图 2。单击"三维模型"选项卡"草图"面板中的"开始创建二维草图"按钮，选择 *XZ* 平面为草图绘制平面，进入草图绘制环境。单击"草图"选项卡"创建"面板中的"直线"按钮，绘制草图。单击"约束"面板中的"尺寸"按钮，标注尺寸如图 7-95 所示。单击"草图"标签中的"完成草图"按钮，退出草图环境。

（5）创建草图 3。单击"三维模型"选项卡"草图"面板中的"开始创建二维草图"按钮，选择 *XZ* 平面为草图绘制平面，进入草图绘制环境。单击"草图"选项卡"创建"面板中的"样条曲线"按钮，绘制草图。单击"约束"面板中的"尺寸"按钮，标注尺寸如图 7-96 所示。单击"草图"标签中的"完成草图"按钮，退出草图环境。

图 7-95　绘制草图 2　　　　　　　　　　　图 7-96　绘制草图 3

（6）创建草图 4。单击"三维模型"选项卡"草图"面板中的"开始创建二维草图"按钮，选择 *YZ* 平面为草图绘制平面，进入草图绘制环境。单击"草图"选项卡"创建"面板中的"圆弧"按钮，绘制草图，如图 7-97 所示。单击"草图"标签中的"完成草图"按钮，退出草图环境。

图 7-97　绘制草图 4

（7）创建工作平面 1。单击"三维模型"选项卡"定位特征"面板中的"平行于平面且通过点"按钮，选取浏览器中"原点"文件夹下的 *YZ* 平面，选择竖直线的端点。单击"确定"按钮，完成工作平面1的创建，如图 7-98 所示。

图 7-98　创建工作平面 1

（8）创建草图 5。单击"三维模型"选项卡"草图"面板中的"开始创建二维草图"按钮，选择 *YZ* 平面为草图绘制平面，进入草图绘制环境。单击"草图"选项卡"创建"面板中的"圆弧"按钮，绘制草图，如图 7-99 所示。单击"草图"标签上的"完成草图"按钮，退出草图环境。

图 7-99　绘制草图 5

（9）创建放样曲面。单击"三维模型"选项卡"创建"面板中的"放样"按钮，打开"放样"对话框，选取前面绘制的直线和样条曲线为截面，选取两个圆弧为轨道，输出类型为"曲面"，在"条件"选项卡中设置方向为"方向条件"，如图 7-100 所示。单击"确定"按钮，完成放样，如图 7-101 所示。

图 7-100　"放样"对话框

图 7-101　放样曲面

（10）修剪曲面。单击"三维模型"选项卡"曲面"面板中的"修剪"按钮，打开"修剪曲面"对话框，选择图 7-102 所示的修剪工具和删除面 1，单击"确定"按钮。重复"修剪曲面"命令，选择图 7-103 所示的修剪工具和删除面 2，结果如图 7-104 所示。

图 7-102　选择修剪工具和删除面 1　　　　图 7-103　选择修剪工具和删除面 2

（11）创建草图 6。单击"三维模型"选项卡"草图"面板中的"开始创建二维草图"按钮🗐，选择工作平面 1 为草图绘制平面，进入草图绘制环境。单击"草图"选项卡"创建"面板中的"投影几何图元"按钮🗇和"直线"按钮✏，绘制草图，如图 7-105 所示。单击"草图"标签中的"完成草图"按钮✔，退出草图环境。

图 7-104　修剪面　　　　　　　　　　图 7-105　绘制草图 6

（12）创建边界嵌片。单击"三维模型"选项卡"曲面"面板中的"边界嵌片"按钮🔲，打开"边界嵌片"对话框，选择上一步绘制的草图作为边界草图，如图 7-106 所示，单击"确定"按钮，结果如图 7-107 所示。

图 7-106　"边界嵌片"对话框　　　　图 7-107　创建边界曲面

（13）创建工作平面 2。单击"三维模型"选项卡"定位特征"面板中的"从平面偏移"按钮，选取 *XY* 平面为参考平面，输入距离为"–50"。单击"确定"按钮，完成工作平面 2 的创建，如图 7-108 所示。

（14）创建草图 7。单击"三维模型"选项卡"草图"面板中的"开始创建二维草图"按钮，选择上一步创建的工作平面为草图绘制平面，进入草图绘制环境。单击"草图"选项卡"创建"面板中的"两点矩形"按钮，绘制草图。单击"约束"面板中的"尺寸"按钮，标注尺寸如图 7-109 所示。单击"草图"标签中的"完成草图"按钮，退出草图环境。

图 7-108 创建工作平面 2

图 7-109 绘制草图 7

（15）创建拉伸曲面，单击"三维模型"选项卡"创建"面板中的"拉伸"按钮，打开"拉伸"对话框，选取上一步绘制的草图为拉伸截面轮廓，将拉伸距离设置为"40mm"，如图 7-110 所示。单击"确定"按钮，完成拉伸，如图 7-111 所示。

图 7-110 拉伸示意图 1

图 7-111 拉伸曲面 1

（16）修剪曲面。单击"三维模型"选项卡"曲面"面板中的"修剪"按钮，打开"修剪曲面"对话框，选择图 7-112 所示的修剪工具和删除面，单击"确定"按钮。

（17）删除面。单击"三维模型"选项卡"修改"面板下的"删除面"按钮，打开"删除面"对话框，选取第（15）步创建的拉伸曲面，单击"确定"按钮，隐藏拉伸曲面、工作平面 1 和工作平面 2，结果如图 7-113 所示。

图 7-112　修剪示意图 1

图 7-113　删除面 1

（18）缝合曲面。单击"三维模型"选项卡"曲面"面板中的"缝合"按钮，打开"缝合"对话框，选择图中所有曲面，采用默认设置，如图 7-114 所示，单击"应用"按钮，结果如图 7-115 所示。单击"完毕"按钮，退出对话框。

（19）圆角处理。单击"三维模型"选项卡"修改"面板中的"圆角"按钮，打开"圆角"对话框，输入半径为"10"，选择图 7-115 所示的边线，单击"应用"按钮；选择图 7-116 所示的边线，输入半径为"5"，单击"确定"按钮。

图 7-114　"缝合"对话框

图 7-115　选取边线 1

图 7-116　选取边线 2

（20）创建草图 8。单击"三维模型"选项卡"草图"面板中的"开始创建二维草图"按钮，选择 XZ 平面为草图绘制平面，进入草图绘制环境。单击"草图"选项卡"创建"面板中的"两点矩形"按钮，绘制草图。单击"约束"面板中的"尺寸"按钮，标注尺寸如图 7-117 所示。单击"草图"标签中的"完成草图"按钮，退出草图环境。

图 7-117　创建草图 8

（21）创建拉伸曲面。单击"三维模型"选项卡"创建"面板中的"拉伸"按钮，打开"拉伸"对话框，选取上一步绘制的草图为拉伸截面轮廓，将拉伸距离设置为"60mm"，如图 7-118 所示。单击"确定"按钮，完成拉伸。

（22）共享草图。选择上一步拉伸曲面的草图，单击鼠标右键，在打开的快捷菜单中选择"共享草图"选项，如图 7-119 所示，使草图共享。

（23）拉伸曲面。同步骤（21），将草图中的矩形分别拉伸为曲面，拉伸距离为"60"，结果如图 7-120 所示。

图 7-118　拉伸示意图 2　　　　图 7-119　打开菜单　　　　图 7-120　拉伸曲面 2

（24）修剪曲面。单击"三维模型"选项卡"曲面"面板中的"修剪"按钮，打开"修剪曲面"对话框，选择图 7-121 所示的修剪工具和删除面，单击"确定"按钮。重复"修剪曲面"命令，选择拉伸曲面为修剪工具，选择基体面为删除面，完成曲面修剪，如图 7-122 所示。

图 7-121　修剪示意图 2　　　　　　　　　图 7-122　修剪曲面

（25）删除面。单击"三维模型"选项卡"修改"面板中的"删除面"按钮，打开"删除面"对话框，选取第（23）步创建的拉伸曲面，单击"确定"按钮，删除多余的曲面，隐藏共享草图，如图 7-123 所示。

（26）镜像曲面。单击"三维模型"选项卡"阵列"面板中的"镜像"按钮，打开

"镜像"对话框，选择第（21）和（23）步创建的拉伸曲面为镜像特征，选择 *YZ* 平面为镜像平面，单击"确定"按钮。

（27）修剪和删除曲面。重复步骤（24）和（25），修剪和删除多余的曲面，结果如图 7-124 所示。

图 7-123 删除面 2

图 7-124 修剪和删除多余曲面

（28）加厚曲面。单击"三维模型"选项卡"曲面"面板中的"加厚"按钮 ，打开"加厚/偏移"对话框，选择"缝合曲面"选项，选择图中所有曲面，输入距离为"1mm"，如图 7-125 所示，单击"确定"按钮，结果如图 7-126 所示。

（29）镜像曲面。单击"三维模型"选项卡"阵列"面板中的"镜像"按钮，打开"镜像"对话框，单击"镜像实体"按钮，系统自动选择视图中的实体，选择 *XZ* 平面为镜像平面，单击"确定"按钮，隐藏所有曲面，结果如图 7-91 所示。

图 7-125 "加厚/偏移"对话框

图 7-126 加厚曲面

（30）保存文件。单击"快速访问"工具栏中的"保存"按钮，打开"另存为"对话框，输入文件名为"塑料焊接器.ipt"，单击"保存"按钮，保存文件。

第8章 部件装配

 知识导引

Inventor 提供将单独的零件或者子部件装配成为部件的功能，本章将讲述部件装配的方法和过程。

8.1 Inventor 的装配概述

在 Inventor 中，可以将现有的零件或者部件按照一定的装配约束条件装配成一个完整的部件，同时这个部件也可以作为子部件装配到其他的部件中，最后零件和子部件构成一个符合设计构想的整体部件。

按照通常的设计思路，设计者和工程师首先创建布局，然后设计零件，最后把所有零件组装为部件，这种方法称为自下而上的设计方法。使用 Inventor，创建部件时可以在位创建零件或者放置现有零件，从而使设计过程更加简单有效，称为自上而下的设计方法。这种自上而下的设计方法的优点如下。

（1）这种以部件为中心的设计方法支持自上而下、自下而上和混合的设计策略。Inventor 可以在设计过程中的任何环节创建部件，而不是在最后才创建部件。

（2）如果用户正在做一个全新的设计方案，可以从一个空的部件开始，然后在具体设计时创建零件。

（3）如果要修改部件，可以在位创建新零件，以使它们与现有的零件配合。对外部零部件所做的更改将自动反映到部件模型和用于说明它们的工程图中。

在 Inventor 中，可以自由地使用自下而上的设计方法、自上而下的设计方法以及二者同时使用的混合设计方法。下面分别简要介绍。

1. 自下而上的设计方法

对于从零件到部件的设计方法，也就是自下而上的部件设计方法，在进行设计时，需要向部件文件中放置现有的零件和子部件，并通过应用装配约束（如配合和表面齐平约束）将其定位。如果可能，应按照制造过程中的装配顺序放置零部件，除非零部件在它们的零件文件中是以自适应特征创建的，否则它们就有可能无法满足部件设计的要求。

在 Inventor 中，可以在部件中放置零件，然后在部件环境中使零件具有自适应功能。当零件的特征被约束到其他的零部件时，在当前设计中零件将自动调整本身大小以适应装配尺寸。如果希望所有欠约束的特征在被装配约束定位时能够自适应，可以将子部件指定为自适应。如果子部件中的零件被约束到固定几何图元，它的特征将根据需要调整大小。

2．自上而下的设计方法

对于从部件到零件的设计方法，也就是自上而下的部件设计方法，用户在进行设计时，会遵循一定的设计标准并创建满足这些标准的零部件。设计者列出已知的参数，并且会创建一个工程布局（贯穿并推进整个设计过程的二维设计）。布局可能包含一些关联项目，例如，部件靠立的墙和底板、从部件设计中传入或接受输出的机械以及其他固定数据。布局中也可以包含其他标准，如机械特征。可以在零件文件中绘制布局，然后将它放置到部件文件中。在设计进程中，草图将不断地生成特征。最终的部件是专门设计用来解决当前设计问题的相关零件的集合体。

3．混合设计方法

混合部件设计的方法结合了自下而上的设计策略和自上而下的设计策略的优点。在这种设计思路下，可以知道某些需求，也可以使用一些标准零部件，最终产生满足特定目的的新设计。通常，从一些现有的零部件开始设计所需的其他零件，首先分析设计意图，接着插入或创建固定（基础）零部件。设计部件时，可以添加现有的零部件，或根据需要在位创建新的零部件。这样部件的设计过程就会十分灵活，可以根据具体的情况，选择自下而上或自上而下的设计方法。

8.2 装配工作区环境

在进行部件装配前首先得进入装配环境，并对装配环境进行配置。

8.2.1 进入装配环境

（1）单击"快速入门"选项卡"启动"面板中的"新建"按钮，打开"新建文件"对话框，在对话框中选择"Standard.iam"模板，如图 8-1 所示。

图 8-1 "新建文件"对话框

（2）单击"创建"按钮，进入装配环境，如图 8-2 所示。

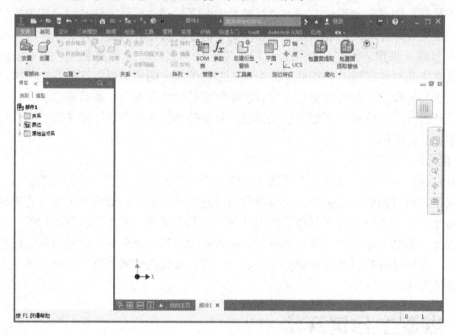

图 8-2　装配环境

8.2.2　配置装配环境

单击"工具"选项卡"选项"面板上的"应用程序选项"按钮，打开"应用程序选项"对话框，在对话框中选择"部件"选项卡，如图 8-3 所示。

图 8-3　"部件"选项卡

"部件"选项卡中的选项说明如下。

（1）延时更新：利用该选项在编辑零部件时设置更新零部件的优先级。选中该选项则延迟部件更新，直到单击了该部件文件的"更新"按钮为止，清除该选项则在编辑零部件后自动更新部件。

（2）删除零部件阵列源：该选项设置删除阵列元素时的默认状态。选中该选项则在删除阵列时删除源零部件，清除该选项则在删除阵列时保留源零部件引用。

（3）启用关系冗余分析：该选项用于指定 Inventor 是否检查所有装配零部件，以进行自适应调整，默认设置为未选中。如果该选项未选中，则 Inventor 将跳过辅助检查，辅助检查通常会检查是否有冗余约束并检查所有零部件的自由度。系统仅在显示自由度符号时才会更新自由度检查。选中该选项后，Autodesk Inventor 将执行辅助检查，并在发现冗余约束时通知用户。即使没有显示自由度，系统也将对其进行更新。

（4）特征的初始状态为自适应：控制新创建的零件特征是否可以自动设为自适应。

（5）剖切所有零件：控制是否剖切部件中的零件。子零件的剖视图方式与父零件相同。

（6）使用上一引用方向放置零部件：控制放置在部件中的零部件是否继承与上一个引用的浏览器中的零部件相同的方向。

（7）关系音频通知：选择此复选框以在创建约束时播放提示音，清除此复选框选择则关闭声音。

（8）在关系名称后显示零部件名称：是否在浏览器中的约束后附加零部件实例名称。

（9）"在位特征"选项组：当在部件中创建在位零件时，可以通过设置该选项来控制在位特征。

- 配合平面：选中此复选框，则设置构造特征得到所需的大小并使之与平面配合，但不允许它调整。
- 自适应特征：选中此复选框，则当其构造的基础平面改变时，自动调整在位特征的大小或位置。
- 在位造型时启用关联的边/回路几何图元投影：选中此复选框，则当部件中新建零件的特征时，将所选的几何图元从一个零件投影到另一个零件的草图来创建参考草图。投影的几何图元是关联的，并且会在父零件改变时更新。投影的几何图元可以用来创建草图特征。
- 在位造型时启用关联草图几何图元投影：当在部件中创建或编辑零件时，可以将其他零件中的草图几何图元投影到激活的零件上。选中此复选框，投影的几何图元与原始几何图元是关联的，并且会随原始几何图元的更改而更新，包含草图的零件将自动设置为自适应。

（10）"零部件不透明性"选项组：该选项组用来设置当显示部件截面时，哪些零部件以不透明的样式显示。

- 全部：选择此选项，则所有的零部件都以不透明样式显示（当显示模式为着色或带显示边着色时）。
- 仅激活零部件：选择此选项则以不透明样式显示激活的零件，强调激活的零件，暗显未激活的零件。

（11）"缩放目标以便放置具有 iMate 的零部件"下拉列表：该下拉列表设置当使用 iMate 放置零部件时，图形窗口的默认缩放方式。

- 无：选择此选项，则使视图保持原样，不执行任何缩放。

● 装入的零部件：选择此选项将放大放置的零件，使其填充图形窗口。
● 全部：选择此选项则缩放部件，使模型中的所有元素适合图形窗口。

8.3 零部件基础操作

本节讲述如何在部件环境中装入、替换、旋转和移动、阵列零部件等基本的操作技巧，这些是在部件环境中进行设计的必要技能。

8.3.1 添加零部件

将已有的零部件装入部件装配环境，是利用已有零部件创建装配体的第一步，体现了自下而上的设计步骤。

（1）单击"装配"选项卡"零部件"面板上的"放置"按钮，打开"装入零部件"对话框，如图8-4所示。

图8-4 "装入零部件"对话框

（2）在对话框中选择要装配的零件，然后单击"打开"按钮，再单击将零件放置视图中，如图8-5所示。

（3）继续放置零件，单击鼠标右键，在弹出的快捷菜单中选择"确定"选项，如图8-6所示，完成零件的放置。

图8-5 放置零件

图8-6 选择"确定"选项

技巧：

　　如果在快捷菜单中选择"在原点处固定放置"选项，零部件的原点及坐标轴与部件的原点及坐标轴完全重合。要恢复零部件的自由度，可以在图形窗口或浏览器中的零部件上单击鼠标右键，在打开的图 8-7 所示的快捷菜单中取消"固定"选项的选择。

图 8-7　取消"固定"选项

8.3.2　创建零部件

　　在位创建零件就是在部件文件环境中新建零件，新建的零件是一个独立的零件。在位创建零件时需要设置创建零件的文件名和位置，以及使用的模板等。

　　创建在位零件与插入先前创建的零件文件结果相同，而且可以方便地在零部件面（或部件工作平面）上绘制草图和在特征草图中包含其他零部件的几何图元。当创建的零件约束到部件中的固定几何图元时，可以关联包含了其他零件的几何图元，并把零件指定为自适应以允许新零件改变大小。用户还可以在其他零件的面上开始和终止拉伸特征。默认情况下，这种方法创建的特征是自适应的。另外，还可以在部件中创建草图和特征，但它们不是零件，而是包含在部件文件（.iam）中。创建在位零部件的步骤如下。

　　（1）单击"装配"选项卡"零部件"面板上的"创建"按钮，打开"创建在位零部件"对话框，如图 8-8 所示。

　　（2）在对话框中设置新零部件的名称及位置，单击"确定"按钮。

　　（3）在视图或浏览器中选择草图平面创建基础特征。

　　（4）进入造型环境，创建特征完成零件的位置设置，单击鼠标右键，在打开的快捷菜单中选择"完成编辑"选项，如图 8-9 所示，返回到装配环境中。

图 8-8　"创建在位零部件"对话框

图 8-9　选择"完成编辑"选项

对话框中的选项"将草图平面约束到选定的面或平面"：表示在所选零件面和草图平面之间创建配合约束。如果新零部件是部件中的第一个零部件，则该选项不可用。

注意：

当在位创建零部件时，可以执行以下操作步骤。

（1）在某一部件基准平面上绘制草图。

（2）在空白空间中单击以将草图平面设定为当前照相机平面。

（3）将草图约束到现有零部件的面上。

（4）当一个零部件处于激活状态时，部件的其他部分将在浏览器和图形窗口中暗显，一次只能激活一个零部件。

如果在位零部件的草图截面轮廓使用部件中其他零部件的投影回路，它将与投影零部件关联约束。

8.3.3　替换零部件

替换零部件的操作步骤如下。

（1）单击"装配"选项卡"零部件"面板上的"替换"按钮，选择要替换的零部件。

（2）打开"装入零部件"对话框，选择替换零部件，如图 8-10 所示，单击"打开"按钮，完成零部件替换。

技巧：

如果替换零部件具有与原始零部件不同的形状，系统弹出图 8-11 所示的"关系可能丢失"对话框，单击"确定"按钮，原始零部件的所有装配约束都将丢失，必须添加新的装配约束以正确定位零部件。如果装入的零件为原始零件的继承零件（包含编辑内容的零件副本），则替换时约束就不会丢失。

图 8-10 "装入零部件"对话框

图 8-11 "关系可能丢失"对话框

8.3.4 移动零部件

约束零部件时，可能需要暂时移动或旋转约束的零部件，以便更好地查看其他零部件或定位某个零部件以便放置约束。移动零部件的步骤如下。

（1）单击"装配"选项卡"位置"面板上的"自由移动"按钮 ⊕。

（2）在视图中选择零部件，并将其拖动到新位置，释放鼠标放下零部件，如图 8-12 所示。

（3）确认放置位置后，单击鼠标右键，在弹出的快捷菜单中选择"确定"选项，如图 8-13 所示，完成零部件的移动。

图 8-12 拖动零件　　　　　　　图 8-13 选择"确定"选项

以下准则适用于所移动的零部件。

（1）没有关系的零部件仍保留在新位置，直到将其约束或与另一个零部件连接。

（2）打开自由度的零部件将调整位置以满足关系。

（3）当更新部件时，零部件将捕捉回由其与其他零部件之间的关系所定义的位置。

8.3.5　旋转零部件

旋转零部件的步骤如下。

（1）单击"装配"选项卡内"位置"面板上的"自由旋转"按钮，在视图中选择要旋转的零部件。

（2）显示三维旋转符号，如图 8-14 所示。

1）要进行自由旋转，请在三维旋转符号内单击鼠标，并拖动到要查看的方向。

2）要围绕水平轴旋转，可以单击三维旋转符号的顶部或底部控制点并竖直拖动。

3）要围绕竖直轴旋转，可以单击三维旋转符号的左边或右边控制点并水平拖动。

4）要平行于屏幕旋转，可以在三维旋转符号的边缘上移动，直到符号变为圆，然后单击边框并在环形方向拖动。

5）要改变旋转中心，可以在边缘内部或外部单击鼠标以设置新的旋转中心。

（3）拖动零部件到适当位置，释放鼠标，在旋转位置放下零部件，如图 8-15 所示。

图 8-14　显示三维旋转符号　　　　　　　　　　图 8-15　旋转零部件

8.4　约束零部件

本节主要关注如何正确地使用装配约束来装配零部件。

除了添加装配约束以组合零部件以外，Inventor 还可以添加运动约束以驱动部件的转动部分转动，方便进行部件运动动态的观察，甚至可以录制部件运动的动画视频文件；还可以添加过渡约束，使得零部件之间的某些曲面始终保持一定的关系。

在部件文件中装入或创建零部件后，可以使用装配约束定义部件中的零部件的方向并模拟零部件之间的机械关系。例如，可以使两个平面配合，将两个零件上的圆柱特征指定为保持同心关系，或约束一个零部件上的球面，使其与另一个零部件上的平面保持相切关系。装配约束决定了部件中的零部件如何配合在一起，当应用了约束，就删除了自由度，限制了零部件移动的方式。

装配约束不仅仅是将零部件组合在一起，正确应用装配约束还可以为 Inventor 提供执行干涉检查、冲突和接触状态及分析以及质量特性计算所需的信息。当正确应用约束时，可以驱动基本约束的值并查看部件中零部件的移动。

8.4.1 部件约束

部件约束包括配合、角度、插入、相切和对称约束。

1. 配合约束

配合约束将零部件面对面放置或使这些零部件表面齐平相邻，该约束将删除平面之间的一个线性平移自由度和两个角度旋转自由度。通过配合约束装配零部件的步骤如下。

（1）单击"装配"选项卡"约束"面板上的"约束"按钮，打开"放置约束"对话框，单击"配合"类型按钮，如图 8-16 所示。

图 8-16 "放置约束"对话框

（2）在视图中选择要配合的两个平面、轴线或者曲面等，如图 8-17 所示。

（3）在对话框中选择求解方法，并设置偏移量，单击"确定"按钮，完成配合约束，结果如图 8-18 所示。

图 8-17 选择面

图 8-18 配合约束

"配合"约束选项能产生的约束结果如下。

（1）对于两个平面：选定两个零件上的平面（特征上的平面、工作面、坐标面），两面朝向可以相反，也可以相同，朝向相同也成为"齐平"。可以零间距，也可以有间隙。

（2）对于平面和线：选定一个零件上的平面和另一个零件上的直线（棱边、未退化的草图直线、工作轴、坐标轴），将线约束为面的平行线，也可以有距离。

（3）对于平面和点：选定一个零件上的平面和另一个零件上的点（工作点），将点约束在面上，也可以有距离。

（4）对于线和线：选定两个零件上的线（棱边、未退化的草图直线、工作轴、坐标轴），将两线约束为平行，也可以有距离。

（5）对于点和点：选定两个零件上的点（工作点），将两点约束为重合，也可以有距离。

"放置约束"对话框之配合约束时选项说明如下。

- 配合 ：将选定面彼此垂直放置且面发生重合。
- 表面齐平 ：用来对齐相邻的零部件，可以通过选中的面、线或点来对齐零部件，使其表面法线指向相同方向。
- 先单击零件 ：选中此复选框将可选几何图元限制为单一零部件。这个功能适合在零部件处于紧密接近或部分相互遮挡时使用。
- 偏移量：用来指定零部件相互之间偏移的距离。
- 显示预览：选中此复选框，预览装配后的图形。
- 预计偏移量和方向 ：装配时由系统自动预测合适的装配偏移量和偏移方向。

2．角度约束

对准角度约束可以使零部件上平面或者边线按照一定的角度放置，该约束删除平面之间的一个旋转自由度或两个角度旋转自由度。通过角度约束装配零部件的步骤如下。

（1）单击"装配"选项卡"约束"面板上的"约束"按钮 ，打开"放置约束"对话框，单击"角度"类型按钮 ，如图 8-19 所示。

（2）在对话框中选择求解方法，并在视图中选择平面，如图 8-20 所示。

图 8-19 "放置约束"对话框

图 8-20 选择平面

（3）在对话框中输入角度值，单击"确定"按钮，完成角度约束，如图 8-21 所示。

"角度"约束选项能产生的约束结果如下。

（1）对于两个平面：选定两个零件上的平面（特征上的平面、工作面、坐标面），将两面约束为一定角度。当夹角为 0 时，成为平行面。

（2）对于平面和线：选定一个零件上的平面和另一个零件上的直线（棱边、未退化的草图直线、工作轴、坐标轴）。它使平面法线与直线产生夹角，将线约束为面的夹定角的线，当夹角为 0 时，成为垂直线。

（3）对于线和线：选定两个零件上的线（棱边、未退化的草图直线、工作轴、坐标轴），将两线约束为夹定角的线，当夹角为 0 时，成为平行。

"放置约束"对话框之角度约束时选项说明如下。

- 定向角度 ：它始终应用于右手规则，也就是说右手除拇指外的四指指向旋转的方向，拇指指向为旋转轴的正向。当设定了一个对准角度之后，需要对准角度的零件总是沿一个方向旋转，即旋转轴的正向。
- 非定向角度 ：它是默认的方式，在该方式下可以选择任意一种旋转方式。如果解出的位置近似于上次计算出的位置，则自动应用左手定则。

● 明显参考矢量 ：通过向选择过程添加第三次选择来显示定义 Z 轴矢量（叉积）的方向。约束驱动或拖动时，减小角度约束的角度以切换至替换方式。

● 角度：设置约束的线、面之间角度的大小。

3. 相切约束

相切约束定位面、平面、圆柱面、球面、圆锥面和规则的样条曲线在相切点处相切。相切约束将删除线性平移的一个自由度，或在圆柱和平面之间删除一个线性自由度和一个旋转自由度。通过相切约束装配零部件的步骤如下。

（1）单击"装配"选项卡"约束"面板上的"约束"按钮 ，打开"放置约束"对话框，单击"相切"类型按钮 ，如图 8-22 所示。

图 8-21 角度约束　　　　　　　图 8-22 "放置约束"对话框

（2）在对话框中选择求解方法，在视图中选择两个圆柱面，如图 8-23 所示。

（3）在对话框中设置偏移量，单击"确定"按钮，完成相切约束，结果如图 8-24 所示。

选择面

图 8-23 选择面　　　　　　　图 8-24 相切约束

"相切"约束选项能产生的约束结果如下。

选定两个零件上的面，其中一个可以是平面（特征上的平面、工作面、坐标面），而另一个是曲面（柱面、球面和锥面）或者都是曲面（柱面、球面和锥面）。将两面约束为相切，可以输入偏移量让二者在法向上有距离，相当于在两者之间"垫上"一层有厚度的虚拟实体。

"放置约束"对话框之相切约束时选项说明如下。

● 内部 ：将在第二个选中零件内部的切点处放置第一个选中零件。

● 外部 ：将在第二个选中零件外部的切点处放置第一个选中零件。默认方式为外边框方式。

4. 插入约束

插入约束是平面之间的面对面配合约束和两个零部件的轴之间的配合约束的组合，它将配合约束放置于所选面之间，同时将圆柱体沿轴向同轴放置。插入约束保留了旋转自由度，平动自由度将被删除。通过插入约束装配零部件的步骤如下。

（1）单击"装配"选项卡"约束"面板上的"约束"按钮，打开"放置约束"对话框，单击"插入"类型按钮，如图8-25所示。

图8-25　"放置约束"对话框

（2）在对话框中选择求解方法，在视图中选择圆形边线，如图8-26所示。

（3）在对话框中设置偏移量，单击"确定"按钮，完成插入约束，结果如图8-27所示。

选择边线

图8-26　选择边线

图8-27　插入约束

"放置约束"对话框之插入约束时选项说明如下。

● 反向 ：两圆柱的轴线方向相反，即面对面配合约束与轴线重合约束的组合。

● 对齐 ：两圆柱的轴线方向相同，即"肩并肩"配合约束与轴线重合约束的组合。

5. 对称约束

对称约束根据平面或平整面对称地放置两个对象。通过对称约束装配零部件的步骤如下。

（1）单击"装配"选项卡"约束"面板上的"约束"按钮，打开"放置约束"对话框，单击"对称"类型按钮，如图8-28所示。

（2）在视图中选择图8-29所示的零件1和零件2。

（3）在浏览器中零件1的原始坐标系文件中选择 *YZ* 平面为对称平面。

（4）单击"确定"按钮完成对称约束的创建，如图8-30所示。

图8-28　"对称"选项

图 8-29　配合前的图形　　　　图 8-30　对称约束后的图形

8.4.2　运动约束

运动约束主要用来表达两个对象之间的相对运动关系，因此不要求两者有具体的几何表达，如接触等。所以用常用的相对运动来表达设计意图是非常方便的。"运动"选项卡如图 8-31 所示。

图 8-31　"运动"选项卡

- 转动：表达两者相对转动的运动关系，如常见的齿轮副。
- 转动-平动：相对运动的一方是转动，另一方是平动，如常见的齿轮齿条的运动关系。
- 求解方法：两者相对转动的方向，可以相同，如一副带轮；两者相对转动的方向也可相反，如典型的齿轮副。
- 传动比：用于模拟两个对象之间不同转速的情况。

8.4.3　过渡约束

过渡约束用来表达诸如凸轮和从动件这种类型的装配关系，是一种面贴合的配合，即在行程内，两个约束的面始终保持贴合。"过渡"选项卡如图 8-32 所示。

过渡约束指定了圆柱形零件面和另一个零件的一系列邻近面之间的预定关系，如图 8-33 所示的插槽中的凸轮。当零部件沿着开放的自由度滑动时，过渡约束会保持面与面之间的接触。

图 8-32　"过渡"选项卡

图 8-33　过渡约束

8.4.4 约束集合

因为 Inventor 支持用户坐标系（UCS），"约束集合"选项卡可通过将两个零部件上的用户坐标系完全重合来实现快速定位，如图 8-34 所示。因为两个坐标系是完全重合的，所以一旦添加此约束，即两个部件已实现完全的相对定位。

图 8-34 "约束集合"选项卡

另外，Inventor 仅支持两个 UCS 的重合，不支持约束的偏移（量）。

8.4.5 编辑约束

编辑约束的操作步骤如下。

（1）在浏览器中先前添加的约束上单击鼠标右键，在弹出的快捷菜单中选择"编辑"命令，如图 8-35 所示。

（2）打开图 8-36 所示的"放置约束"对话框，在该对话框中指定新的约束类型（配合、对准角度、相切或插入）。

图 8-35 快捷菜单

图 8-36 "放置约束"对话框

（3）输入被约束的零部件彼此之间的偏移距离。

如果应用的是对准角度约束，可输入两组几何图元之间的角度。可以输入正值或负值，默认值为零。

如果在"放置约束"对话框中选择了"显示预览"，则会调整零部件的位置以匹配偏移值或角度值。

（4）通过"放置约束"对话框或右键快捷菜单应用约束。

若不用"放置约束"对话框，还有以下两种方法可以改变约束的偏置值或角度。

（1）选择约束，"编辑"文本框将会在浏览器下方出现。输入新的偏置值或者角度，然后按下〈Enter〉键，如图 8-37 所示。

（2）在浏览器中双击约束，在弹出的对话框中输入新的偏移量值或者角度，然后单击☑按钮，如图8-38所示。

图 8-37　编辑装配约束的尺寸　　　　图 8-38　使用"编辑尺寸"对话框

8.5　复制零部件

在特征环境下可以阵列和镜像特征，在部件环境下也可以阵列和镜像零部件。通过阵列、镜像和复制零部件，可以减少不必要的重复设计的工作量，提高工作效率。

8.5.1　复制

复制零部件的步骤如下。

（1）单击"装配"选项卡"零部件"面板中的"复制"按钮 ，打开"复制零部件：状态"对话框，如图8-39所示。

图 8-39　"复制零部件：状态"对话框

（2）在视图中选择要复制的零部件，选择的零部件在对话框的浏览器中列出。

（3）在对话框的顶端单击"状态"按钮，更改选定零部件的状态，单击"下一步"按钮。

（4）打开"复制零部件：文件名"对话框，如图 8-40 所示。检查复制的文件并根据需要进行修改，如修改名称和文件位置，单击"确定"按钮，完成零部件的复制。

图 8-40　"复制零部件：文件名"对话框

对话框中的选项说明如下。

1. "复制零部件：状态"对话框

（1）零部件：选择零部件，复制所有子零部件。如果父零部件的复制状态更改，所有子零部件也将自动重新设置为相同状态。

（2）状态。

- 复制选定的对象⊕：创建零部件的副本。复制的每个零部件都保存在一个与源文件不关联的新文件中。
- 重新选定的对象⊕：创建零部件的引用。
- 排除选定的对象◎：从复制操作中排除零部件。

2. "复制零部件：文件名"对话框

（1）名称：列出通过复制操作创建的所有零部件，重复的零部件只显示一次。

（2）新名称：列出新文件的名称。单击名称可以进行编辑，如果名称已经存在，将按顺序为新文件名添加一个数字，直到定义一个唯一的名称。

（3）文件位置：指定新文件的保存位置。默认的保存位置是源路径，意味着新文件与原始零部件保存在相同的位置。

（4）状态：表明新文件名是否有效。自动创建的名称显示为白色背景，手动重命名的文件显示黄色背景，冲突的名称显示红色背景。

- 新建文件：表明新文件名有效，在文件位置中不存在。
- 重用现有的：表明文件位置中已经使用了该文件名，而且它是选定零部件的有效名称。可以重用零部件，但是整个部件必须与源部件类似。重用零件没有限制。
- 名称冲突：指明该文件名在文件位置中已存在。可以指明同一源部件存在其他同名引用。

（5）命名方案：单击"应用"按钮后，使用指定的"前缀"或"后缀"重命名列表中的选定零部件的名称。复制零部件默认的后缀为_CPY。

（6）零部件目标：指定复制的零部件的目标。

- 插入到部件中：默认选项将所有新部件作为同级对象放到顶级部件中。
- 在新窗口中打开：在新窗口中打开包含所有复制的零部件的新部件。

（7）重新选择：返回到"复制零部件：状态"对话框中重新选择零部件。

8.5.2 镜像

镜像零部件可以帮助设计人员提高对称零部件的设计与装配效率。镜像零部件的步骤如下。

（1）单击"装配"选项卡"零部件"面板中的"镜像"按钮🔲，打开"镜像零部件：状态"对话框，如图 8-41 所示。

（2）在视图中选择要镜像的零部件，选择的零部件在对话框的浏览器中列出。

图 8-41 "镜像零部件：状态"对话框

（3）在对话框的顶端单击"状态"按钮，更改选定零部件的状态，然后选择镜像平面，单击"下一步"按钮。

（4）打开"镜像零部件：文件名"对话框，如图 8-42 所示。检查镜像的文件并根据需要进行修改，如修改名称和文件位置，单击"确定"按钮，完成零部件的镜像。

图 8-42 "镜像零部件：文件名"对话框

"镜像零部件：状态"对话框中的选项说明如下。

（1）镜像选定的对象：表示在新部件文件中创建镜像的引用，引用和源零部件关于镜像平面对称。

（2）重用选定的对象：表示在当前或新部件文件中创建重复使用的新引用，引用将围绕最靠近镜像平面的轴旋转并相对于镜像平面放置在相对的位置。

（3）排除选定的对象：表示子部件或零件不包含在镜像操作中。

（4）如果部件包含重复使用的和排除的零部件，或者重复使用的子部件不完整，则显示图标。该图标不会出现在零件图标左侧，仅出现在部件图标左侧。

对零部件进行镜像复制需要注意以下事项：

（1）镜像产生的零部件与源零部件间保持关联关系，若对源零部件进行编辑，由源零部件镜像产生的零部件也会随之发生变化。

（2）装配特征（包含工作平面）不会从源部件复制到镜像的部件中。

（3）焊接不会从源部件复制到镜像的部件中。

（4）零部件阵列中包含的特征将作为单个元素（而不是作为阵列）被复制。

（5）镜像的部件使用与原始部件相同的设计视图。

（6）仅当镜像或重复使用约束关系中的两个被引用时，才会保留约束关系，如果仅镜像其中一个引用，则不会保留。

（7）镜像的部件中维持了零件或子部件中的工作平面间的约束；如果有必要，则必须重新创建零件和子部件间的工作平面以及部件的基准工作平面。

8.5.3 阵列

Inventor 可以在部件中将零部件排列为矩形或环形阵列。使用零部件阵列可以提高生产效率，并且可以更有效地实现用户的设计意图。例如，用户可能需要放置多个螺栓以便将一个零部件固定到另一个零部件上，或者将多个零件或子部件装入一个复杂的部件中。在零件特征环境中已经有了关于阵列特征的内容，在部件环境中的阵列操作与其类似，这里仅重点介绍不同点。

1. 关联阵列

关联阵列是以零部件上已有的阵列特征作为参照进行的阵列。关联阵列零部件的操作步骤如下。

（1）单击"管理"选项卡内"零部件"面板上的"阵列"按钮，打开"阵列零部件"对话框，选择"关联阵列"选项卡。

（2）在视图中选择要阵列的零部件，选择阵列方向。

（3）在对话框中设置行和列的个数和间距，单击"确定"按钮。

● 零部件：选择需要被阵列的零部件，可选择一个或多个零部件进行阵列。

● 特征阵列选择：选择零部件上已有的特征作为阵列的参照。

2. 矩形阵列

矩形阵列零部件的操作步骤如下。

（1）单击"管理"选项卡内"零部件"面板上的"阵列"按钮，打开"阵列零部件"对话框，选择"矩形阵列"选项卡，如图8-43所示。

（2）在视图中选择要阵列的零部件，选择阵列方向。

（3）在对话框中设置行和列的个数和间距，单击"确定"按钮。

3. 环形阵列

环形阵列零部件的操作步骤如下。

单击"管理"选项卡内"零部件"面板上的"阵列"按钮，打开"阵列零部件"对话框，选择"环形阵列"选项卡，如图8-44所示。

图8-43 "矩形阵列"选项卡

图8-44 "环形阵列"选项卡

注意：

阵列后生成的零部件与源零部件相互关联，并继承了源零部件的装配约束关系。也就是说，对阵列零部件当中的任意一个进行修改，其结果都会影响到其他零部件。

若需使某一零部件中断与阵列的链接，以便移动或删除它，可在浏览器中将代表该零部件的名称选中，并在其上单击鼠标右键，选择快捷菜单中的"独立"命令，此零件便将被独立。

8.5.4 实例——球阀装配

球阀的装配体如图 8-45 所示。

图 8-45 球阀装配

操作步骤

（1）新建文件。单击"快速访问"工具栏中的"新建"按钮，在打开的"新建文件"对话框中"Templates"选项卡的"零件"下拉列表中选择"Standard.iam"选项，单击"创建"按钮，新建一个装配文件，如图 8-46 所示。

图 8-46 "新建文件"对话框

（2）装入阀体。单击"装配"选项卡"零部件"面板中的"放置"按钮，打开图 8-47 所示的"装入零部件"对话框，选择"阀体"零件，单击"打开"按钮，进入装配环境。单击鼠标右键，在打开的图 8-48 所示的快捷菜单中选择"在原点处固定放置"选项，装入阀体，系统默认此零件为固定零件，零件的坐标原点与部件的坐标原点重合。单击鼠标右键，在打开的图 8-49 所示的快捷菜单中选择"确定"按钮，完成阀体的装配。

图 8-47 "装入零部件"对话框

图 8-48 快捷菜单 1

图 8-49 快捷菜单 2

（3）放置密封圈。单击"装配"选项卡"零部件"面板中的"放置"按钮，打开"装入零部件"对话框，选择"密封圈"零件，单击"打开"按钮，装入密封圈，将其放置到视图中适当位置。单击鼠标右键，在打开的快捷菜单中选择"确定"按钮，完成密封圈的放置，如图 8-50 所示。

（4）阀体与密封圈的装配。单击"装配"选项卡"位置"面板中的"约束"按钮，打开"放置约束"对话框，类型选择"插入"；在视图中选取图 8-51 所示的两个圆形边线，设置偏移量为"0"，选择"反向"选项，单击"确定"按钮，结果如图 8-52 所示。

图 8-50 放置密封圈 1

图 8-51 插入约束 1

（5）放置阀芯。单击"装配"选项卡"零部件"面板中的"放置"按钮，打开"装入零部件"对话框，选择"阀芯"零件，单击"打开"按钮，装入阀芯，将其放置到视图中适当位置。单击鼠标右键，在打开的快捷菜单中选择"确定"选项，完成阀芯的放置，如图 8-53 所示。

图 8-52 装配密封圈

图 8-53 放置阀芯

（6）阀体与阀芯的装配。

1）单击"装配"选项卡"位置"面板中的"约束"按钮，打开"放置约束"对话框，类型选择"配合"；在视图中选取图 8-54 所示的阀体的内孔面和阀芯的内孔面，设置偏移量为"0"，选择"配合"选项，单击"应用"按钮。

图 8-54 配合约束 1

2）单击"装配"选项卡"位置"面板中的"约束"按钮，打开"放置约束"对话框，类型选择"配合"；在浏览器中选取阀体的 *XY* 平面和阀芯的 *YZ* 平面，设置偏移量为"–9mm"，选择"配合"选项，如图 8-55 所示，单击"应用"按钮。

图 8-55 配合约束 2

3）单击"装配"选项卡"位置"面板中的"约束"按钮🔲，打开"放置约束"对话框，类型选择"角度"；选择"定向角度"选项，在浏览器中选取阀体的 *XZ* 平面和阀芯的 *XZ* 平面，设置角度为 0，如图 8-56 所示，单击"确定"按钮，完成阀芯装配，如图 8-57 所示。

图 8-56　角度约束 1

（7）放置阀盖。单击"装配"选项卡"零部件"面板中的"放置"按钮🗂，打开"装入零部件"对话框；选择"阀盖"零件，单击"打开"按钮，装入阀盖，将其放置到视图中适当位置。单击鼠标右键，在弹出的快捷菜单中选择"确定"选项，完成阀盖的放置，如图 8-58 所示。

图 8-57　阀体与阀芯的装配

图 8-58　放置阀盖

（8）放置密封圈。单击"装配"选项卡"零部件"面板中的"放置"按钮🗂，打开"装入零部件"对话框；选择"密封圈"零件，单击"打开"按钮，装入密封圈，将其放置到视图中适当位置。单击鼠标右键，在弹出的快捷菜单中选择"确定"选项，完成密封圈的放置，如图 8-59 所示。

图 8-59　放置密封圈 2

（9）阀盖与密封圈的装配。单击"装配"选项卡"位置"面板中的"约束"按钮 ，打开"放置约束"对话框；类型选择"插入"，在视图中选取图 8-60 所示的两个圆形边线，设置偏移量为"0"，选择"反向"选项，单击"确定"按钮，结果如图 8-61 所示。

图 8-60　插入约束 2

图 8-61　阀盖与密封圈装配

（10）阀盖与阀体的装配。单击"装配"选项卡"位置"面板中的"约束"按钮 ，打开"放置约束"对话框；类型选择"插入"，在视图中选取图 8-62 所示的两个圆形边线，设置偏移量为"0"，选择"反向"选项，单击"应用"按钮，添加阀盖与阀体的两个工作平面的配合约束，结果如图 8-63 所示。

图 8-62　插入约束 3

（11）放置阀杆。单击"装配"选项卡"零部件"面板中的"放置"按钮 ，打开"装入零部件"对话框；选择"阀杆"零件，单击"打开"按钮，装入阀杆，将其放置到视图中适当位置。单击鼠标右键，在弹出的快捷菜单中选择"确定"选项，完成阀杆的放置，如图 8-64 所示。

图 8-63　阀盖与阀体装配

图 8-64　放置阀杆

（12）阀杆的装配。

1）单击"装配"选项卡"位置"面板中的"约束"按钮，打开"放置约束"对话框；类型选择"配合"，在视图中选取图 8-65 所示阀体的内孔面和阀杆的外圆柱面，设置偏移量为"0"，选择"配合"选项，单击"应用"按钮。

图 8-65　配合约束 3

2）单击"装配"选项卡"位置"面板中的"自由旋转"按钮，调整阀杆位置，使其方头朝上。单击"装配"选项卡"位置"面板中的"约束"按钮，打开"放置约束"对话框；类型选择"角度"，选择"定向角度"选项，在视图中选取阀杆侧面和阀芯侧面，设置角度为"180"，如图 8-66 所示，单击"应用"按钮，完成阀芯装配。

图 8-66　角度约束 2

3）单击"装配"选项卡"位置"面板中的"约束"按钮，打开"放置约束"对话框；类型选择"相切"，选择"外边框"选项，在视图中选取阀杆外圆弧面和阀芯的凹槽平面，如图 8-67 所示，单击"确定"按钮，完成阀杆装配，如图 8-68 所示。

图 8-67 相切约束

（13）放置压紧套。单击"装配"选项卡"零部件"面板中的"放置"按钮，打开"装入零部件"对话框；选择"压紧套"零件，单击"打开"按钮，装入压紧套，将其放置到视图中适当位置。单击鼠标右键，在打开的快捷菜单中选择"确定"选项，完成压紧套的放置，如图 8-69 所示。

图 8-68 阀杆的装配

图 8-69 放置压紧套

（14）装配压紧套。单击"装配"选项卡"位置"面板中的"约束"按钮，打开"放置约束"对话框；选择类型"插入"，在视图中选取图 8-70 所示的两条圆形边线，设置偏移量为"0"，选择"反向"选项，单击"确定"按钮，结果如图 8-71 所示。

图 8-70 插入约束 4

图 8-71 装配压紧套

（15）放置扳手。单击"装配"选项卡"零部件"面板中的"放置"按钮，打开"装入零部件"对话框；选择"扳手"零件，单击"打开"按钮，装入扳手，将其放置到视图中的适当位置。单击鼠标右键，在打开的快捷菜单中选择"确定"选项，完成扳手的放置，如图 8-72 所示。

（16）装配扳手。

1）单击"装配"选项卡"位置"面板中的"约束"按钮，打开"放置约束"对话框；类型选择"配合"，在视图中选取图 8-73 所示的阀体的外圆柱面和扳手外圆柱面，设置偏移量为"0"，选择"配合"选项，单击"应用"按钮。

图 8-72 放置扳手

图 8-73 配合约束 4

2）单击"装配"选项卡"位置"面板中的"约束"按钮，打开"放置约束"对话框；类型选择"配合"，在视图中选取扳手表面和阀体表面，设置偏移量为"0"，选择"配合"选项，如图 8-74 所示，单击"应用"按钮。

图 8-74 配合约束 5

3）单击"装配"选项卡"位置"面板中的"约束"按钮，打开"放置约束"对话框，类型选择"角度"，选择"明显参考适量"选项，在视图中选择扳手四边形孔侧面和阀杆侧面，设置角度为"180"，如图 8-75 所示，单击"确定"按钮，完成扳手的装配，结果如图 8-76 所示。

图 8-75　角度约束 3

（17）放置螺栓。单击"装配"选项卡"零部件"面板中的"放置"按钮，打开"装入零部件"对话框；选择"螺栓"零件，单击"打开"按钮，装入螺栓，将其放置到视图中的适当位置。单击鼠标右键，在打开的快捷菜单中选择"确定"按钮，完成螺栓的放置，如图 8-77 所示。

图 8-76　扳手装配

图 8-77　放置螺栓

（18）装配螺栓。单击"装配"选项卡"位置"面板中的"约束"按钮，打开"放置约束"对话框；类型选择"插入"，在视图中选取图 8-78 所示的两条圆形边线，设置偏移量为"0"，选择"反向"选项，单击"确定"按钮，结果如图 8-79 所示。

图 8-78　插入约束 5

（19）放置垫圈。单击"装配"选项卡"零部件"面板中的"放置"按钮，打开"装入零部件"对话框；选择"垫圈"零件，单击"打开"按钮，装入垫圈，将其放置到视图中的适当位置。单击鼠标右键，在弹出的快捷菜单中选择"确定"按钮，完成垫圈的放置，如图 8-80 所示。

图 8-79　装配螺栓

图 8-80　放置垫圈

（20）装配垫圈。单击"装配"选项卡"约束"面板中的"约束"按钮，打开"放置约束"对话框；类型选择"插入"，在视图中选取图 8-81 所示的两条圆形边线，设置偏移量为"0"，选择"反向"选项，单击"确定"按钮，结果如图 8-82 所示。

（21）放置螺母。单击"装配"选项卡"零部件"面板中的"放置"按钮，打开"装入零部件"对话框；选择"螺母"零件，单击"打开"按钮，装入螺母，将其放置到视图中的适当位置。单击鼠标右键，在弹出的快捷菜单中选择"确定"按钮，完成螺母的放置，如图 8-83 所示。

图 8-81　插入约束 6

图 8-82　装配垫圈

图 8-83　放置螺母

（22）装配螺母。单击"装配"选项卡"位置"面板中的"约束"按钮，打开"放置约束"对话框；类型选择"插入"，在视图中选取图 8-84 所示的两条圆形边线，设置偏移量为"0"，选择"反向"选项，单击"确定"按钮，结果如图 8-85 所示。

图 8-84　插入约束 7

图 8-85　装配螺母

（23）阵列零件。单击"装配"选项卡"阵列"面板中的"阵列"按钮，打开"阵列"对话框；选择"环形"选项卡，选择螺栓、螺母和垫圈零件为阵列零部件，选择阀盖的内孔面为"轴向"，输入阵列个数为"4"，角度为"90"，单击"确定"按钮，完成球阀装配，结果如图 8-45 所示。

（24）保存文件。单击"快速访问"工具栏中的"保存"按钮，打开"另存为"对话框，输入文件名为"球阀.iam"，单击"保存"按钮，保存文件。

8.6　装配分析检查

在 Inventor 中，可以利用系统提供的工具方便地观察和分析零部件，例如，创建各个方向的剖视图以观察部件的装配是否合理，可以分析零件的装配干涉以修正错误的装配关系，更加直观地观察部件的装配是否可以达到预定的要求等。下面分别讲述如何实现上述功能。

8.6.1　部件剖视图

部件剖视图可以帮助用户更加清楚地了解部件的装配关系，因为在剖切视图中，腔体内部或被其他零部件遮挡的部件部分完全可见。在剖切部件时，仍然可以使用零件和部件工具在部件环境中创建或修改零件。

1. 半剖视图

创建半剖视图的步骤如下。

（1）单击"视图"选项卡"外观"面板上的"半剖视图"按钮。

（2）在视图或浏览器中选择作为剖切的平面，如图 8-86 所示。

（3）在小工具栏中输入偏移距离，如图 8-87 所示，单击"确定"按钮，完成半剖视图的创建，如图 8-88 所示。

图 8-86　选择剖切面

图 8-87　小工具栏

图 8-88　半剖视图

2. 1/4 或 3/4 剖视图

创建 1/4 或 3/4 剖视图的步骤如下。

（1）单击"视图"选项卡"外观"面板上的"1/4 剖视图"按钮。

（2）在视图或浏览器中选择作为第一剖切的平面，并输入偏移距离，如图 8-89 所示。

（3）单击"继续"按钮，在视图或浏览器中选择作为第二剖切的平面，并输入偏移距离，如图 8-90 所示。

图 8-89　输入偏移距离 1

图 8-90　输入偏移距离 2

（4）单击"确定"按钮，完成 1/4 剖视图的创建，如图 8-91 所示。

（5）单击右键，在打开的快捷菜单中选择"反向剖切"选项，如图 8-92 所示，显示在相反方向上进行剖切的结果，如图 8-93 所示。

图 8-91　1/4 剖视图

图 8-92　快捷菜单

（6）在右键快捷菜单中选择"3/4 剖视图"选项，则部件被 1/4 剖切后的剩余部分即部件的 3/4 将成为剖切结果显示，剖切结果如图 8-94 所示。同样，在 3/4 剖切的右键快捷菜单中也会出现"1/4 剖视图"选项，作用与此相反。

图 8-93　1/4 反向剖切

图 8-94　3/4 剖切

8.6.2　干涉分析

在部件中，如果两个零件同时占据了相同的空间，则称部件发生了干涉。Inventor 的装配功能本身不提供智能检测干涉的功能，也就是说如果装配关系使得某个零部件发生了干涉，那么也会按照约束照常装配，不会提示用户或者自动更改。所以，Inventor 在装配之外提供了干涉检查的工具，利用这个工具可以很方便地检查到两组零部件之间以及一组零部件内部的干涉部分，并且将干涉部分暂时显示为红色实体，以方便用户观察。同时还会给出干涉报告列出干涉的零件或者子部件，显示干涉信息，如干涉部分的质心坐标或干涉的体积等。干涉检查的操作步骤如下。

（1）单击"检验"选项卡"干涉"面板上的"干涉检查"按钮，打开"干涉检查"对话框，如图 8-95 所示。

（2）在视图中选择定义为选择集 1 的零部件，单击"定义选择集 2"按钮，在视图中选择定义为选择集 2 的零部件，如图 8-96 所示。

图 8-95 "干涉检查"对话框

图 8-96 选择零部件

（3）单击"确定"按钮，若零部件之间有干涉，将打开图 8-97 所示的"检测到干涉"对话框，零部件中的干涉部分会高亮显示，如图 8-98 所示。

图 8-97 "检测到干涉"对话框

图 8-98 干涉部分高亮显示

（4）调整视图中零部件的位置，重复步骤（1）～（3），直到打开的对话框显示"没有检测到干涉"，如图 8-99 所示。

8.6.3 面分析工具

在零件环境和构造环境中，可以在制造前使用"曲面分析"命令来分析零件以验证几何质量。对于特定模型，可以保存同一类型或不同类型的几个不同分析。例如，可以定义若干方法检查同一模型上的一组特定曲面。

图 8-99 提示对话框

应用分析后，将在浏览器中创建一个"分析"文件夹，分析结果将放置在此文件夹中。每个保存的分析都将按其创建顺序添加到浏览器中。在浏览器中，现用分析的名称和可见性与分析文件夹名称一起显示。例如，Analysis: Zebra1 (On)。

可以使用浏览器中的"分析"文件夹来更改现用的分析的可见性和新建分析。展开"分析"文件夹以查看和管理所有其他保存的分析，可以切换到现用的分析，也可以在列表中编辑、复制和删除任何保存的分析。

Inventor 中提供了 5 种分析工具，如图 8-100 所示。可以执行的分析类型如下。

图 8-100 "分析"面板

● "斑纹"分析：通过将平行线投影到模型上来分析曲面连续性。结果显示光线是如何在曲面上反射的，以帮助用户识别需要改进曲面质量的区域。

● "拔模"分析：根据拔模方向分析模型，以确定在零件和模具之间是否可以充分拔模，以及是否可以通过铸造来制造模型。范围显示可指示拔模斜度在指定范围内的变化。

● "曲率"分析：对模型面、曲面、草图曲线和边的曲率及整个平滑度提供可视分析。

● "曲面"分析：通过对零件表面应用渐变色来确定高曲面曲率区域和低曲面曲率区域。梯度显示是曲面曲率的一种可视指示，它运用了高斯曲率分析计算方法。

● "剖视"分析：提供某一截面上零件的基本图形视图，或实体零件内部多个截面的详细信息和相应图形。剖视分析还会分析零件是否符合最小壁厚和最大壁厚要求，但不适用于构造环境。

1. 斑纹分析

斑纹检查分析用来分析检查零件表面的连续性。单击"检验"选项卡"分析"面板中的"斑纹"按钮 ⟫，打开"斑纹分析"对话框，如图 8-101 所示。

图 8-101 "斑纹分析"对话框

"斑纹分析"对话框选项说明如下。

● 方向类型：选择"水平" ▤、"竖直" ▥ 或"半径" ▩ 条纹方向。指定显示条纹之间最大反差的方向，以指明曲面之间的过渡。

● 厚度：通过黑色与白色的相对比例来指定条纹的厚度。"最小值"设置将形成全黑条纹，"最大值"设置将形成全白条纹。

● 密度：指定条纹的间距或密度。"最小值"设置将产生较少的条纹，"最大值"设置将产生大量的条纹。一起使用"密度"和"厚度"以得到所需的结果。

- 不透明：指定条纹不透明度。"透明"将导致条纹几乎不可见，"不透明"将导致条纹完全遮住模型的颜色。调整此设置可以一次查看多个分析样式，如斑纹样式和拔模样式。
- 显示质量：指定斑纹图案的分辨率或曲面质量，以获得较好的条纹显示效果。默认设置为零，会产生最粗略的结果。设置越低，面数就越少，锯齿状显示越明显。设置越高，面数就越多，过渡越平滑，但是显示该零件的时间可能会增加。设置为100%将生成最佳结果。
- 全部：在零件环境中，指定是否分析零件中的所有几何图元，包括整个零件和零件中的任何曲面特征（缝合曲面）。
- "选择"按钮：选择要检查的几何图元。
- 面：指定是否分析在零件或构造环境中的一个实体或任何曲面体中选定的面。
- 缝合曲面：指定是否分析选定的曲面特征，以及每个选定的曲面特征中的所有面。

2. 拔模分析

用户可以使用拔模分析来检查铸件的适应性。设计一个铸件时，若试图将模型脱离模具，90°的角将引发很多的问题，面拔模通常在两个面之间采用一个微小的拔模角度来解决这些问题。拔模分析可以分析的是所选面或者零件。在所选择的零件或者面上用一系列的颜色来表示结果。颜色表示所指定的拔模角之间的拔模角度范围。

单击"检验"选项卡"分析"面板中的"拔模"按钮 ，打开"拔模分析"对话框，如图 8-102 所示。

图 8-102 "拔模分析"对话框

"拔模分析"对话框选项说明如下。

- 定义：设置拔模分析结果的外观，在构造环境中不可用。不能充分拔模的面通过颜色的变化来显示，这些颜色的变化与拔模的变化相关联。改变拔模方向可能会显示不同的结果。
- 拔模起始角度：设置分析拔模或拔模斜度的角度范围的起始角度。
- 拔模终止角度：设置分析拔模或拔模斜度的角度范围的终止角度。
- 梯度：选择该选项后，将以梯度（而不是离散的色带）来显示拔模分析结果。

- 显示质量：指定梯度或色带的分辨率或曲面质量。设置越低，面数就越少。设置越高，面数就越多，并且显示该零件的时间可能会增加。
- 全部：在零件环境中，指定是否分析零件中的所有几何图元，包括整个零件和零件中的任何曲面特征（缝合曲面）。
- 面：指定是否分析在零件的一个实体或任何曲面体中选定的面。
- 缝合曲面：指定是否分析选定的曲面特征，以及每个选定的曲面特征中的所有面。
- 拔模：指定模具分离方向（从内芯上拉出模具外壳）。
- 选择：选择要指明方向的几何图元（平面或工作平面），拔模方向与平面垂直。
- 反向：反转拔模方向。

8.6.4 实例——球阀装配检查

3/4 球阀的装配体如图 8-103 所示。

操作步骤

（1）打开文件。单击"快速访问"工具栏中的"打开"按钮，在打开的"打开"对话框中选择"球阀.iam"装配体，单击"打开"按钮，打开球阀装配体文件。

（2）干涉检查。单击"检验"选项卡"干涉"面板中的"干涉检查"按钮，打开图 8-104 所示的"干涉检查"对话框；选择阀体零件为选择集 1，选择其他所有零件为选择集 2，单击"确定"按钮，弹出"检测到干涉"对话框，显示装配体中有干涉，如图 8-105 所示。

图 8-103 3/4 球阀装配体

图 8-104 "干涉检查"对话框

图 8-105 检测到干涉

（3）从视图中可以看出，螺栓跟阀体有干涉。可以更改阀体上的孔直径，也可以更改螺栓直径。

（4）3/4 剖视。单击"视图"选项卡"外观"面板中的"3/4 剖视图"按钮，根据提示选择 *YZ* 平面用于剖视的工作平面，如图 8-106 所示；单击小工具栏中的"继续"按钮，继续选择 *XY* 平面用作剖视的工作平面，输入偏移距离为"–9mm"，单击"确定"按钮，完成剖视图的创建。

图 8-106　创建剖视图

（5）保存文件。单击主菜单中的"另存为"命令，打开"另存为"对话框，输入文件名为"球阀检查.iam"，单击"保存"按钮，保存文件。

第9章 表达视图

 知识导引

传统的设计方法对设计结果的表达以静态的、二维的方式为主，表达效果受到很大的限制。随着计算机辅助设计软件的发展，表达方法逐渐向着三维、动态的方向发展，并进入数字样机时代。

9.1 表达视图概述

表达视图是动态显示部件装配过程的一种特定视图，在表达视图中，通过给零件添加位置参数和轨迹线，使其成为动画，动态演示部件的装配过程。表达视图不仅说明了模型中零件和部件之间的相互关系，还说明了零部件以何种安装顺序组成总装。此外，还可将表达视图用在工程图文件中来创建分解视图，也就是俗称的爆炸图。使用表达视图有以下优势。

（1）可视化：可以保存和恢复零部件不同的着色方案。

（2）视觉清晰：在装配环境中可以先快速地关闭所有零部件的可见性，再选择仅与当前设计任务有关的零部件显示，然后保存设计表达视图。

（3）增强的性能：在大装配中保存和控制零部件的可见性，使其仅显示必须使用的零部件。

（4）团队设计的途径：在 Inventor 中，若干名工程师可以同时在同一装配环境中工作，设计师们可以使用设计表达视图来保存或恢复用于完成自己设计任务所需的显示状况。每个设计师也可以访问其他设计师在装配环境中创建的公用设计表达视图。

（5）表达视图的基础：如果在设计表达视图中保存有零部件的可视属性，那么在表达视图中很容易复制这些设置。

（6）工程图的基础：可以保留和取消装配的显示属性，以用于创建工程图。

在 Inventor 中可以创建以下两种类型的设计表达视图。

（1）公用的设计表达视图：设计表达视图的信息存储在装配（*.iam）文件中。

（2）专用的设计表达视图：设计表达视图的信息存储在单独（*.idv）文件中。在默认情况下，所有的设计表达视图都存储为公用的。早期版本的 Inventor 是将所有的设计表达视图存储在单独（*.idv）文件中。当打开用早期版本的 Inventor 创建的装配文件时，存储设计表达视图的（*.idv）文件同时被输入，并保存为公共的设计表达视图。

在设计表达视图环境中，可以新建、删除设计表达视图，以及给设计表达视图添加属性。

9.2 进入表达视图环境

（1）单击"快速入门"选项卡"启动"面板中的"新建"按钮，打开"新建文件"对话框，在对话框中选择"Standard.ipn"模板，如图9-1所示。

图9-1 "新建文件"对话框

（2）单击"创建"按钮，打开"插入"对话框，选择创建表达式图的零部件，单击"打开"按钮，进入表达视图环境，如图9-2所示。

图9-2 表达视图环境

9.3 创建表达视图

每个表达视图文件可以包含指定部件所需的任意多个表达视图。当对部件进行改动时，表达视图会自动更新。创建表达视图的步骤如下。

（1）单击"表达视图"选项卡"模型"面板上的"插入模型"按钮，打开"插入"对话框，如图9-3所示。

（2）在对话框中选择要创建"表达视图"的零部件，单击"打开"按钮，进入表达视图环境。

图9-3 "插入"对话框

单击"选项"按钮，打开图 9-4 所示的"文件打开选项"对话框，在该对话框中显示可供选择的指定文件的选项。如果文件是部件，也可以选择文件打开时显示的表达。如果文件是工程图，可以改变工程图的状态，在打开工程图之前延时更新。

- 位置表达：单击下拉箭头。可以打开带有指定的位置表达的文件。表达可能会包括：关闭某些零部件的可见性、改变某些柔性零部件的位置以及其他显示属性。

- 详细等级表达：单击下拉箭头可以打开带有指定的详细等级表达的文件。该表达用于内存管理，可能包含零部件抑制。

图9-4 "文件打开选项"对话框

技巧：

创建了表达视图以后，在浏览器中会出现对应部件的图标。在一个表达视图文件中可以包含多个表达视图，但是当前同时只有一个视图处于激活状态，激活的视图将在浏览器中亮显，未激活的视图将暗显，如图9-5所示。用户还可以选中某个菜单命令，利用右键快捷菜单中的"激活"选项来激活某个视图，如图9-6所示。

图9-5 激活的视图将在浏览器中亮显

图9-6 选择"激活"选项

9.4 调整零部件位置

合理调整零部件的位置对表达零部件造型及零部件之间装配关系具有重要作用。表达视图创建完成后，设计人员应首先根据需要调整各零部件的位置。即使选择"自动"方式创建表达视图，这一过程也通常不可避免。通过调整零部件的位置可以使零部件做直线运动或绕某一直线做旋转运动，并可以显示零部件从装配位置到调整后位置的运动轨迹，以便设计人员更好地观察零部件的拆装过程。调整零部件位置的步骤如下。

（1）单击"表达视图"选项卡"零部件"面板上的"调整零部件位置"按钮，打开"调整零部件位置"小工具栏，如图9-7所示。

（2）在视图中选择要分解的零部件，选择和指定分解方向，输入偏移距离和旋转角度。

（3）在小工具栏中单击"确定"按钮，完成零部件位置的调整，结果如图9-8所示。

图9-7 "调整零部件位置"小工具栏

图9-8 调整位置

"调整零部件位置"小工具栏中的选项说明如下。

（1）移动：创建平动位置参数。

（2）旋转：创建旋转位置参数。

（3）选择过滤器。

● 零部件：选择部件或零件。

● 零件：可以选择零件。

（4）定位：放置或移动空间坐标轴。将光标悬停在模型上以显示零部件夹点，然后单击一个点来放置空间坐标轴。

（5）空间坐标轴的方向。

● 局部：使空间坐标轴的方向与附着空间坐标轴的零部件坐标系一致。

● 世界：使空间坐标轴的方向与表达视图中的世界坐标系一致。

（6）添加新轨迹：为当前位置参数创建另一条轨迹。

（7）删除现有轨迹：删除为当前位置参数创建的轨迹。

9.5 创建动画

　　Inventor 的动画功能可以创建部件表达视图的装配动画，并且可以创建动画的视频文件，如 AVI 文件，以便随时随地地动态重现部件的装配过程。创建动画的步骤如下。

　　（1）单击"视图"选项卡"窗口"面板上的"用户界面"按钮，选中"故事板面板"选项，打开"故事板面板"栏，如图 9-9 所示。

图 9-9 "故事板面板"栏

　　（2）单击"故事板面板"栏中的"播放当前故事板"按钮，可以查看动画效果。

　　（3）单击"表达视图"选项卡"发布"面板上的"视频"按钮，打开"发布为视频"对话框，输入文件名，选择保存文件的位置，选择文件格式为".avi"，如图 9-10 所示，单击"确定"按钮，弹出"视频压缩"对话框，采用默认设置，如图 9-11 所示，单击"确定"按钮，开始生成动画。

图 9-10 "发布为视频"对话框

图 9-11 "视频压缩"对话框

9.6 实例——创建滚轮架表达视图

本实例创建滚轮架表达视图，如图 9-12 所示。手动调整各个零件的位置，然后创建表达视图动画并保存。

图 9-12 滚轮架表达视图

操作步骤

（1）新建文件。运行 Inventor，选择"快速入门"选项卡，单击"启动"面板上的"新建"选项，在打开的"新建文件"对话框中"Templates"选项卡的"零件"下拉列表中选择"Standard.ipn"选项，如图 9-13 所示，然后单击"创建"按钮新建一个表达视图文件。

图 9-13 "新建文件"对话框

（2）创建视图。单击"表达视图"选项卡"模型"面板上的"插入模型"按钮，打开"插入"对话框，如图 9-14 所示。选择"滚轮架.iam"文件，单击"打开"按钮打开滚轮架装配文件，如图 9-15 所示。

图 9-14 "插入"对话框

图 9-15 滚轮架

（3）调整开槽端紧定螺钉位置。单击"表达视图"选项卡"零部件"面板上的"调整零部件位置"按钮，打开小工具栏。在视图中选择开槽端紧定螺钉，方向如图 9-16 所示。拖动坐标系方向或输入距离，如图 9-16 所示，单击 按钮关闭对话框，结果如图 9-17 所示。

图 9-16 设置参数 1

图 9-17 分解开槽端紧定螺钉

采用相同方法，分解另一侧的开槽端紧定螺钉，如图 9-17 所示。

（4）调整螺钉位置。单击"表达视图"选项卡"零部件"面板上的"调整零部件位置"工具按钮，打开"调整零部件位置"小工具栏。在视图中选择螺钉，拖动坐标系方向或输入距离，方向如图 9-18 所示。单击 ✓ 按钮，结果如图 9-19 所示。

图 9-18　设置参数 2

图 9-19　分解螺钉

（5）调整垫圈位置。单击"表达视图"选项卡"零部件"面板上的"调整零部件位置"工具按钮，打开"调整零部件位置"小工具栏。在视图中选择垫圈，拖动坐标系方向或输入距离，方向如图 9-20 所示。单击 ✓ 按钮，结果如图 9-21 所示。

图 9-20　设置参数 3

（6）重复步骤（4）～（5），将其他 3 个螺钉和垫圈分解，结果如图 9-22 所示。

图 9-21　分解垫圈

图 9-22　分解螺钉和垫圈

（7）调整支架位置。单击"表达视图"选项卡"零部件"面板上的"调整零部件位置"按钮 ，打开"调整零部件位置"小工具栏。在视图中选择支架，拖动坐标系方向或输入距离，单击 按钮，结果如图9-23所示。

图9-23 设置参数并分解支架

采用相同的方法，分解另一侧支架，如图9-24所示。

图9-24 分解支架

（8）调整滚轮位置。单击"表达视图"选项卡"零部件"面板上的"调整零部件位置"工具按钮 ，打开"调整零部件位置"小工具栏。在视图中选择滚轮，拖动坐标系方向或输入距离方向，如图9-25所示。单击 按钮，结果如图9-26所示。

图9-25 设置参数4   图9-26 分解滚轮

（9）创建动画。单击"视图"选项卡"窗口"面板上的"用户界面"按钮▢，选中"故事板面板"选项，打开"故事板面板"栏，如图9-27所示。单击"播放当前故事板"按钮▷▼，观察动画，如图9-28所示。

图9-27 "动画"对话框

图9-28 创建动画

（10）生成动画。单击"表达视图"选项卡"发布"面板上的"视频"按钮▦，打开"发布为视频"对话框，输入文件名为"滚轮架"，选择保存文件的位置，选择文件格式为"avi"，如图9-29所示，单击"确定"按钮，弹出"视频压缩"对话框，采用默认设置，如图9-30所示，单击"确定"按钮，开始生成动画。

图 9-29 "发布为视频"对话框 　　　　　图 9-30 "视频压缩"对话框

（11）保存文件。单击主菜单下"另存为"命令，打开"另存为"对话框，输入文件名为"滚轮架表达视图.ipn"，单击"保存"按钮，保存文件。

第 10 章　创建工程图

知识导引

工程图由一张或多张图样构成，每张图样包含一个或多个二维工程视图和标注。在实际生产中，二维工程图依然是表达零件和部件信息的一种重要方式。本章重点讲述 Inventor 中二维工程图的创建和编辑等相关知识。

10.1　工程图环境

在 Inventor 中完成了三维零部件的设计造型后，接下来的工作就是要生成零部件的二维工程图了。Inventor 与 AutoCAD 同出于 Autodesk 公司，Inventor 不仅继承了 AutoCAD 的众多优点，并且具有更多强大和人性化的功能。

（1）Inventor 自动生成二维视图，用户可自由选择视图的格式，如标准三视图（主视图、俯视图、侧视图）、局部视图、打断视图、断面图、轴测图等。Inventor 还支持生成零件的当前视图，也就是说可从任何方向生成零件的二维视图。

（2）用三维图生成的二维图是参数化的，同时二维、三维可双向关联，也就是说当改变了三维实体尺寸的时候，对应的二维工程图的尺寸会自动更新；当改变了二维工程图的某个尺寸的时候，对应的三维实体的尺寸也随之改变，因此大大提高了设计效率。

10.1.1　进入工程图环境

（1）单击"快速入门"选项卡"启动"面板中的"新建"按钮，打开"新建文件"对话框，在对话框中选择"Standard.idw"模板，如图 10-1 所示。

图 10-1　"新建文件"对话框

（2）单击"创建"按钮，进入工程图环境，如图 10-2 所示。

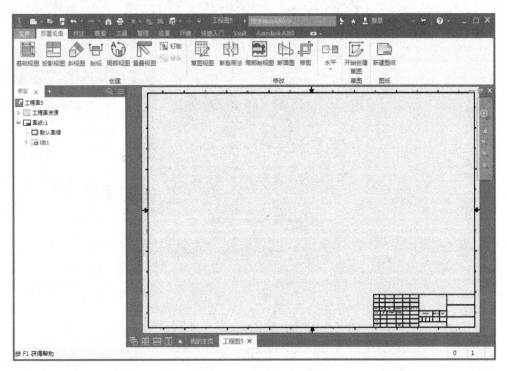

图 10-2　工程图环境

10.1.2　工程图模板

新工程图都要通过模板创建。通常使用默认模板创建工程图，也可以使用自己创建的模板。

任何工程图文件都可以做成模板。当把工程图文件保存到"Templates"文件夹中时，该文件即转换为模板文件。创建工程图模板的步骤如下。

（1）新建文件。运行 Inventor，单击"快速入门"选项卡"启动"面板上的"新建"按钮，在打开的图 10-3 所示的"新建文件"对话框中的"工程图"下拉列表中选择"Standard.idw"选项，然后单击"确定"按钮新建一个工程图文件。Standard.idw 是基于 GB 标准，其中大多数设置可以使用。

（2）文本、尺寸样式。单击"管理"选项卡"样式和标准"面板上的"样式编辑器"按钮，打开"样式和标注编辑器[样式库-只读]"对话框，单击"标准"项目下的"默认标准（GB）"，在右侧选择"常规"选项卡，在"预设值"选项组的下拉列表中选择"线宽"，如图 10-4 所示。单击"新建"按钮，打开图 10-5 所示的"添加新线宽"对话框，输入线宽为"0.2 mm"，单击"确定"按钮，返回到"样式和标注编辑器"对话框中，单击"保存"按钮，保存新线宽。

图 10-3 "新建文件"对话框

图 10-4 "常规"选项卡

图 10-5 "添加新线宽"对话框

（3）新建文本样式。右击"注释文本 ISO"，在弹出的快捷菜单中选择"新建样式"选项，如图 10-6 所示。打开图 10-7 所示的"新建本地样式"对话框，在"名称"文本框中输入"注释文本 GB"，单击"确定"按钮，返回到"样式和标注编辑器"对话框，设置字符格式、文本高度、段落间距和颜色等，设置的新文本样式如图 10-8 所示，单击"保存"按钮，保存新样式。

图 10-6 快捷菜单

图 10-7 "新建本地样式"对话框

图 10-8 设置新文本样式

（4）设置尺寸样式。在"尺寸"项目下单击"默认（GB）"选项，在右侧的"尺寸样式[默认（GB）]"中分别修改"单位""显示""文本""公差""选项"以及"注释和指引线"等选项卡中设置尺寸的各个参数，如图 10-9 所示。设置完成后，单击"保存"按钮保存设置。

图 10-9 尺寸样式[默认（GB）]

（5）图层设置。展开"图层"项目，单击任意一图层名称，激活"图层样式"列表框，在列表框中选择需要修改的图层外观颜色，打开"颜色"对话框，如图 10-10 所示，选择"红色"，单击"确定"按钮。在"线宽"下拉列表中选择线宽为"0.2 mm"，单击"完成"按钮，退出样式设置。

图 10-10　设置图层颜色

（6）编辑标题栏。展开"模型"浏览器中"标题栏"文件，右击"GB2"，在弹出的图 10-11 所示的快捷菜单中选择"编辑"命令，标题栏进入草图环境。可以利用草图工具对标题栏的图线、文字和特性字段等进行修改，如图 10-12 所示。修改完成后在界面上单击鼠标右键，在弹出的图 10-13 所示的快捷菜单中选择"保存标题栏"选项。

图 10-11　选择"编辑"命令

图 10-12　编辑标题栏

图 10-13　选择"保存标题栏"选项

（7）保存模板。单击"快速访问"工具栏上的"保存"按钮💾，打开"另存为"对话框，将自定义的模板保存到安装目录下的"Templates"文件夹中。

10.2 视图的生成

在 Inventor 中，可以创建基础视图、投影视图、斜视图、剖视图和局部视图等。

10.2.1 基础视图

新工程图中的第一个视图是基础视图，基础视图是创建其他视图（如剖视图、局部视图）的基础。用户也可以随时为工程图添加多个基础视图。创建基础视图的步骤如下。

（1）单击"放置视图"选项卡"创建"面板上的"基础视图"按钮▦，打开"工程视图"对话框，如图 10-14 所示。

图 10-14 "工程视图"对话框

（2）在对话框中单击"打开现有文件"按钮🔍▾，打开"打开"对话框，选择需要创建视图的零件，这里选择"支架.ipt"零件，如图 10-15 所示。

图 10-15 "打开"对话框

（3）单击"打开"按钮，回到"工程视图"对话框，系统默认视图方向为前视图，如图 10-16 所示。在视图中单击 ViewCube 的右侧，切换视图方向到右视图，并单击视图角度，如图 10-17 所示。

图 10-16　默认视图方向

图 10-17　旋转视图

（4）在"工程视图"对话框中，设置缩放比例为 2：1，单击"不显示隐藏线"按钮，单击"确定"按钮完成基础视图的创建，如图 10-18 所示。

"工程视图"对话框中的选项说明如下。

1."零部件"选项卡

（1）文件：用来指定要用于工程视图的零件、部件或表达视图文件。单击"打开现有文件"按钮，打开"打开"对话框，在对话框中选择文件。

（2）样式：用来定义工程图视图的显示样式，可以选择 3 种显示样式：显示隐藏线、不显示隐藏线和着色。

（3）比例：设置生成的工程视图相对于零件或部件的比例。另外在编辑从属视图时，该选项可以用来设置视图相对于父视图的比例，可以在文本框中输入所需的比例，或者单击箭头从常用比例列表中选择。

（4）视图名称：输入视图的名称。默认的视图名称由激活的绘图标准所决定。

（5）切换标签可见性：显示或隐藏视图名称。

2."模型状态"选项卡（见图 10-19）

图 10-18　创建视图

图 10-19　"模型状态"选项卡

指定要在工程视图中使用的焊接件状态和 iAssembly 或 iPart 成员。指定参考数据，如线样式和隐藏线计算配置。

（1）焊接件：仅在选定文件包含焊接件时可用，单击要在视图中表达的焊接件状态。"准备"分隔符下拉列表框列出了所有处于准备状态的零部件。

（2）成员：对于 iAssembly 工厂，选择要在视图中表达的成员。

（3）参考数据：设置视图中参考数据的显示。

● 线样式：为所选的参考数据设置线样式，单击下拉列表框的箭头可以选择样式，可选样式有"按参考零件""按零件"和"关"。

● 边界：设置"边界"选项的值来查看更多参考数据。设置边界值可以使得边界在所有边上以指定值扩展。

● 隐藏线计算：指定是计算"所有实体"的隐藏线还是计算"分别参考数据"的隐藏线。

3．"显示选项"选项卡（见图 10-20）

图 10-20 "工程视图"对话框中的"显示选项"选项卡

设置工程视图的元素是否显示，注意只有适用于指定模型和视图类型的选项才可用。可以选中或者清除一个选项来决定该选项对应的元素是否可见。

技巧：

把鼠标移动到创建的基础视图上面，则视图周围出现红色虚线形式的边框。当把鼠标移动到边框的附近时，指针旁边出现移动符号，此时按住左键就可以拖动视图，以改变视图在图纸中的位置。

在视图上单击右键，则会打开图 10-21 所示的快捷菜单。

（1）选择快捷菜单中的"复制"和"删除"命令可以复制和删除视图。

（2）选择"打开"命令，则会在新窗口中打开要创建工程图的源零部件。

（3）在视图上双击，则重新打开"工程视图"对话框，用户可以修改其中可以进行修改的选项。

（4）选择"对齐视图"或者"旋转"选项可以改变视图在图纸中的位置。

图 10-21 右键弹出快捷菜单

4. "恢复选项"选项卡（见图10-22）

图 10-22 "工程视图"对话框中的"恢复选项"选项卡

用于定义在工程图中对曲面和网格实体以及模型尺寸和定位特征的访问。

（1）混合实体类型的模型：

● 包含曲面体：可控制工程视图中曲面体的显示。该选项默认情况下处于选中状态，用于包含工程视图中的曲面体。

● 包含网格实体:可控制工程视图中网格实体的显示。该选项默认情况下处于选中状态，用于包含工程视图中的网格实体。

（2）所有模型尺寸：选中该复选框以检索模型尺寸。只显示与视图平面平行并且没有被图样上现有视图使用的尺寸。清除该复选框选择，则在放置视图时不带模型尺寸。如果模型中定义了尺寸公差，则模型尺寸中会包括尺寸公差。

（3）用户定位特征：从模型中恢复定位特征，并在基础视图中将其显示为参考线。选择该复选框来包含定位特征。

此选项仅用于最初放置基础视图。若要在现有视图中包含或排除定位特征，可在"模型"浏览器中展开视图节点，然后在模型上单击鼠标右键。在快捷菜单中选择"包含定位特征"，然后在"包含定位特征"对话框中指定相应的定位特征。或者，在定位特征上单击鼠标右键，然后在快捷菜单中选择"包含"。

若要从工程图中排除定位特征，在单个定位特征上单击鼠标右键，然后在快捷菜单中清除"包含"复选框选择。

10.2.2 投影视图

用投影视图工具可以创建以现有视图为基础的其他从属视图，如正交视图或等轴测视图等。正交投影视图的特点是默认与父视图对齐，并且继承父视图的比例和显示方式；若移动父视图，从属的正交投影视图仍保持与它的正交对齐关系；若改变父视图的比例，正交投影视图的比例也随之改变。创建投影视图的步骤如下。

（1）单击"放置视图"选项卡"创建"面板上的"投影视图"按钮，在视图中选择要投影的视图，并将视图拖动到投影位置，如图 10-23 所示。

图 10-23 拖动视图

（2）单击放置视图，单击鼠标右键，在打开的快捷菜单中选择"创建"选项，如图 10-24 所示，完成投影视图的创建，如图 10-25 所示。

图 10-24 选择"创建"选项

图 10-25 投影视图

技巧：

由于投影视图是基于基础视图创建的，因此常称基础视图为父视图，称投影视图以及其他以基础视图为基础创建的视图为子视图。在默认的情况下，子视图的很多特性继承自父视图。

（1）如果拖动父视图，则子视图的位置随之改变，以保持和父视图之间的位置关系。

（2）如果删除了父视图，则子视图也同时被删除。

（3）子视图的比例和显示方式同父视图保持一致，当修改父视图的比例和显示方式时，子视图的比例和显示方式也随之改变。

向不同的方向拖动鼠标可以预览不同方向的投影视图。如果竖直向上或者向下拖动鼠标，则可以创建仰视图或者俯视图；水平向左或者向右拖动鼠标则可以创建左视图或者右视图；如果向图纸的四个角落处拖动则可以创建轴侧视图，如图10-26所示。

图10-26　创建轴测视图

10.2.3　斜视图

通过从父视图中的一条边或直线投影来放置斜视图，得到的视图将与父视图在投射方向上对齐。光标相对于父视图的位置决定了斜视图的方向，斜视图继承父视图的比例和显示设置，斜视图可以看作是机械设计中的向视图。创建斜视图的步骤如下。

（1）单击"放置视图"选项卡"创建"面板上的"斜视图"按钮，选择要投影的视图。

（2）打开"斜视图"对话框，如图10-27所示，在对话框中设置视图参数。

图10-27　"斜视图"对话框

（3）在视图中选择线性模型边定义视图方向，如图10-28所示。

（4）沿着投射方向拖动视图到适当位置，单击放置视图，如图 10-29 所示。

图 10-28　选择边 　　　　　　　　　　图 10-29　创建斜视图

10.2.4 剖视图

剖视图是表达零部件上被遮挡的特征以及部件装配关系的有效方式。可将已有视图作为父视图来创建剖视图。创建的剖视图默认与其父视图对齐，若在放置剖视图时按〈Ctrl〉键，则可以取消对齐关系。创建剖视图的步骤如下。

（1）单击"放置视图"选项卡"创建"面板上的"剖视"按钮，在视图中选择父视图。

（2）在父视图上绘制剖切线，剖切线绘制完成后单击鼠标右键，在打开的快捷菜单中选择"继续"选项，如图 10-30 所示。

（3）打开"剖视图"对话框，如图 10-31 所示，在对话框中设置视图参数。

图 10-30　选择"继续"选项 　　　　图 10-31　"剖视图"对话框

（4）拖动视图到适当位置，单击放置视图，如图 10-32 所示。

"剖视图"对话框中的选项说明如下。

1. 视图/比例标签

● 视图标识符：编辑视图标识符号字符串。

● 比例：设置相对于零件或部件的视图比例。在文本框中输入比例，或者单击箭头从常用比例列表中选择。

图 10-32　创建剖视图

2. 剖切深度

● 全部：零部件被完全剖切。

● 距离：按照指定的深度进行剖切。

3. 切片

● 包括切片：如果选中此选项，则会根据浏览器中的属性创建包含一些切割零部件和剖切零部件的剖视图。

● 剖切整个零件：如果选中此选项，则会取代浏览器中的属性，并会根据几何图元剖切线切割视图中的所有零部件。

4. 方式

● 投影视图：从草图线创建的投影视图。

● 对齐：选择此选项，生成的剖视图将垂直于投射线。

> **技巧：**
>
> （1）一般来说，剖切面由绘制的剖切线决定，剖切面过剖切线且垂直于屏幕方向。对于同一个剖切面，不同的投射方向生成的剖视图也不相同。因此在创建剖视图时，一定要选择合适的剖切面和投射方向。对具有内部凹槽的零件，要表达零件内壁的凹槽，必须使用剖视图。为了表现方形的凹槽特征和圆形的凹槽特征，必须创建不同的剖切平面。
>
> （2）需要特别注意的是，剖切的范围完全由剖切线的范围决定，剖切线在其长度方向上延展的范围决定了所能够剖切的范围。
>
> （3）剖视图中投射的方向就是观察剖切面的方向，它也决定了所生成的剖视图的外观。可以选择任意的投射方向生成剖视图，投射方向既可以与剖切面垂直，也可以不垂直。

10.2.5 实例——创建滚轮剖视图

本实例绘制滚轮剖视图，如图 10-33 所示。

图 10-33　滚轮剖视图

操作步骤

（1）新建文件。运行 Inventor，单击"快速入门"选项卡"启动"面板上的"新建"按钮，在打开的图 10-34 所示的"新建文件"对话框中的"工程图"下拉列表中选择"Standard.idw"选项，然后单击"确定"按钮新建一个工程图文件。

（2）创建基础视图。

1）单击"放置视图"选项卡"创建"面板上的"基础视图"按钮，打开"工程视图"对话框，如图 10-35 所示。

图 10-34 "新建文件"对话框

图 10-35 "工程视图"对话框

2）在对话框中单击"打开现有文件"按钮，打开"打开"对话框，选择"滚轮.ipt"文件，如图 10-36 所示，单击"打开"按钮，打开滚轮零件文件。

图 10-36 "打开"对话框

3）返回到"工程视图"对话框中，输入比例为"2：1"，选择样式为"不显示隐藏线" ，如图 10-37 所示。设置完参数，单击"确定"按钮，完成基础视图的创建，如图 10-38 所示。

图 10-37 "工程视图"对话框

图 10-38 创建基础视图

（3）创建剖视图。

1）单击"放置视图"选项卡"创建"面板上的"剖视"按钮 🗂，在视图中选择上步创建的基础视图，在视图的中间位置绘制一条竖直线段作为剖切线，然后单击鼠标右键，在打开的快捷菜单中选择"继续"选项，如图 10-39 所示。

2）系统自动生成剖视图并打开图 10-40 所示的"剖视图"对话框，拖动视图到基础视图的左方适当位置单击，完成剖视图的创建，如图 10-33 所示。

图 10-39 快捷菜单

图 10-40 "剖视图"对话框

（4）保存文件。单击"快速访问"工具栏上的"保存"按钮 📙，打开"另存为"对话框，输入文件名为"创建滚轮剖视图.idw"，单击"保存"按钮，保存文件。

10.2.6 局部视图

对已有视图的某部分创建局部视图，可以使该部分在局部视图上得到放大显示，因此局部视图也称局部放大图。局部视图并不与父视图对齐，默认情况下也不与父视图同比例。创建局部视图的步骤如下。

（1）单击"放置视图"选项卡"创建"面板上的"局部视图"按钮，选择父视图。

（2）打开"局部视图"对话框，如图 10-41 所示，在对话框中设置标识符、缩放比例、轮廓形状和镂空形状等参数。

（3）在视图中要创建局部视图的位置绘制边界，如图 10-42 所示。

（4）拖动视图到适当位置，单击鼠标放置，如图 10-43 所示。

图 10-41 "局部视图"对话框

图 10-42 绘制边界

图 10-43 创建局部视图

"局部视图"对话框中的选项说明如下。

● 轮廓形状：为局部视图指定圆形或矩形轮廓形状。父视图和局部视图的轮廓形状相同。

● 镂空形状：可以将切割线型指定为"锯齿状"或"平滑"。

● 显示完整局部边界：会在产生的局部视图周围显示全边界（环形或矩形）。

● 显示连接线：会显示局部视图中轮廓和全边界之间的连接线。

技巧：

局部视图创建以后，可以通过局部视图的右键快捷菜单中的"编辑视图"选项进行编辑、复制、删除等操作。

如果要调整父视图中创建局部视图的区域，可以在父视图中将鼠标指针移动到创建局部视图时拉出的圆形或者矩形上，则圆形或者矩形的中心和边缘上出现绿色小原点，在中心的小圆点上按住鼠标并移动则可以拖动区域的位置；在边缘的小圆点上按住鼠标左键拖动，则可以改变区域的大小。当改变了区域的大小或者位置以后，局部视图会自动随之更新。

10.3 修改视图

本节主要介绍打断视图、局部剖视图、断面图的创建方法，以及对视图进行位置调整。

10.3.1 打断视图

通过删除或打断不相关部分可以减小模型的尺寸。如果零部件视图超出图纸长度，或者包含大范围的非明确几何图元，则可以在视图中创建打断。创建打断视图的步骤如下。

（1）单击"放置视图"选项卡"修改"面板上的"断裂画法"按钮，选择要打断的视图。

（2）打开"断开"对话框，如图 10-44 所示，在对话框中设置打断样式、打断方向以及间隙等参数。

（3）在视图中放置一条打断线，拖动第二条打断线到适当位置，如图 10-45 所示。

图 10-44 "断开"对话框

图 10-45 放置打断线

（4）单击鼠标放置打断线，完成打断视图的创建，如图 10-46 所示。

编辑打断视图的操作如下。

（1）在打断视图的打断符号上单击右键，在快捷菜单中选择"编辑打断"选项，则重新打开"断开视图"对话框，可以重新对打断视图的参数进行定义。

（2）如果要删除打断视图，选择右键快捷菜单中的"删除"选项即可。

（3）另外，打断视图提供了打断控制器以直接在图样上对打断视图进行修改。当鼠标指针位于打断视图符号的上方时，打断控制器（一个绿色的小圆形）即会显示，可以用鼠标左键按住该控制器，左右或者上下拖动以改变打断的位置，如图 10-47 所示。还可以通过拖动两条打断线来改变去掉的零部件部分的视图量。如果将打断线从初始视图的打断位置移走，则会增加去掉零部件的视图量，将打断线移向初始视图的打断位置，会减少去掉零部件的视图量。

图 10-46 创建打断视图

图 10-47 拖动打断线

"断开"对话框中的选项说明如下。

1. 样式

- 矩形样式 ▨：为非圆柱形对象和所有剖视打断的视图创建打断。
- 构造样式 ▨：使用固定格式的打断线创建打断。

2. 方向

- 水平 ▨：设置打断方向为水平方向。
- 竖直 ▨：设置打断方向为竖直方向。

3. 显示

- 显示：设置每个打断类型的外观。当拖动滑块时，控制打断线的波动幅度，表示为打断间隙的百分比。
- 间隙：指定打断视图中打断之间的距离。
- 符号：指定所选打断处的打断符号的数目，每个打断处最多允许使用 3 个符号，并且只能在"构造样式"的打断中使用。

4. 传递给父视图

如果选择此选项，则打断操作将扩展到父视图。此选项的可用性取决于视图类型和"打断继承"选项的状态。

10.3.2 局部剖视图

局部剖视图是指去除已定义区域的材料以显示现有工程视图中被遮挡的零件或特征的操作。局部剖视图需要依赖于父视图，所以要创建局部剖视图，必须先放置父视图，然后创建与一个或多个封闭的截面轮廓相关联的草图，来定义局部剖区域的边界。

> **注意：**
> 父视图必须与包含定义局部剖边界的截面轮廓的草图相关联。

创建局部剖视图的步骤如下。

（1）在视图中选择要创建局部剖视图的视图。

（2）单击"放置视图"选项卡"草图"面板上的"开始创建草图"按钮 ▱，进入草图环境。

（3）绘制局部剖视图边界，如图 10-48 所示，完成草图绘制，返回到工程图环境。

（4）单击"放置视图"选项卡"修改"面板上的"局部剖视图"按钮 ▱，打开"局部剖视图"对话框，如图 10-49 所示。

图 10-48 绘制边界

图 10-49 "局部剖视图"对话框

（5）捕捉图 10-50 所示的端点为深度点，输入距离为 24 mm，其他采用默认设置，单击"确定"按钮，完成局部剖视图的创建，如图 10-51 所示。

图 10-50　捕捉端点

图 10-51　创建局部剖视图

"局部剖视图"对话框中的选项说明如下。

1．深度

● 自点：为局部剖的深度设置数值。

● 至草图：使用与其他视图相关联的草图几何图元定义局部剖的深度。

● 至孔：使用视图中孔特征的轴定义局部剖的深度。

● 贯通零件：使用零件的厚度定义局部剖的深度。

2．显示隐藏边

临时显示视图中的隐藏线，可以在隐藏线几何图元上拾取一点来定义局部剖深度。

3．剖切所有零件

选中此复选框，可以剖切当前未在局部剖视图区域中剖切的零件。

注意：

若有多个封闭轮廓的关联草图，也可同时创建多个局部剖视图。

10.3.3　断面图

断面图是在工程图中创建真正的零深度剖视图，剖切截面轮廓由所选源视图中的关联草图几何图元组成。断面操作将在所选的目标视图中执行。创建断面图的步骤如下。

（1）在视图中选择要创建断面图的视图。

（2）单击"放置视图"选项卡"草图"面板上的"开始创建草图"按钮，进入草图环境。

（3）绘制断面草图，如图 10-52 所示，完成草图绘制，返回到工程图环境。

（4）在视图中选择要剖切的视图，如图 10-53 所示。

图 10-52　绘制草图　　　　　　　　图 10-53　选择剖切视图

（5）打开"断面图"对话框，如图 10-54 所示。在视图中选择 10-52 中绘制的草图。

（6）在对话框中单击"确定"按钮，完成断面图的创建，如图 10-55 所示。

图 10-54 "断面图"对话框

图 10-55 创建断面图

- 剖切整个零件：选中此复选框，断面草图几何图元穿过的所有零部件都参与断面，与断面草图几何图元不相交的零部件不会参与断面操作。

注意：

断面图主要是用于表示零件上一个或多个切面的形状，它与国家标准中的断面图有区别（如缺少剖切部位尺寸不详的标注），虽然草图中绘制了表示剖切位置的剖切路径线，但创建断面图时草图已退化。即使在浏览器中通过鼠标右键编辑草图为可见，标注也是不符合规范的。

10.3.4 修剪

修剪操作包含已定义边界的工程视图，用户可以通过用鼠标拖动拉出的环形、矩形或预定义视图草图来执行修剪操作。

注意：

修剪操作不能对包含断开视图的视图、包含重叠的视图、抑制的视图和已经被修剪过的视图进行修剪。

修剪视图的操作步骤如下。

（1）单击"放置视图"选项卡"修改"面板上的"修剪"按钮，在视图中选择要修剪的视图。

（2）选择要保留的区域，如图 10-56 所示。

（3）单击鼠标，完成视图修剪，结果如图 10-57 所示。

图 10-56 选择区域

图 10-57 修剪视图

10.3.5 实例——创建阀盖工程视图

本实例绘制阀盖工程视图，如图10-58所示。

图10-58 阀盖工程图

操作步骤

（1）新建文件。单击"快速入门"选项卡"启动"面板中的"新建"按钮 ，在打开的图10-59所示的"新建文件"对话框中"Templates"选项卡的"工程图"下拉列表中选择"Standard.idw"选项，然后单击"确定"按钮，新建一个工程图文件。

图10-59 "新建文件"对话框

（2）创建基础视图。单击"放置视图"选项卡"创建"面板中的"基础视图"按钮 ，打开图10-60所示的"工程视图"对话框，在对话框中单击"打开现有文件"按钮 ，打开

图 10-61 所示的"打开"对话框，选择"阀盖"零件，单击"打开"按钮，打开"阀盖"零件文件；默认视图方向为"前视图"，输入比例为"3：1"，选择显示方式为"不显示隐藏线" ，如图 10-62 所示；单击"确定"按钮，完成基础视图的创建，如图 10-63 所示。

图 10-60 "工程视图"对话框

图 10-61 "打开"对话框

图 10-62 设置参数

（3）创建剖视图。单击"放置视图"选项卡"创建"面板中的"剖视"按钮 ，选择基础视图，在视图中绘制剖切线，单击鼠标右键，在打开的快捷菜单中选择"继续"选项，如图 10-64 所示，打开"剖视图"对话框和剖视图，如图 10-65 所示，采用默认设置，将剖视图放置到图纸中适当位置后单击鼠标左键，结果如图 10-66 所示。

图 10-63　创建基础视图

图 10-64　选择"继续"选项

图 10-65　"剖视图"对话框和剖视图

（4）添加中心线。

1）单击"标注"选项卡"符号"面板中的"中心线"按钮，选择主视图上的两边中点，单击鼠标右键，在弹出的快捷菜单中选择"创建"选项，如图 10-67 所示，完成主视图上中心线的添加。

图 10-66　剖视图

图 10-67　选择"创建"选项

2）单击"标注"选项卡"符号"面板中的"中心标记"按钮 ⊞，在视图中选择圆，为圆添加中心线，如图 10-68 所示。退出"中心标记"命令，选择刚创建的中心线，拖动夹点调整中心线的长度，如图 10-69 所示。

图 10-68   为圆添加中心线

3）单击"标注"选项卡"符号"面板中的"中心阵列"按钮 ⊞，选择左视图中的中心圆为环形阵列的圆心，选择任意小圆为中心线的第一位置，依次选择其他三个圆，最后再选择第一个圆，完成阵列中心线的创建，单击鼠标右键，在打开的快捷菜单中选择"创建"选项，如图 10-70 所示，完成阵列中心线的创建，结果如图 10-58 所示。

图 10-69   调整中心线   图 10-70   快捷菜单 3

（5）保存文件。单击"快速访问"工具栏中的"保存"按钮 💾，打开"另存为"对话框，输入文件名为"创建阀盖工程图.idw"，单击"保存"按钮，保存文件。

10.4 尺寸标注

创建完视图后，需要对工程图进行尺寸标注。尺寸标注是工程图设计中的重要环节，它关系到零件的加工、检验和使用各个环节。只有配合合理的尺寸标注，才能帮助设计者更好地表达其设计意图。

工程视图中的尺寸标注是与模型中的尺寸相关联的，模型尺寸的改变会导致工程图中尺寸的改变。同样，工程图中尺寸的改变会导致模型尺寸的改变。但是两者还是有很大区别的。

（1）模型尺寸：零件中约束特征大小的参数化尺寸。这类尺寸创建于零件建模阶段，它们被应用于绘制草图或添加特征，由于是参数化尺寸，因此可以实现与模型的相互驱动。

（2）工程图尺寸：设计人员在工程图中新标注的尺寸，作为图样的标注用于对模型进一步的说明。标注工程图尺寸不会改变零件的大小。

10.4.1 尺寸

可标注的尺寸包括以下几种。

（1）为选定图线添加线性尺寸。

（2）为点与点、线与线或线与点之间添加线性尺寸。

（3）为选定圆弧或圆标注半径或直径尺寸。

（4）选两条直线标注角度。

（5）虚交点尺寸。

标注尺寸的步骤如下。

（1）单击"标注"选项卡"尺寸"面板上的"尺寸"按钮，依次选择几何图元的组成要素即可。例如：

1）要标注直线的长度，可以依次选择直线的两个端点，或者直接选择整条直线。

2）要标注角度，可以依次选择角的两条边。

3）要标注圆或者圆弧的半径（直径），选取圆或者圆弧即可。

（2）选择图元后，显示尺寸并打开"编辑尺寸"对话框，如图 10-71 所示，在对话框中设置尺寸参数。

图 10-71 "编辑尺寸"对话框

（3）在适当位置单击鼠标，放置尺寸。

"编辑尺寸"对话框中的选项说明如下。

1."文本"选项卡

（1）编辑文本位置。

（2）隐藏尺寸值：选中此复选框，可以编辑尺寸的计算值，也可以直接输入尺寸值。取消此复选框的选择，恢复计算值。

（3）启动文本编辑器：单击此按钮，打开"文本格式"对话框，对文字进行编辑。

（4）在创建后编辑尺寸：选中此复选框，每次插入新的尺寸时都会打开"编辑尺寸"对话框，编辑尺寸。

（5）"符号"列表：在列表中选择符号插入到光标位置。

2. "精度和公差"选项卡（见图10-72）

图10-72 "精度和公差"选项卡

（1）模型值：显示尺寸的模型值。

（2）替代显示的值：选中此复选框，关闭计算的模型值，输入替代值。

（3）公差方式：在列表框中指定选定尺寸的公差方式。

● 上偏差：设置上极限偏差的值。

● 下偏差：设置下极限偏差的值。

● 孔：当选择"公差与配合"公差方式时，设置孔尺寸的公差值。

● 轴：当选择"公差与配合"公差方式时，设置轴尺寸的公差值。

（4）精度：数值将按指定的精度四舍五入。

● 基本单位：设置选定尺寸的基本单位的小数位数。

● 基本公差：设置选定尺寸的基本公差的小数位数。

● 换算单位：设置选定尺寸的换算单位的小数位数。

● 换算公差：设置选定尺寸的换算公差的小数位数。

3. "检验尺寸"选项卡（见图10-73）

图10-73 "检验尺寸"选项卡

（1）检验尺寸：选中此复选框，将选定的尺寸指定为检验尺寸并激活检验选项。

（2）形状。

● 无：指定检验尺寸文本周围无边界形状。

● $\boxed{\text{X,XX}\ |\ 100\%}$：指定所需的检验尺寸形状两端为圆形。

● $\langle\text{X,XX}\ |\ 100\%\rangle$：指定所需的检验尺寸形状两端为尖形。

（3）标签/检验率。

● 标签：包含放置在尺寸值左侧的文本。

● 检验率：包含放置在尺寸值右侧的百分比。

● 符号：将选定的符号放置在激活的"标签"或"检验率"文本框中。

10.4.2 中心标记

在导入工程视图或超级草图之后，可以通过手动或自动方式来添加中心线和中心标记。

1. 自动中心线

将自动中心线和中心标记添加到圆、圆弧、椭圆和阵列中，包括带有孔和拉伸切口的模型。

（1）单击"工具"选项卡"选项"面板中的"文档设置"按钮，打开"阀盖 文档设置"对话框，选择"工程图"选项卡，如图10-74所示。

图10-74 "阀盖 文档设置"对话框

（2）单击"自动中心线"按钮，打开图 10-75 所示的"自动中心线"对话框，设置添加中心线的参数，包括接受中心线和中心标记的特征类型，以及几何图元是正轴投影还是平行投影。

图 10-75 "自动中心线"对话框

2. 手动添加中心线

用户可以手动将 4 种类型的中心线和中心标记应用于工程视图中的各个特征或零件。

● 中心标记 ＋：选定圆或者圆弧，将自动创建十字中心标记线。

● 中心线 ╱：选择两个点，手动绘制中心线。

● 对称中心线 ⫽：选定两条线，将创建它们的对称线。

● 中心阵列 ✛：为环形阵列特征创建中心线。

10.4.3 基线尺寸和基线尺寸集

创建显示基准和所选边或点之间的垂直距离的多个尺寸，所选的第一条边或第一个点是基准几何图元。标注基线尺寸的步骤如下。

（1）单击"标注"选项卡"尺寸"面板上的"基线"按钮 ⟷，在视图中选择要标注的图元。

（2）选择完毕，单击右键，在快捷菜单中选择"继续"选项，出现基线尺寸的预览。

（3）在要放置尺寸的位置单击，即完成基线尺寸的创建。

（4）如果要在其他位置放置相同的尺寸集，可以在结束命令之前按〈Backspace〉键，将再次出现尺寸预览，单击其他位置放置尺寸。

10.4.4 同基准尺寸和同基准尺寸集

用户可以在 Inventor 中创建同基准尺寸或者由多个尺寸组成的同基准尺寸集。放置基准尺寸会自动对齐。如果尺寸文本重叠，可以修改尺寸位置或尺寸样式。标注同基准尺寸的步骤如下。

（1）单击"标注"选项卡"尺寸"面板上的"同基准"按钮 ⥾，然后在图样中单击一个点或者一条直线边作为基准，此时移动鼠标以指定基准的方向，基准的方向垂直于尺寸标注的方向，单击以完成基准的选择。

（2）依次选择要进行标注的特征的点或者边，选择完后则尺寸自动被创建。

（3）当全部选择完毕，可以单击鼠标右键，在弹出的快捷菜单中选择"创建"选项，即可完成同基准尺寸的创建。

10.4.5 孔/螺纹孔尺寸

孔或螺纹注释显示模型的孔、螺纹和圆柱形切口拉伸特征中的信息。孔注释的样式随所选特征类型的变化而变化。注意孔标注和螺纹标注只能添加到在零件中使用孔特征和螺纹特征工具创建的特征上。操作步骤如下。

（1）单击"标注"选项卡"特征注释"面板上的"孔和螺纹"按钮，在视图中选择孔或者螺纹孔。

（2）鼠标指针旁边出现要添加的标注的预览，移动鼠标以确定尺寸放置的位置。

（3）单击以完成尺寸的创建。

10.4.6 实例——标注阀盖尺寸

本实例标注阀盖工程图，如图10-76所示。

图10-76 标注阀盖工程图

操作步骤

（1）打开文件。单击"快速入门"选项卡"启动"面板中的"打开"按钮，打开"打开"对话框，在对话框中选择"创建阀盖工程图.idw"文件，然后单击"打开"按钮，打开工程图文件。

（2）标注直径尺寸。单击"标注"选项卡"尺寸"面板中的"尺寸"按钮，在视图中选择要标注直径尺寸的两条边线，拖出尺寸线放置到适当位置，打开"编辑尺寸"对话框，将光标放置在尺寸值的前端，然后选择"直径"符号，单击"确定"按钮，结果如

图 10-77 所示。同理标注其他直径尺寸。

图 10-77 标注直径尺寸

（3）标注长度性尺寸。单击"标注"选项卡"尺寸"面板中的"尺寸"按钮 ，在视图中选择要标注尺寸的两条边线，拖出尺寸线放置到适当位置，打开"编辑尺寸"对话框，采用默认设置，单击"确定"按钮，结果如图 10-78 所示。

图 10-78 标注长度尺寸

（4）标注偏差尺寸。双击要标注偏差的尺寸 39.5，打开"编辑尺寸"对话框，如图 10-79 所示，选择"精度和公差"选项卡，公差方式选择"偏差"，选择精度的基本公差和基本单位为"3.123"，输入上偏差为"0"，下偏差为"0.029"，如图 10-80 所示；同理标注其他偏差尺寸，如图 10-81 所示。

图 10-79 "编辑尺寸"对话框

图 10-80 修改尺寸

图 10-81 标注偏差尺寸

（5）标注半径和直径尺寸。单击"标注"选项卡"尺寸"面板中的"尺寸"按钮，在视图中选择要标注半径尺寸的圆弧，拖出尺寸线放置到适当位置，如图 10-82 所示，打开"编辑尺寸"对话框，单击"确定"按钮，同理标注其他直径尺寸，结果如图 10-83 所示。

图 10-82　标注半径尺寸

图 10-83　标注半径和直径尺寸

（6）保存文件。选择主菜单下"另存为"命令，打开"另存为"对话框，输入文件名为"标注阀盖工程图.idw"，单击"保存"按钮，保存文件。

10.5　符号标注

一个完整的工程图不但要有视图和尺寸，还得添加一些符号，例如，表面粗糙度符号、几何公差符号等。

10.5.1　表面粗糙度标注

表面粗糙度是评价零件表面质量的重要指标之一，它对零件的耐磨性、耐腐蚀性、零件之间的配合和外观都有影响。标注表面粗糙度的步骤如下。

（1）单击"标注"选项卡"符号"面板上的"粗糙度"按钮√。

（2）要创建不带指引线的符号，可以双击符号所在的位置，打开"表面粗糙度"对话框，如图 10-84 所示。

（3）要创建与几何图元相关联的、不带指引线的符号，可以双击亮显的边或点，该符号随即附着在边

图 10-84　"表面粗糙度"对话框

或点上，并且将打开"表面粗糙度"对话框，可以拖动符号来改变其位置。

（4）要创建带指引线的符号，可以单击指引线起点的位置，如果单击亮显的边或点，则指引线将被附着在边或点上，移动光标并单击，为指引线添加另外一个顶点。当表面粗糙度符号指示器位于所需的位置时，单击鼠标右键打开快捷菜单，选择"继续"选项以放置符号，此时也会打开"表面粗糙度"对话框。

"表面粗糙度"对话框中的选项说明如下。

1. 表面类型
- $\boxed{\sqrt{}}$：基本表面粗糙度符号。
- $\boxed{\sqrt{}}$：表面用去除材料的方法获得。
- $\boxed{\sqrt{}}$：表面用不去除材料的方法获得。

2. 其他
- 长边加横线 $\boxed{}$：该符号为符号添加一个尾部符号。
- 多数 $\boxed{\sqrt{}}$：该符号为工程图指定标准的表面特性。
- 所有表面相同 $\boxed{}$：该符号可添加表示所有表面粗糙度相同的标识。

10.5.2 基准标识标注

使用此命令创建一个或多个基准标识符号，可以创建带指引线的基准标识符号或单个的标识符号。标注基准标识符号的步骤如下。

（1）单击"标注"选项卡"符号"面板上的"基准标识符号"按钮 $\boxed{\text{A}}$。

（2）要创建不带指引线的符号，可以双击符号所在的位置，此时打开"文本格式"对话框。

（3）要创建与几何图元相关联的、不带指引线的符号，可以双击亮显的边或点，则符号将被附着在边或点上，并打开"文本格式"对话框，然后可以拖动符号来改变其位置。

（4）如果要创建带指引线的符号，首先单击指引线起点的位置，如果选择单击亮显的边或点，则指引线将被附着在边或点上，然后移动光标以预览将创建的指引线，再次单击来为指引线添加另外一个顶点。当符号标识位于所需的位置时，单击鼠标右键打开快捷菜单，然后选择"继续"选项，则符号成功放置，并打开"文本格式"对话框。

（5）参数设置完毕，单击"确定"按钮以完成基准标识标注。

10.5.3 几何公差标注

标注几何公差的步骤如下。

（1）单击"标注"选项卡"符号"面板上的"形位公差符号"按钮 $\boxed{\phi1}$。

（2）要创建不带指引线的符号，可以双击符号所在的位置，此时打开"形位公差符号"对话框，如图 10-85 所示。

（3）要创建与几何图元相关联的、不带指引线的符号，可以双击亮显的边或点，则符号将被附着在边或点上，并打开"形位公差符号"对话框，然后可以拖动符号来改变其位置。

（4）如果要创建带指引线的符号，首先单击指引线起点的位置，如果选择单击亮显的边或点，则指引线将被附着在边或点上，然后移动光标以预览将创建的指引线，再次单击来为指引线添加另外一个顶点。当符号标识位于所需的位置时，单击鼠标右键打开快捷菜单，然后选择"继续"选项，则符号成功放置，并打开"形位公差符号"对话框。

图 10-85　"形位公差符号"对话框

（5）参数设置完毕，单击"确定"按钮以完成几何公差的标注。

"形位公差符号"对话框中的选项说明如下。

● 符号：选择要进行标注的项目，一共可以设置 3 个，可以选择直线度、圆度、垂直度、同心度等公差项目。

● 公差：设置公差值，可以分别设置两个独立公差的数值。但是第二个公差仅适用于 ANSI 标准。

● 基准：指定影响公差的基准，基准符号可以从对话框下面的"符号"下拉列表中选择，如 A，也可以手工输入。

● 基准标识符号：指定与几何公差符号相关的基准标识符号。

● 注释：向几何公差符号添加注释。

● 全周边：选中此复选框，用来在几何公差旁添加周围焊缝符号。

编辑几何公差有以下几种类型。

图 10-86　选择"编辑形位公差
符号样式"选项

（1）选择要修改的几何公差，在打开的图 10-86 所示的快捷菜单中选择"编辑形位公差符号样式"选项。打开"样式和标准编辑器[样式库-只读]"对话框，其中的"形位公差符号"选项自动打开，如图 10-87 所示，可以编辑几何公差符号的样式。

图 10-87 "样式和标准编辑器[样式库-只读]"对话框

（2）在快捷菜单中选择"编辑单位属性"选项后会打开"编辑单位属性"对话框，对公差的基本单位和换算单位进行更改，如图 10-88 所示。

（3）在快捷菜单中选择"编辑箭头"选项，则打开"改变箭头"对话框以修改箭头形状。

图 10-88 "编辑单位属性"对话框

10.5.4 文本标注

在 Inventor 中，可以向工程图中的激活草图或工程图资源（例如，标题栏格式、自定义图框或略图符号）中添加文本框或者带有指引线的注释文本，作为图样标题、技术要求或者其他的备注说明文本等。标注文本的步骤如下。

（1）单击"标注"选项卡"文本"面板上的"文本"按钮 **A**。

（2）在草图区域或者工程图区域按住左键，移动鼠标拖出一个矩形作为放置文本的区域，松开鼠标后打开"文本格式"对话框，如图 10-89 所示。

图 10-89 "文本格式"对话框

（3）设置好文本的特性、样式等参数后，在对话框下面的文本框中输入要添加的文本。

（4）单击"确定"按钮以完成文本的添加。

"文本格式"对话框中的选项说明如下。

1. 样式

指定要应用于文本的文本样式。

2. 文本属性

● 对齐：在文本框中定位文本。

● ：创建项目符号和编号。

● 基线对齐：在选中"单行文本"和创建草图文本时可用。

● 单行文本：删除多行文本中的所有换行符。

● 行距：将行间距设置为"单倍""双倍""1.5 倍""多倍"或"精确"。

3．字体属性

● 字体：指定文本字体。

● 字体大小：以图样单位设置文本高度。

● 样式：设置样式。

● 堆叠：可以堆叠工程图文本中的字符串以创建斜堆叠分数或水平堆叠分数，以及上标或下标字符串。

● 颜色：指定文本颜色。

● 文本大小写 Aa：将选定的字符串转换为大写、小写或词首字母大写。

● 旋转角度：设置文本的角度，绕插入点旋转文本。

4．模型、工程图和自定义特性

● 类型：指定工程图、源模型以及在"文档设置"对话框的"工程图"选项卡上的自定义特性源文件的特性类型。

● 特性：指定与所选类型关联的特性。

● 精度：指定文本中显示的数字特性的精度。

5．参数

● 零部件：指定包含参数的模型文件。

● 来源：选择要显示在"参数"列表中的参数类型。

● 参数：指定要插入文本中的参数。

● 精度：指定文本中显示的数值型参数的精度。

6．符号

在插入点将符号插入文本。

技巧：

对文本可以进行以下编辑。

（1）可以在文本上按住鼠标左键拖动，以改变文本的位置。

（2）要编辑已经添加的文本，可以双击已经添加的文本，则重新打开"文本格式"对话框，可以编辑已经输入的文本。通过文本右键快捷菜单中的"编辑文本"选项可以达到相同的目的。

（3）选择右键快捷菜单中的"顺时针旋转 90 度"和"逆时针旋转 90 度"选项可以将文本旋转 90°。

（4）通过"编辑单位属性"选项可以打开"编辑单位属性"对话框，以编辑基本单位和换算单位的属性。

（5）选择"删除"选项则删除所选择的文本。

10.5.5　实例——完成阀盖工程图

本实例完成阀盖工程图，如图 10-90 所示。

图 10-90 阀盖工程图

操作步骤

（1）打开文件。单击"快速入门"选项卡"启动"面板中的"打开"按钮，打开"打开"对话框，在对话框中选择"标注阀盖工程图.idw"文件，然后单击"打开"按钮，打开工程图文件。

（2）标注表面粗糙度。单击"标注"选项卡"符号"面板中的"粗糙度"按钮，在视图中选择图 10-91 所示的表面，双击，打开"表面粗糙度符号"对话框，在对话框中选择"表面用去除材料的方法获得"，输入表面粗糙度值为"*Ra* 12.5"，如图 10-92 所示，单击"确定"按钮，同理标注其他表面粗糙度，结果如图 10-93 所示。

图 10-91 选择表面

图 10-92 "表面粗糙度"对话框

（3）标注基准符号。单击"标注"选项卡"符号"面板中的"基准标识符号"按钮，选择图 10-94 所示的直径尺寸，指定基准符号的起点和顶点，打开图 10-95 所示的"文本格式"对话框，采用默认设置，单击"确定"按钮，完成基准符号的标注，如图 10-96 所示。

图 10-93 标注表面粗造度

图 10-94 选择直径尺寸

图 10-95 "文本格式"对话框

图 10-96　标注基准符号

（4）标注几何公差。单击"标注"选项卡"符号"面板中的"形位公差符号"按钮 ⊕，指定几何公差的位置，单击鼠标右键，在打开的图 10-97 所示的快捷菜单中选择"继续"选项，打开图 10-98 所示的"形位公差符号"对话框，选择符号，输入公差，单击"确定"按钮，完成几何公差符号的标注，如图 10-99 所示。

图 10-97　选择"继续"选项　　　　　　　　　图 10-98　"形位公差符号"对话框

图 10-99　标注几何公差

（5）填写技术要求。单击"标注"选项卡"文本"面板中的"文本"按钮 **A**，在视图中指定一个区域，打开"文本格式"对话框，在文本框中输入文本，并设置参数，如图 10-90 所示；单击"确定"按钮，结果如图 10-100 所示。

（6）保存文件。选择主菜单下"另存为"命令，打开"另存为"对话框，输入文件名为"阀盖工程图.idw"，单击"保存"按钮，保存文件。

图 10-100　"文本格式"对话框

10.6 添加引出序号和明细栏

创建工程视图尤其是部件的工程图后，往往需要向该视图中的零件和子部件添加引出序号和明细栏。明细栏是显示在工程图中的 BOM 表，为部件的零件或者子部件按照顺序标号。它可以显示两种类型的信息：仅零件或第一级零部件。

10.6.1 引出序号

在装配工程图中引出序号就是一个标注标志，用于标识明细栏中列出的项，引出序号的数字与明细栏中零件的序号相对应，并且可以相互驱动。引出序号方法有手动和自动两种。

1. 手动引出序号

手动引出序号的操作步骤如下。

（1）单击"标注"选项卡"表格"面板上的"引出序号"按钮 ①，单击一个零件，同时设置指引线的起点，打开"**BOM 表特性**"对话框，如图 10-101 所示。

图 10-101 "BOM 表特性"对话框

（2）设置好该对话框的所有选项后，单击"确定"按钮，此时鼠标指针旁边出现指引线的预览，移动鼠标以选择指引线的另外一个端点，单击以选择该端点。

（3）单击右键，在打开的快捷菜单中选择"继续"选项，则创建一个引出序号。此时可以继续为其他零部件添加引出序号，或者按下〈Esc〉键退出。

"BOM 表特性"对话框中的选项说明如下。

- 文件：显示用于在工程图中创建 BOM 表的源文件。
- BOM 表视图：可以选择适当的 BOM 表视图，可以选择"装配结构"或者"仅零件"选项。源部件中可能禁用"仅零件"视图选项。如果在明细表中选择了"仅零件"视图选项，则源部件中将启用"仅零件"视图。需要注意的是，BOM 表视图仅适用于源部件。
- 级别：第一级为直接子项指定一个简单的整数值。
- 最少位数：用于控制设置零部件编号显示的最小位数。下拉列表中提供的固定位数范围是 1～6。

技巧：

当引出序号被创建以后，可以用鼠标左键按住某个引出序号以拖动到新的位置。选择要编辑的序号，单击鼠标右键，弹出图 10-102 所示的快捷菜单。

（1）选择"编辑引出序号"选项，则打开"样式和标准编辑器[样式库-只读]"对话框，如图 10-103 所示，可以编辑引出符号的形状、符号等。

（2）"附着引出序号"选项可以将另一个零件或自定义零件的引出序号附着到现有的引出序号。

图 10-102　弹出快捷菜单　　　　图 10-103　"样式和标准编辑器[样式库-只读]"对话框

2. 自动引出序号

当零部件数量比较多时，一般采用自动的方法引出序号。

自动引出序号的操作步骤如下。

（1）单击"标注"选项卡"表格"面板上的"自动引出符号"按钮。

（2）选择一个视图，此时打开"自动引出序号"对话框，如图 10-104 所示。

（3）在视图中选择要添加或删除的零件。

（4）在对话框中设置序号放置参数，在视图中适当位置单击放置序号。

（5）设置完毕单击"确定"按钮，则该视图中的所有零部件都会自动添加引出序号。

图 10-104　"自动引出序号"对话框

"自动引出序号"对话框中的选项说明如下。

1. 选择

● 选择视图集：设置引出序号零部件编号的来源。

● 添加或删除零部件：向引出序号附件的选择集添加零部件或从中删除零部件。可以通过窗选以及按住〈Shift〉键选择的方式来删除选择的零部件。

● 忽略多个引用：选中此复选框，可以仅在所选的第一个引用上放置引出序号。

2. 放置

● 选择放置方式：指定"环形""水平"或"竖直"放置方式。

● 偏移间距：设置引出序号边之间的距离。

3. 替代样式

提供创建时引出序号形状的替代样式。

注意：

在工程图中一般要求引出序号沿水平或者铅垂方向顺时针或者逆时针排列整齐，虽然系统可以通过选择放置引出序号的位置使得编号排列整齐，但是编号的大小是系统确定的，有时候数字的排列不是按照大小顺序，这时候可以对编号取值进行修改。选择一个要修改的编号单击右键，选择快捷菜单中的"编辑引出序号"选项即可。

10.6.2 明细栏

在 Inventor 中的工程图明细栏与装配模型相关，在创建明细栏时可按默认设置方便地自动生成相关信息。明细栏格式可预先设置，也可以重新编辑，甚至可以做复杂的自定义，以进一步与零件信息相关联。创建明细栏的步骤如下。

（1）单击"标注"选项卡"表格"面板上的"明细栏"按钮，打开"明细栏"对话框，如图 10-105 所示。

图 10-105 "明细栏"对话框

（2）选择要添加明细表的视图，在对话框中设置明细表参数。

（3）设置完成后，单击"确定"按钮，完成明细表的创建。

"明细栏"对话框中的主要选项说明如下。

1．BOM 表视图

选择适当的 BOM 表视图来创建明细表和引出序号。

> **注意：**
>
> 源部件中可能禁用"仅零件"类型选项。如果选择此选项，将在源文件中选择"仅零件"BOM 表类型。

2．表拆分

● 表拆分的方向：选项"左""右"表示将明细表行分别向左、右拆分。

● 启用自动拆分：启用自动拆分控件。

● 最大行数：指定一个表中所显示的行数，可以输入适当的数字。

● 区域数：指定要拆分的表数。

利用右键快捷菜单中的"编辑明细表"选项或者在明细表上双击，可以打开"明细栏"对话框，进行编辑序号、代号和添加描述以及排序、比较等操作，如图 10-106 所示。选择"输出"选项则可以将明细表输出为 Microsoft Acess 文件（*.mdb）。

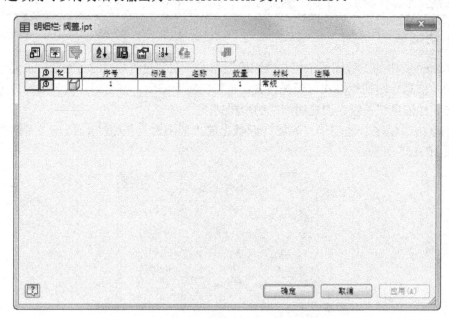

图 10-106 "明细栏:阀盖.ipt"对话框

10.7 综合实例——球阀装配工程图

本实例绘制球阀工程图，如图 10-107 所示。

图 10-107 球阀工程图

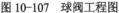操作步骤

（1）新建文件。单击"快速入门"选项卡"启动"面板中的"新建"按钮，在"新建文件"对话框中"Templates"选项卡的"工程图"下拉列表中选择"Standard.idw"选项，单击"创建"按钮，新建一个工程图文件。

（2）创建基础视图。

1）单击"放置视图"选项卡"创建"面板中的"基础视图"按钮，打开"工程视图"对话框，在对话框中单击"打开现有文件"按钮，打开"打开"对话框，选择"球阀.iam"文件，单击"打开"按钮，如图 10-108 所示，打开"球阀"装配体。

图 10-108 "打开"对话框

2）在"工程视图"对话框中输入比例为"1.5∶1"，选择显示方式为"不显示隐藏线"，如图 10-109 所示，然后在视图中选择右视图。单击"确定"按钮，将视图放置在图纸中的适当位置，如图 10-110 所示。

图 10-109　"工程视图"对话框

图 10-110　创建基础视图

（3）创建投影视图。单击"放置视图"选项卡"创建"面板中的"投影视图"按钮，在视图中选择上一步创建的基础视图，然后向下拖动鼠标，在适当位置单击，确定创建投影视图的位置。再单击鼠标右键，在打开的快捷菜单中选择"创建"选项，如图 10-111 所示，生成俯视图如图 10-112 所示。

图 10-111　快捷菜单

图 10-112　创建俯视图

（4）创建局部剖视图。

1）在视图中选取主视图，单击"放置视图"选项卡"草图"面板中的"开始创建草图"按钮 ，进入草图绘制环境。单击"草图"选项卡"创建"面板中的"样条曲线（控制顶点）"按钮 ，绘制一个封闭曲线，如图 10-113 所示。单击"草图"标签中的"完成草图"按钮 ，退出草图环境。

图 10-113　绘制样条曲线

2）单击"放置视图"选项卡"创建"面板中的"局部剖视图"按钮 ，在视图中选取主视图，打开"局部剖视图"对话框，系统自动捕捉上一步绘制的草图为截面轮廓，选择图 10-114 所示的点为基础点，输入深度为"0"，单击"确定"按钮，完成局部剖视图的创建，如图 10-115 所示。

图 10-114　选择截面轮廓和基点

3）不剖切零件。在浏览器中选取阀杆零件，单击鼠标右键，在弹出的快捷菜单中选择"剖切参与件"→"无"选项，不剖切阀杆零件。同理，选取阀芯作为不剖切零件，完成局部剖视图的创建，如图 10-116 所示。

图 10-115　创建局部剖视图

图 10-116　不剖切零件

技巧：

　　有关标准规定，对于紧固件以及轴、连杆、球、键、销等实心零件，若按纵向剖切，且剖切平面通过其对称平面或与对称平面相平行的平面或者轴线时，则这些零件都按照不剖切绘制。

4）编辑剖面线。从视图中可以看出压紧套和阀体的剖面线重合，为了更好地区分零件，可以更改阀体或压紧套剖面线的方向或角度。双击压紧套上的剖面线，打开"编辑剖面线图案"对话框，修改角度为"135"，如图 10-117 所示，单击"确定"按钮，结果如图 10-118 所示。

图 10-117　"编辑剖面线图案"对话框

图 10-118　修改剖面线

（5）创建中心线。单击"标注"选项卡"符号"面板中的"对分中心线"按钮 ，选择两条边线，在其中间位置创建中心线，选取中心线，调整中心线的位置，结果如图10-119所示。

（6）标注配合尺寸。单击"标注"选项卡"尺寸"面板中的"尺寸"按钮 ，在视图中选择要标注尺寸的边线，拖出尺寸线放置到适当位置，打开"编辑尺寸"对话框，在尺寸前插入直径符号，选择"精度和公差"选项卡，选择"公差/配合-堆叠"选项，选择孔为"H11"，轴为"d11"，如图10-120所示，单击"确定"按钮，完成一个配合尺寸的标注，同理标注其他配合尺寸，如图10-121所示。

图 10-119 绘制中心线

图 10-120 "编辑尺寸"对话框

图 10-121 标注配合尺寸

（7）标注尺寸。单击"标注"选项卡"尺寸"面板中的"尺寸"按钮 ，在视图中选择要标注尺寸的边线，拖出尺寸线放置到适当位置，打开"编辑尺寸"对话框，单击"确定"按钮，完成一个尺寸的标注；同理标注其他基本尺寸，如图10-122所示。

图 10-122　标注尺寸

技巧：

　　装配图中的尺寸标注和零件图有所不同，零件图中的尺寸是加工的依据，工人根据这些尺寸能够准确无误地加工出符合图样要求的零件；装配图中的尺寸则是装配的依据，装配工人需要根据这些尺寸来精确地安装零部件。在装配图中，一般需要标注如下几种类型的尺寸。

　　（1）总体尺寸，即部件的长、宽和高。它为制作包装箱、确定运输方式以及部件占据的空间提供依据。

　　（2）配合尺寸，表示零件之间的配合性质的尺寸，它规定了相关零件结构尺寸的加工精度要求。

　　（3）安装尺寸，是部件用于安装定位的连接板的尺寸及其上面的安装孔的定形尺寸和定位尺寸。

　　（4）重要的相对位置尺寸，是对影响部件工作性能有关的零件的相对位置尺寸，在装配图中必须保证，应该直接注出。

　　（5）规格尺寸，是选择零部件的依据，在设计中确定，通常要与相关的零件和系统相匹配，如所选用的管螺纹的外径尺寸。

　　（6）其他的重要尺寸。需要注意的是，正确的尺寸标注不是机械地按照上述的尺寸类型对装配图进行标注，而是在分析部件功能和参考同类型资料的基础上进行标注。

（8）添加序号。单击"标注"选项卡"表格"面板中的"自动引出序号"按钮，打开如图 10-123 所示的"自动引出序号"对话框，在视图中选择主视图，然后添加视图中所有的零件，选择序号的放置位置为环形，将序号放置到视图中适当位置，如图 10-124 所示，单击"确定"按钮，结果如图 10-125 所示。

图 10-123 "自动引出序号"对话框

图 10-124 放置序号

（9）添加明细栏。

1）单击"标注"选项卡"表格"面板中的"明细栏"按钮，打开"明细栏"对话框，在视图中选择主视图，其他采用默认设置，如图 10-126 所示。单击"确定"按钮，生成明细栏，将其放置到标题栏上方，如图 10-127 所示。

图 10-125　标注序号

图 10-126　"明细栏"对话框

10			4	常规	
9			4	常规	
8			4	常规	
7			1	常规	
6			1	常规	
5			1	常规	
4			1	常规	
3			1	常规	
2			2	常规	
1			1	常规	
项目	标准	名称	数量	材料	注释
明细栏					

图 10-127　生成明细栏

2）双击明细栏，打开"明细栏：球阀"对话框，在对话框中填写零件名称、材料等参数，如图 10-128 所示；单击"确定"按钮，完成明细栏的填写，如图 10-129 所示。

图 10-128 "明细栏：球阀"对话框

10		螺母	4	Q235	
9		垫圈	4	Q235	
8		螺栓	4	Q235	
7		扳手	1	ZG230-450	
6		压紧套	1	35	
5		阀杆	1	40Cr	
4		阀盖	1	ZG270-500	
3		阀芯	1	40Cr	
2		密封圈	2	聚四氯乙烯	
1		阀体	1	ZG270-500	
项目	标准	名称	数量	材料	注释
明细栏					

图 10-129 明细栏

（10）填写技术要求。单击"标注"选项卡"文本"面板中的"文本"按钮 **A**，在视图中指定一个区域，打开"文本格式"对话框，在文本框中输入文本，并设置参数，如图 10-130 所示；单击"确定"按钮，结果如图 10-131 所示。

图 10-130 "文本格式"对话框

技术要求
制造与验收技术条件应符合国家标准的规定。

图 10-131　标注技术要求

　　（11）保存文件。单击"快速访问"工具栏中的"保存"按钮，打开"另存为"对话框输入文件名为"球阀.idw"，单击"保存"按钮，保存文件。

第11章 应 力 分 析

 知识导引

应力分析模块是 Inventor 的一个重要的新增功能，Inventor 2018 对应力分析模块进行了更新。通过在零件和钣金环境下进行应力分析，设计者能够在设计的开始阶段就知道所设计的零件的材料和形状是否能够满足应力要求，变形是否在允许范围内等。

11.1 Inventor 2018 应力分析模块概述

应力分析即有限元分析，可以将一个工程系统由连续的系统转换成有限元系统，对工程问题进行求解和计算。Inventor 中应力分析的处理规则如下。

（1）线性变形规则。

（2）小变形规则。

（3）温度无关性。

11.1.1 进入应力分析环境

（1）在零件或者钣金环境下，单击"环境"选项卡"开始"面板上的"应力分析"按钮，则进入应力分析环境，如图 11-1 所示。

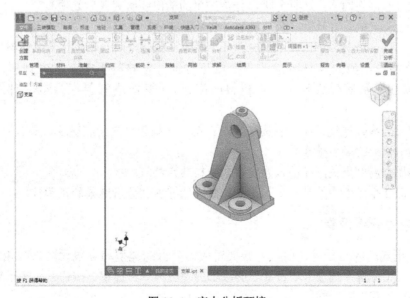

图 11-1 应力分析环境

（2）单击"应力分析"选项卡"管理"面板中的"创建方案"按钮，打开"创建新方案"对话框，指定名称、单个点或驱动尺寸设置目标以及其他参数等。

（3）单击"确定"按钮，接受设置，激活放置命令，如图 11-2 所示。

图 11-2 应力"分析"选项卡

Inventor 的应力分析模块由 ANSYS 公司开发，所以 Inventor 的应力分析也是采取有限元分析（FEA）的基本理论和方法工作。

Inventor 中的应力分析是通过使用物理系统的数学表示来完成的，该物理系统由以下内容组成：

（1）一个零件（模型）。

（2）材料特性。

（3）可应用的边界条件（称为预处理）。

（4）数学表示的方案（求解）。要获得一种方案，可将零件分成若干个小元素。求解器会对各个元素的独立行为进行综合计算，以预测整个物理系统的行为。

（5）研究该方案的结果（称为后处理）。

所以，进行应力分析的一般步骤如下。

（1）创建要进行分析的零件模型。

（2）指定该模型的材料特性。

（3）添加必要的边界条件以便与实际情况相符。

（4）进行分析设置。

（5）划分有限元网格，运行分析，分析结果的输出和研究（后处理）。

使用 Inventor 做应力分析，必须了解一些必要的分析假设。

（1）由 Autodesk Inventor Professional 提供的应力分析仅适用于线性材料特性。在这种材料特性中，应力和材料中的应变成正比例，即材料不会永久性屈服。在弹性区域（作为弹性模量进行测量）中，材料的应力-应变曲线的斜率为常数时，便会得到线性行为。

（2）假设与零件厚度相比，总变形很小。例如，如果研究梁的挠度，那么计算得出的位移必须远小于该梁的最小横截面。

（3）结果与温度无关，即假设温度不影响材料特性。

如果上面 3 个条件中的某一个不符合，则不能够保证分析结果的正确性。

11.1.2 应力分析设置

在进行正式的应力分析之前，有必要对应力分析的类型和有限元网格的相关性进行设置。单击"应力分析"选项卡"设置"面板上的"应力分析设置"按钮，打开图 11-3 所示的"应力分析设置"对话框。

图 11-3 "应力分析设置"对话框

（1）在分析类型中，可以选择的分析类型有：静态分析、模态分析。静态分析本章不多做解释，着重介绍一下模态分析。

模态分析（共振频率分析）主要用来查找零件振动的频率以及在这些频率下的振幅形态。与应力分析一样，模态分析也可以在应力分析环境中使用。共振频率分析可以独立于应力分析进行，用户可以对预应力结构执行频率分析，在这种情况下，可以于执行分析之前定义零件上的载荷。除此之外，还可以查找未约束的零件的共振频率。

（2）在"应力分析设置"对话框中的"网格"选项卡中，可以设置网格的大小。平均元素大小默认值为 0.100，这时的网格所产生的求解时间和结果的精确程度处于平均水平。将数值设置得更小可以使用精密的网格，这种网格提供了高度精确的结果，但求解时间较长。将数值设置得更大可以使用粗略的网格，这种网格求解较快，但可能包含明显不精确的结果。

11.2 边界条件的创建

模型实体和边界条件（如材料、载荷、力矩等）共同组成了一个可以进行应力分析的系统。

11.2.1 指定材料

在进行应力分析前，要确保分析的零件材料定义完整。当没有完整定义材料时，材料列表在材料名称旁显示 ⓘ 符号，如果使用该材料，则会收到一条警告消息。

（1）单击"应力分析"选项卡"材料"面板中的"指定"按钮，打开图 11-4 所示的"指定材料"对话框。

图 11-4 "指定材料"对话框

（2）该对话框中显示零部件、原材料、替代材料、安全系数和显示定义材料等参数，可以从下拉列表中为零件选择一种合适的材料，以用于应力分析。

如果不选择任何材料而取消此对话框继续设置应力分析，当尝试更新应力分析时，将显示该对话框，以便在运行分析之前选择一种有效的材料。

需要注意的是，当材料的屈服强度为零时，可以执行应力分析，但是"安全系数"列将无法计算和显示。当材料密度为零时，同样可以执行应力分析，但无法执行共振频率（模态）分析。

11.2.2 固定约束

将固定约束应用到表面、边或顶点上，可以使得零件的一些自由度被限制，如在一个正方体零件的一个顶点上添加固定约束，则约束该零件的 3 个平动自由度。除了限制零件的运动外，固定约束也可以使零件在一定的范围内运动。将零件某部分固定，才能使零件添加载荷后发生应力和应变。添加固定约束的步骤如下。

（1）单击"应力分析"选项卡"约束"面板上的"固定约束"按钮，打开图 11-5 所示的"固定约束"对话框。

（2）单击"位置"按钮以选择要添加固定约束的位置，可以选择一个表面、一条直线或者一个点。

（3）如果要设置零件在一定范围内运动，则可以选中"使用矢量分量"复选框，然后分别指定零件在 X、Y、Z 轴的运动范围的值，单位为毫米（mm）。

（4）单击"确定"按钮完成固定约束的添加。

图 11-5 "固定约束"对话框

11.2.3 销约束

用户可以向一个圆柱面或者其他曲面上添加销约束。当添加了一个销约束以后，物体在某个方向上就不能平动、转动和发生变形。

要添加销约束，可以单击"应力分析"选项卡"约束"面板上的"销约束"按钮，打开图 11-6 所示的"孔销连接"对话框。

若不选中"固定径向",圆柱体会变粗或变细;若不选中"固定轴向",圆柱体会被拉长或压缩;若不选中"固定切向",圆柱体会沿切线方向扭转变形。

图 11-6 "孔销连接"对话框

11.2.4 无摩擦约束

利用无摩擦约束工具,可以在一个表面上添加无摩擦约束。添加无摩擦约束以后,则物体不能在垂直于该表面的方向上运动或者变形,但是可以在与无摩擦约束相切方向上运动或者变形。

要为一个表面添加无摩擦约束,可以单击"应力分析"选项卡"约束"面板上的"无摩擦约束"按钮 ,弹出图 11-7 所示的"无摩擦约束"对话框,选择一个表面以后,单击"确定"按钮,即完成无摩擦约束的添加。

图 11-7 "无摩擦约束"对话框

11.2.5 力和压力

应力分析模块中提供力和压力两种形式的作用力载荷。力和压力的区别是力作用在一个点上,而压力作用在表面上,压力更加准确的称谓应该是"压强"。本节以添加力为例,讲述如何在应力分析模块下为模型添加力。

（1）单击"应力分析"选项卡"载荷"面板上的"力"按钮，打开图 11-8 所示的"力"对话框。

（2）单击"位置"按钮，选择零件上的某一点作为力的作用点。也可以在模型上单击左键，则鼠标指针所在的位置就作为力的作用点。

（3）通过单击"方向"按钮可以选择力的方向。如果选择了一个平面，则平面的法线方向被选择作为力的方向。单击"方向"按钮可以使得力的作用方向相反。

（4）在"大小"文本框中指定力的大小。如果选中了"使用矢量分量"复选框，还可以通过指定力的各个分量的值来确定力的大小和方向。既可以输入数值形式的力值，也可以输入已定义参数的方程式。

（5）单击"确定"按钮完成力的添加。

图 11-8　"力"对话框

注意：
当使用分量形式的力时，"方向"按钮和"大小"文本框变为灰色不可用。因为，此时力的大小和方向完全由各个分力来决定，不需要再单独指定力的这些参数。

要为零件模型添加压力，可以选择"载荷"面板上的"压强"按钮，打开图 11-9 所示的"压强"对话框。单击"面"按钮指定压力作用的表面，然后在"大小"文本框中指定压力的大小。注意单位为 MPa（MPa是压强的单位）。压力的大小取决于作用表面的面积。单击"确定"按钮完成压力的添加。

11.2.6　轴承载荷

图 11-9　"压强"对话框

轴承载荷仅可以应用到圆柱表面。默认情况下，应用的载荷平行于圆柱的轴。载荷的方向可以是平面的方向，也可以是边的方向。为零件添加轴承载荷步骤如下。

（1）单击"应力分析"选项卡"载荷"面板上的"轴承载荷"按钮，打开图 11-10 所示的"轴承载荷"对话框。

（2）选择轴承载荷的作用表面，注意应该选择一个圆柱面。

（3）选择轴承载荷的作用方向，可以选择一个平面，则平面的法线方向将作为轴承载荷的方向；如果选择一个圆柱面，则圆柱面的轴向方向将作为轴承载荷的方向；如果选择一条边，则该边的矢量方向将作为轴承载荷的方向。

（4）在"大小"文本框中可以指定轴承载荷的大小。对于轴承载荷来说，也可以通过分力来决定合力，这时需要选中"使用矢量分量"复选框，然后指定各个分力的大小即可。

（5）单击"确定"按钮完成轴承载荷的添加。

图 11-10　"轴承载荷"对话框

11.2.7 力矩

力矩仅可以应用到表面,其方向可以由平面、直边、两个顶点和轴来定义。力矩的作用点为所选表面的几何中心上。为零件添加力矩的步骤如下。

(1)单击"应力分析"选项卡"载荷"面板上的"力矩"按钮 ,打开图 11-11 所示的"力矩"对话框。

图 11-11　"力矩"对话框

(2)单击"面"按钮以选择力矩的作用表面。

(3)单击"方向"按钮选择力矩的方向,可以选择一个平面,或者选择一条直线边,或者两个顶点以及轴,则平面的法线方向、直线的矢量方向、两个顶点构成的直线方向以及轴的方向将分别作为力矩的方向。同样可以使用分力矩合成总力矩的方法来创建力矩,选中"力矩"对话框中的"使用矢量分量"复选框即可。

(4)单击"确定"按钮完成力矩的添加。

11.2.8 体载荷

体载荷包括零件的重力以及由于零件自身的加速度和速度而受到的力、惯性力。由于在应力分析模块中无法使得模型运动，所以增加了体载荷的概念，以模仿零件在运动时的受力。重力和加速度的方向是可以自定义的。为零件添加体载荷的步骤如下。

（1）单击"应力分析"选项卡"载荷"面板上的"体"按钮，打开图 11-12 所示的"体载荷"对话框。

（2）在"线性"选项卡中，选择线性载荷的重力方向。

图 11-12 "体载荷"对话框

（3）在"大小"文本框中输入线性载荷大小。

（4）在"角度"选项卡的"加速度"和"速度"下拉列表框中，用户可以指定是否启用旋转速度和加速度，以及旋转速度和加速度的方向和大小，这里不再赘述。

（5）单击"确定"按钮完成体积载荷的添加。

11.3 生成网格

有限元分析的基本方法是将物理模型的 CAD 表示分成小片断（想象一个三维迷宫），此过程称为网格化。在运行分析之前，要确保网格为当前网格，并针对于模型的几何特征来查看它。有时在模型中诸如小间隙、重叠、突出等完整性错误可能会给网格创建带来麻烦，如果这样，就得创建或修改有问题的几何特征。如果模型过于复杂并且在几何上存在异常，则要将其分割为可独立进行网格化的不太复杂的零件。

网格（有限元素集合）的质量越高，物理模型的数学表示就越好。使用方程组对各个元素的行为进行组合计算，便可以预测形状的行为。如果使用典型工程手册中的基本封闭形式计算，将无法理解这些形状的行为。为零件划分网格的步骤如下。

（1）单击"应力分析"选项卡"网格"面板中的"网格设置"按钮，打开图 11-13 所示的"网格设置"对话框。

（2）在对话框中设置网格参数，以便所有的面上都覆盖网格，单击"确定"按钮。

（3）单击"应力分析"选项卡"网格"面板中的"查看网格"按钮，查看零件的网格，如图 11-14 所示。

图 11-13 "网格设置"对话框

图 11-14 查看网格

（4）对于小型面或复杂的面，正常网格大小无法提供足够详细的结果，可以手动调整网格大小以改进局部或解除区域中的应力结果。在浏览器的"网格"文件夹节点上单击鼠标右键，弹出图 11-15 所示的快捷菜单，选择"局部网格控制"选项，或单击"应力分析"选项卡"网格"面板中的"局部网格控制"按钮，打开图 11-16 所示的"局部网格控制"对话框。选择要控制的面和边，指定网格元素大小，单击"确定"按钮。

图 11-15 弹出快捷菜单

图 11-16 "局部网格控制"对话框

"网格设置"对话框选项说明如下。

● 平均元素大小：指定相对于模型大小的元素大小。默认值为 0.1，建议设置为 0.1～0.5。

● 最小元素大小：允许在较小区域进行自动优化，此值是相对于平均大小来说的。默认值为 0.2，建议设置为 0.1～0.2。

● 分级系数：指定相邻元素边之间的最大边长度比，默认值为 1.5，建议设置为 1.5～3.0。此选项影响细致和粗略网格之间的网格过渡的一致性。

● 最大转角：影响弯曲曲面上的元素数目，角度越小，曲线上的网格元素越多。默认值为 60°，建议设置 30°～60°。

● 创建弯曲网格元素：创建具有弯曲边和面的网格。取消此复选框的选择，将生成具有直元素的网格，此类网格可以成为不太准确的模型表达。在凹形圆角或外圆角周围的应力集中区域采用更细致的网格可以补偿曲率的不足。

技巧：

网格划分原则如下。

（1）对工况进行细致了解，再进行网格划分。

（2）对每个零部件及特征进行分析。

（3）默认划分网格→进行网格细化→局部网格划分。

（4）应力集中部分需要进行网格的细化。

11.4　模型分析结果

在为模型添加了必要的边界条件以后，就可以进行应力分析了，本节讲述如何进行应力分析以及分析结果的处理。

11.4.1　运行分析

运行分析将为所定义变量的所有组合生成 FEA 结果。在运行分析之前，完成所有步骤以定义分析的参数。

单击"应力分析"选项卡"求解"面板上的"分析"按钮，打开"分析"对话框，如图 11-17 所示，指示当前分析的进度情况。如果在分析过程中单击"取消"按钮，则分析会中止，不会产生任何分析结果。

图 11-17　"分析"对话框

11.4.2　查看分析结果

1. 查看应力分析结果

当应力分析结束以后，在默认的设置下，"应力分析"浏览器中出现"结果"目录，显示应力分析的各个结果。同时显示模式将切换为平滑着色方式。图 11-18 所示为应力分析完成后的界面。

图 11-18 所示是选择分析类型为"应力分析"时的分析结果。在图中可以看到，Inventor 以平滑着色的方式显示了零件各个部分的应力情况，并且在零件上标出了应力最大点和应力最小点，同时还显示了零件模型在受力状况下的变形情况。查看结果时，始终都能看到此零件的未变形线框。

在"应力分析"浏览器中，"结果"目录下包含 Mises 等效应力、第一主应力等选项，如图 11-19 所示。默认情况下，"Mises 等效应力"选项前有复选标

图 11-18　分析完成后的界面

记，表示当前在工作区域内显示的是零件的等效应力。也可以双击其他选项，使得该选项前面出现复选标记，则工作区域内也会显示该选项对应的分析结果，图 11-20 所示为位移分析结果中的零件变形分析结果。

图 11-19 "结果"目录   图 11-20 零件变形分析结果

（1）Mises 等效应力：结果使用颜色轮廓来表示求解过程中计算的应力。

（2）第一主应力：指示与剪切应力为零的平面垂直的应力值。

（3）第三主应力：受力方向与剪切应力为零的平面垂直。

（4）位移：结果将显示执行解决方案后模型的变形形状。

（5）安全系数：指示在载荷下可能出现故障的模型区域。

（6）"应力"文件夹：包含分析的法向应力和剪切应力结果。

（7）"位移"文件夹：包含分析的位移结果。位移大小是相对的，并且不能用作实际变形。

（8）"应变"文件夹：包含分析的应变结果。

2. 结果可视化

如果要改变分析后零件的显示模式，可以在"显示"面板中选择无着色、轮廓着色和平滑着色，3 种显示模式下零件模型的外观区别如图 11-21 所示。

a)   b)   c)

图 11-21 3 种显示模式下零件模型的外观

a) 无着色　b) 轮廓着色　c) 平滑着色

另外，在"显示"面板上还提供了一些关于分析结果可视化的选项，包括 "边界条件" ✎、"最大值" ▣、"最小值" ▣ 和 "调整位移显示" ▣ 调整后×1 ▾。

（1）单击"边界条件"按钮 ✎，显示零件上的载荷符号。

（2）单击"最大值"按钮 ▣，显示零件模型上结果为最大值的点，如图11-22所示。

（3）单击"最小值"按钮 ▣，显示零件模型上结果为最小值的点，如图11-23所示。

图11-22　显示最大值　　　　　　　　图11-23　显示最小值

（4）单击"调整位移显示"按钮 ▣ 调整后×1 ▾，从下拉列表中可以选择不同的变形样式，其中，变形样式为"调整后×1"和"调整后×5"时的零件模型显示如图11-24所示。

3. 编辑颜色栏

颜色栏显示了轮廓颜色与方案中计算得出的应力值或位移之间的对应关系，用户可以编辑颜色栏以设置彩色轮廓，从而使应力/位移按照用户的理解方式来显示。

a)　　　　　　　　　　　　b)

图11-24　调整位移显示

a) 调整后×1　b) 调整后×5

单击"应力分析"选项卡"显示"面板上的"颜色栏"按钮 ▣，打开图11-25所示"颜色栏设置"对话框，并显示默认的颜色设置。对话框的左侧显示了最小值/最大值。

图 11-25 "颜色栏设置"对话框

下面说明"颜色栏设置"对话框中部分选项的作用。

- 最大值：显示计算的最大阈值。取消选中"最大值"可以启用手动阈值设置。
- 最小值：显示计算的最小阈值。取消选中"最小值"可以启用手动阈值设置。
- ➕ 增加颜色：增加颜色的数量。
- ➖ 减少颜色：减少颜色的数量。
- ▤ 颜色：以某个范围的颜色显示应力等高线。
- ▤ 灰度：以灰度显示应力等高线。

11.4.3 分析报告

对零件运行分析之后，用户可以生成分析报告，分析报告提供了分析环境和结果的书面记录。本节介绍如何生成分析报告、解释报告以及保存和分发报告。

1. 生成和保存报告

对零件运行应力分析之后，用户可以保存该分析的详细信息，供日后参考。使用"报告"命令可以将所有的分析条件和结果保存为 HTML 格式的文件，以便查看和存储。生成报告的操作步骤如下。

（1）设置并运行零件分析。

（2）对当前零件进行缩放和设置视图方向，以显示分析结果的最佳图示。此处所选视图就是在报告中使用的视图。

（3）单击"应力分析"选项卡"报告"面板上的"报告"按钮 📑，打开图 11-26 所示的"报告"对话框，采用默认设置，单击"确定"按钮，创建当前分析报告。

（4）完成后将显示一个 IE 浏览器窗口，其中包含该报告。使用 IE 浏览器"文件"菜单中的"另存为"命令保存报告，供日后参考。

2. 解释报告

报告由概要、简介、场景和附录组成。

（1）概要部分包含用于分析的文件、分析条件和分析结果的概述。

（2）简介部分说明了报告的内容，以及如何使用这些内容来解释分析。

（3）场景部分给出了有关各种分析条件的详细信息：几何图形和网格，包含网格相关性、节点数量和元素数量的说明；材料数据部分包含密度、强度等的说明；载荷条件和约束方案，包含载荷和约束定义、约束反作用力。

图 11-26 "报告"对话框

（4）附录部分包含场景图形部分带有标签的图形，这些图形显示了不同结果集的轮廓。例如，等效应力、最大主应力、最小主应力、变形和安全系数；材料特性部分用于分析的材料的特性和应力极限。

11.4.4　动画制作

使用动画结果工具可以在各种阶段的变形中使零件可视化，还可以制作不同频率下应力、安全系数及变形的动画。因此，使得仿真结果能够形象直观地表达出来。

用户可以单击"结果"面板上的"动画结果"按钮 来启动动画工具，打开图 11-27 所示的"结果动画制作"对话框，可以通过"播放""暂停""停止"按钮来控制动画的播放；可以通过"记录"按钮将动画以 AVI 格式保存成文件。

图 11-27　"结果动画制作"对话框

在"速度"下拉列表框中，可以选择动画播放的速度，例如，可以选择播放速度为"正常""快""最快""慢"和"最慢"等，因此，可以根据具体的需要来调节动画播放速度的快慢，以便更加方便地观察结果。

11.5　综合实例——支架应力分析

本实例对图 11-28 所示的支架进行应力分析。

（1）打开文件。单击"快速入门"选项卡"启动"面板中的"打开"按钮，打开"打开"对话框，选择"支架"零件，单击"打开"按钮，打开支架零件文件，如图 11-28 所示。

（2）单击"环境"选项卡"开始"面板中的"应力分析"按钮，进入应力分析环境。

（3）单击"应力分析"选项卡"管理"面板中的"创建方案"按钮，打开"创建新方案"对话框，采用默认设置，如图 11-29 所示，单击"确定"按钮。

图 11-28　支架

图 11-29　"创建新方案"对话框

（4）单击"应力分析"选项卡"设置"面板中的"应力分析设置"按钮，打开"应力分析设置"对话框，选择"静态分析"默认类型，其他采用默认设置，如图 11-30 所示，单击"确定"按钮。

图 11-30　"应力分析设置"对话框

（5）单击"应力分析"选项卡"材料"面板中的"指定"按钮，打开"指定材料"对话框，如图 11-31 所示。单击"材料"按钮，打开"材料浏览器"对话框，选择不锈钢材料，将其添加到文档，如图 11-32 所示，关闭"材料浏览器"对话框，返回到"指定材料"对话框，支架材料为"不锈钢"，单击"确定"按钮。

图 11-31　"指定材料"对话框

图 11-32 "材料浏览器"对话框

（6）单击"应力分析"选项卡"约束"面板中的"固定"按钮 ，打开"固定约束"对话框，如图 11-33 所示。选择图 11-34 所示的面为固定面，单击"确定"按钮，

图 11-33 "固定约束"对话框

固定面

图 11-34 选择固定面

（7）单击"应力分析"选项卡"载荷"面板中的"力"按钮 ，打开"力"对话框，输入力大小为"1000N"，如图 11-35 所示，选择图 11-36 所示的面为受力面，单击 按钮，展开对话框，选中"使用矢量分量"复选框，输入 Fx 分量为"-1000N"，如图 11-37 所示，单击"确定"按钮，受力状态如图 11-38 所示。

图 11-35 "力"对话框

图 11-36 选择受力面

图 11-37 输入力分量

图 11-38 受力状态

（8）单击"应力分析"选项卡"网格"面板中的"查看网格"按钮，观察支架网格，如图 11-39 所示。

图 11-39 支架网格

（9）单击"应力分析"选项卡"求解"面板中的"分析"按钮，打开"分析"对话框，如图 11-40 所示。单击"运行"按钮，进行应力分析，分析结果如图 11-41 所示。

图 11-40 "分析"对话框

图 11-41 应力分析

第12章 运动仿真

知识导引

在产品设计完成之后，往往需要对其进行仿真以验证设计的正确性。本章主要介绍 Inventor 运动仿真功能的使用方法，以及将 Inventor 模型和仿真结果输出到 CEA 软件中进行仿真的方法。

12.1 Inventor 2018 的运动仿真模块概述

运动仿真包含广泛的功能并且适应多种工作流。在了解了运动仿真的主要形式和功能后，就可以开始探究其他功能，然后根据特定需求来使用运动仿真。

Inventor 作为一种辅助设计软件，能够帮助设计人员快速创建产品的三维模型，以及快速生成二维工程图等。但是 Inventor 的功能如果仅限于此，则远远没有发挥它的价值。当前，辅助设计软件往往都能够和 CAE/CAM 软件结合使用，在最大程度上发挥这些软件的优势，从而提高工作效率，缩短产品开发周期，提高产品设计的质量和水平，为企业创造更大的效益。CAE（计算机辅助工程）是指利用计算机对工程和产品性能与安全可靠性进行分析，以模拟其工作状态和运行行为，以便及时发现设计中的缺陷，同时达到设计的最优化目标。

用户可以使用运动仿真功能来仿真和分析装配在各种载荷条件下运动的运动特征，还可以将任何运动状态下的载荷条件输出到应力分析。在应力分析中，可以从结构的观点来查看零件如何响应装配在运动范围内任意点的动态载荷。

12.1.1 进入运动仿真环境

打开一个部件文件后，单击"环境"选项卡"开始"面板中"运动仿真"按钮，打开图 12-1 所示的"运动仿真"对话框，单击"否"按钮，进入运动仿真界面，如图 12-2 所示。

进入运动仿真环境后，可以看到操作界面主要由 ViewCube（绘图区右上部）、快速访问工具栏（上部）、功能区、浏览器和状态栏以及绘图区域构成。

运动仿真浏览器介绍如下。

（1）"固定"文件夹：此文件夹下显示的是没有自由度的零部件。

（2）"移动组"文件夹：此文件夹下的每个移动组都指定了特定的颜色。右击此文件夹，在弹出的快捷菜单中选择"所有零部件使用同一颜色"选项可观察零部件所在的移动组。

图 12-1 "运动仿真"对话框

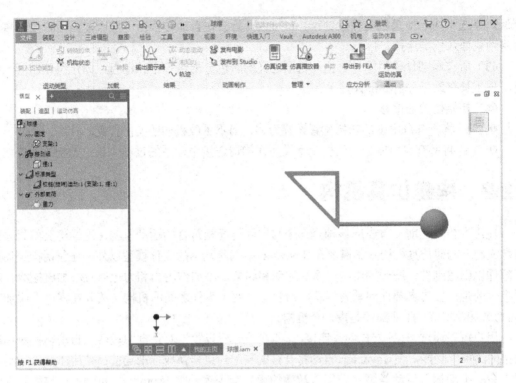

图 12-2 "运动仿真"界面

（3）"标准类型"文件夹：当进入运动仿真环境时，自由约束转换创建的运动类型。

（4）"外部载荷"文件夹：创建或定义的载荷显示在此文件夹中。

12.1.2 运动仿真设置

在任何部件中，任何一个零部件都不是自由运动的，需要受到一定的运动约束限制，运动约束限定了零部件之间的连接方式和运动规则。通过使用 AIP 2012 版或更高版本创建的装配部件进入运动仿真环境时，如果未取消选择"分析设置"对话框中的"自动转换对标准联接的约束"，Inventor 将通过转换全局装配运动中包含的约束来自动创建所需的最少连接。同时，软件将自动删除多余约束。此功能在确定螺母、螺栓、垫圈和其他紧固件的自由度是否影响机构的移动时尤其好用，事实上，在仿真过程中这些紧固件通常是锁定的。添加约束时，此功能将立即更新受影响的连接。

单击"运动仿真"选项卡"管理"面板上的"分析设置"按钮，打开"运动仿真设置"对话框，如图 12-3 所示。

（1）自动将约束转换为标准联接：选中此复选框，将激活自动运动仿真转换器，这会将装配约束转换为标准连接。如果选中了该选项，就不能再选择手动插入标准连接，也不能再选择一次一个连接的"转换约束"。选中或取消此功能都会删除机构中的所有现有连接。

（2）当机械装置被过约束时发出警告：此复选

图 12-3 "运动仿真设置"对话框

框默认是选中的。如果机构被过约束，Inventor 将会在自动转换所有配合前向用户发出警告并将约束插入标准连接。

（3）所有零部件使用同一颜色：将预定义的颜色分配给各个移动组，固定组使用同一颜色。该工具有助于分析零部件关系。

（4）初始位置的偏移。

● 🔲：将所有自由度的初始位置设置为 0，而不更改机构的实际位置。

● 🔲：将所有自由度的初始位置重设为在构造连接坐标系的过程中指定的初始位置。

12.2　构建仿真机构

在进行仿真之前，首先应该构建一个与实际情况相符合的运动机构，这样仿真结果才是有意义的。构建仿真机构除了需要在 Inventor 中创建基本的实体模型以外，还包括指定焊接零部件以创建刚性、统一的结构，添加运动和约束，添加作用力和力矩以及添加碰撞等。需要指出的是，要仿真部件的动态运动，需要定义两个零件之间的机构连接并在零件上添加加力（内力或/和外力）。此处部件是指一个机构。

用户可以通过 3 种方式创建连接：即在"分析设置"对话框中激活"自动转换对标准联接的约束"功能，使 Inventor 自动将合格的装配约束转换成标准连接；使用"插入运动类型"命令手动插入运动类型；使用"转换约束"命令手动将 Autodesk Inventor 装配约束转换成标准连接（每次只能转换一个连接）。

注意：

当自动转换对标准联接的约束功能处于激活状态时，不能使用"插入运动类型"或"转换约束"命令来手动插入标准连接。

12.2.1　插入运动类型

插入运动类型是指完全手动添加约束方法。使用"插入运动类型"命令可以添加标准、滚动、滑动、二维接触和力连接。前面已经介绍了对于标准连接，可选择自动地或一次一个连接地将装配约束转换成连接。而对于其他所有的连接类型，插入运动类型是添加连接的唯一方式。

在机构中插入运动类型的典型工作流程如下。

（1）确定所需连接的类型。考虑所具有的与所需的自由度数量和类型，还要考虑力和接触。

（2）如果已经在两个零部件的其中一个上定义了坐标系所需的任何几何图元，就需要返回装配模式下"部件和零件"环境，添加所需图元。

（3）单击"运动仿真"选项卡"运动类型"面板上的"插入运动类型"按钮 🔲，打开图 12-4 所示"插入运动类型"对话框。

"插入运动类型"对话框顶部的"连接类型"下拉列表框中列出了各种可用的连接，而其底部则提供了与选定连接类型相应的选择工具按钮。默认情况下指定的选项为"空间自由运动"，空间自由运动动画将连续循环播放。也可单击"连接类型"下拉列表框右侧的显示连接类型工具按钮 🔲，打开"运动类型表"对话框，如图 12-5 所示，该对话框显示了每个连接类别和特定连接类型的视觉表达。单击图标来选择连接类型，选择连接类型后，可用的选项将立即根据连接类型变化。

图12-4 "插入运动类型"对话框

图12-5 "运动类型表"对话框

对于所有连接（三维接触除外），"先拾取零件"工具按钮 可以在选择几何图元前选择连接零部件，这使得选择图元（点、线或面）更加容易。

（4）从"连接类型"下拉列表框或"运动类型表"对话框中选择所需连接类型。

（5）选择定义连接所需的其他任何选项。

（6）为两个零部件定义连接坐标系。

（7）单击"确定"或"应用"按钮，这两个操作均可以添加连接，而单击"确定"按钮还将关闭此对话框。

为了在创建约束时能够恰如其分地使用各种连接，下面详细介绍插入运动类型的几种类型。

1. 插入标准连接

"连接类型"选择标准连接类型添加至机构时，要考虑在两个零部件和两个连接坐标系的相对运动之间所需的自由度。插入运动类型时，将两个连接坐标系分别置于两个零部件上。应用连接时，将定位两个零部件，以便使它们的坐标系能够完全重合。然后，再根据连接类型，在两个坐标系之间进而在两个零部件之间创建自由度。

标准连接类型包括旋转、平移、柱面运动、球面运动、平面运动、球面圆槽运动、线-面运动、点-面运动、空间自由运动和焊接等。用户可以根据零件的特点以及零部件间的运动形式选择相应的标准连接类型。

如果要编辑插入运动类型，可以在浏览器中选择"标准连接"项下刚刚添加的连接，右击打开快捷菜单选择"编辑"选项，打开"修改连接"对话框，进行标准连接的修改。

2. 插入滚动连接

创建一个部件并添加一个或多个标准连接后，还可以在两个零部件（这两个零部件之间有一个或多个自由度）之间插入其他（滚动、滑动、二维接触和力）连接。但是必须手动插入这些连接；前面已经介绍过这点与标准连接不同，滚动、滑动、二维接触和力等连接无法通过约束转换自动创建。

滚动连接可以封闭运动回路，并且除锥面连接外，可以用于彼此之间存在二维相对运动的零部件。因此，在包含滚动连接的两个零部件的机构中，必须至少有一个标准连接。滚动连接应用永久接触约束。滚动连接可以有两种不同的行为，具体取决于在连接创建期间所选的选项：

- "滚动"选项仅能确保齿轮的耦合转动。
- "滚动和相切"选项可以确保两个齿轮之间的相切以及齿轮的耦合转动。

打开零部件的运动仿真模式，单击"运动仿真"选项卡"运动类型"面板上的"插入运动类型"按钮，打开图 12-4 所示"插入运动类型"对话框；在"连接类型"下拉列表框或"运动类型表"对话框中，选择"传动连接"，打开图 12-6 所示对话框，打开传动连接的"运动类型表"对话框如图 12-7 所示，选择需要的连接类型；然后根据具体的连接类型和零部件的运动特点，按照系统对插入运动类型的指示为零部件插入滚动连接。

图 12-6　"插入运动类型"对话框 1

图 12-7　传动连接的"运动类型表"对话框

3．插入二维接触连接

二维接触连接和三维接触连接（力）同属于非永久连接，其他均属于永久连接。插入二维接触连接的操作如下。

（1）打开零部件的运动仿真模式，单击"运动仿真"选项卡"运动类型"面板上的"插入运动类型"按钮，打开图 12-6 所示的"插入运动类型"对话框。

（2）在"连接类型"下拉列表框或"运动类型表"对话框中，选择"2D Contact"，打开图 12-8 所示的对话框，选择相应的连接类型或者打开二维接触连接的"运动类型表"对话框（图 12-9）后选择确认。

插入二维接触连接的时候需要选择零部件上的两个回路，这两个回路一般在同一平面上。

图 12-8 "插入运动类型"对话框 2

图 12-9 二维接触连接的"运动类型表"对话框

（3）创建连接后，需要将特性添加到二维接触连接。在浏览器上选择刚刚添加的接触连接下的二维接触连接，右击打开快捷菜单，如图 12-10 所示，选择"特性"选项。打开相应的二维接触特性对话框，从中可以选择要显示的是作用力还是反作用力，以及要显示的力的类型（法向力、切向力或合力）。如果需要，可以对法向力、切向力和合力矢量进行缩放和/或着色，使查看更加容易。

4．插入滑动连接

滑动连接与滚动连接类似，可以封闭运动回路，并且可以在具有二维相对运动的零部件之间工作。连接坐标系将会被定位在接触点，连接运动处于由矢量 $Z1$（法线）和 $X1$（切线）定义的平面中。接触平面由矢量 $Z1$ 和 $Y1$ 定义。这些连接应用永久接触约束，且没有切向载荷。

滑动连接包括平面圆柱运动、圆柱-圆柱外滚动、圆柱-圆柱内滚动、凸轮-滚子运动、圆槽滚子运动等连接类型。其操作步骤与滚动连接类似，为节省篇幅，这里不再赘述。

5．插入力连接

前面已经介绍，力连接（三维接触连接）和二维接触连接一样都为非永久性接触，而且可以使用三维接触连接模拟非永久穿透接触。力连接主要使用弹簧/阻尼器/千斤顶连接对作用/反作用力进行仿真。其具体操作与以上介绍的其他插入运动类型大致相同。下面简单介绍剪刀的三维接触连接的插入，需要为部件添加一个弹簧。

线性弹簧力就是弹簧的张力与其伸长或者缩短的长度成正比的力，且力的方向与弹簧的轴线方向一致。

两个接触零部件之间除了外力的作用之外，当它们发生相对运动的时候，零部件的接触面之间会存在一定的阻力，这个阻力的添加也是通过力连接来完成的。如剪刀的上下刃的相对旋转接触面间就存在阻力，要添加这个阻力，首先在"连接类型"下拉列表框或"运动类型表"对话框中，选择"力连接"中的"3D Contact"选项，如图 12-11 所示，选择需要添加的零部件即可。

图 12-10　改变二维接触连接特性

图 12-11　3D Contact "插入运动类型" 对话框

要定义接触集合需要选择"运动仿真"浏览器中的"力铰链"目录，选择接触集合并右击，选择快捷菜单上的"特性"选项，则打开如图 12-11 所示的 3D Contact "插入运动类型" 对话框。和弹簧连接类似，可以定义接触集合的刚度、阻尼、摩擦力和零件的接触点，然后单击"确定"按钮添加接触力。

6. 定义重力

重力是外力的一种特殊情况，是地球引力所产生的力，作用于整个机构。其设置步骤如下。

（1）在运动仿真浏览器中的"外部载荷"/"重力"上右击，从显示的快捷菜单中，选择"定义重力"选项，打开图 12-12 所示的"重力"对话框。

（2）在图形窗口中选择要定义重力的图元，该图元必须属于固定组。

（3）在选定的图元上会显示一个黄色箭头，如图 12-13 所示。单击"方向"按钮，可以更改重力箭头的方向。

图 12-12　"重力"对话框

图 12-13　重力方向

（4）如果需要，在"值"文本框中输入要为重力设置的值。

（5）单击"确定"按钮，完成重力设置。

12.2.2 添加力和转矩

力或者转矩都施加在零部件上，并且力或者转矩都不会限制运动，也就是说它们不会影响模型的自由度。但是力或者转矩能够对运动造成影响，如减缓运动速度或者改变运动方向等。作用力直接作用在物体上从而使其能够运动，包括单作用力和单作用力矩、作用力和反作用力（转矩）。单作用力（转矩）作用在刚体的某一个点上。

注意：
软件不会计算任何反作用力（转矩）。

要添加单作用力，可以按如下步骤操作。

（1）单击"运动仿真"选项卡"加载"面板上的"力"按钮，打开"力"对话框，如图 12-14 所示。如果要添加转矩，则单击"运动仿真"选项卡"加载"面板上的"转矩"按钮，打开"转矩"对话框，如图 12-15 所示。

图 12-14 "力"对话框

图 12-15 "转矩"对话框

- "固定载荷方向"：单击此按钮，以固定力或转矩在部件的绝对坐标系中的方向。
- "关联载荷方向"：单击此按钮，将力或转矩的方向与包含力或转矩的分量关联起来。

（2）单击"位置"按钮，然后在图形窗口中的分量上选择力或转矩的应用点。

注意：
当力的应用点位于一条线或面上无法捕捉的时候，可以返回部件环境，绘制一个点，再回到运动仿真环境就可以在选定位置插入力或转矩的应用点了。

（3）单击"位置"按钮，在图形窗口中选择第二个点。选定的两个点可以定义力或转矩矢量的方向，其中，以选定的第一个点作为基点，选定的第二个点处的箭头作为提示。用户可以单击"方向"按钮以将力或转矩矢量的方向反向。

（4）在"大小"下拉列表框中，可以定义力或转矩大小的值。可以输入常数值，也可以输入在仿真过程中变化的值。单击下拉列表框右侧的箭头打开数据类型菜单。从数据类型菜单中，可以选择"常量"或"输入图示器"，如图 12-16 所示。

如果选择"输入图示器"选项，打开"大小"对话框，如图 12-17 所示。单击"大小"对话框中显示的图标，然后使用输入提示器定义一个在仿真过程中变化的值。

图 12-16 "力"对话框

图 12-17 "大小"对话框

对话框中图形的垂直轴表示力或转矩载荷，水平轴表示时间，力或转矩绘制由红线表示。双击一时间位置可以添加一个新的基准点，如图 12-18 所示。光标拖动蓝色的基准点可以输入力或转矩的大小，精确输入力或转矩时可以使用"起始点"和"结束点"选项组来定义，X 输入时间点，Y 输入力或转矩的大小。

图 12-18 添加基准点以及输入力大小

为使力或转矩矢量显示在图形窗口中，单击"显示"按钮以使力或转矩矢量可见。

如果需要，可以更改力或转矩矢量的比例，从而使所有的矢量可见，该参数默认值为 0.01。

如果要更改力或转矩矢量的颜色，单击颜色框，打开"颜色"对话框，然后为力或转矩矢量选择颜色。

（5）单击"确定"按钮，完成单作用力的添加。

12.2.3 添加未知力

在运动仿真中，有时为了能让机构停在一个指定位置，需要外加一个力，而这个平衡的力很难确定，这时就可以借助于添加未知力来计算所需力的大小。使用未知力来计算机构在指定的一组位置保持静态平衡时所需的力、转矩或千斤顶，在计算时需要考虑所有外部影响，包括重力、弹力、外力或约束条件等，而且机构只能有一个迁移度。下面简单介绍未知力的添加步骤：

图 12-19 "未知力"对话框

（1）单击"运动仿真"选项卡"结果"面板上的"未知力"按钮，打开图 12-19 所示"未知力"对话框。

（2）选择适当的力类型："力""转矩"或"千斤顶"。

1）选择"力"或"转矩"选项。

① 单击"位置"按钮，在图形窗口中单击零件上一个点。

② 单击"方向"按钮，在图形窗口中单击第二个连接零部件上的可用图元，通过确定在图形窗口中绘制的矢量的方向来指定力或转矩的方向。选择可用的图元，如线性边、圆柱面或草图直线，图形窗口中会显示一个黄色矢量来表明力或转矩的方向。在图形窗口中确定矢量的方向，可以改变矢量方向并使其在整个计算期间保持不变。

③ 必要的话单击"方向"按钮，将力或转矩的方向（也就是黄色矢量的方向）反向。

④ 单击"固定载荷方向"按钮，可以锁定力或转矩的方向。

⑤ 此外，如果要将方向与有应用点的零件相关联，单击"关联载荷方向"按钮，使其可以移动。

2）选择千斤顶选项。

① 单击"位置一"按钮，在图形窗口中单击某个零件上的可用图元。

② 单击"位置二"按钮，在图形窗口中单击某个零件上的可用图元，以选择第二个应用点并指定力矢量的方向。直线"P1-P2"定义了千斤顶上未知力的方向。

③ 图形窗口中会显示一个代表力的黄色矢量。

（3）在"运动"选项组的下拉列表中，选择机构的一个连接。

（4）如果选定的连接有两个或两个以上自由度，则在"自由度"下拉列表框中选择受驱动的那个自由度。"初始位置"文本框将显示选定自由度的初始位置。

（5）在"最终位置"文本框中输入所需的最终位置。

（6）"步长数"文本框可调整中间位置数，默认是 100 个步长。

（7）"更多"选项按钮显示图形窗口中与力、转矩或千斤顶矢量相关的参数。

1）单击"显示"按钮以在图形窗口中显示矢量并启用"比例"和"颜色"选项。

2）要缩放力、转矩或千斤顶矢量，以便在图形窗口中看到整个矢量，可以在"比例"文本框中输入系数。系数默认值为 0.01。

3）如果要选择矢量在图形窗口中的颜色，可单击颜色框打开 Windows 的"颜色"对话框。

（8）单击"确定"按钮，输出图示器将自动打开，并在"未知力"目录下显示变量 fr'?' 或 mm'?'（针对搜索的力或转矩）。

12.2.4　动态零件运动

前面已经为要进行运动仿真的零部件插入了运动类型，建立了运动约束以及添加了相应的力和转矩。在运行仿真前要对机构进行一定的核查，以防止在仿真过程中出现不必要的错误。使用动态运动功能可以通过鼠标为运动部件添加驱动力，驱动实体来测试机构的运动。可以利用鼠标左键选择运动部件，拖动此部件使其运动，查看运动情况是否与设计初衷相同，以及是否存在一些约束连接上的错误。单击选择运动部件上的点，即拖动时施力的着力点，拖动时力的方向由零部件上的选择点和每一瞬间的光标位置之间的直线决定。系统会根据这两点之间的距离计算力的大小，距离越大施加的力也越大。力在图形窗口中显示为一个黑色矢量，鼠标的操作产生了使实体移动的外力。这时对机构运动有影响的不只是添加的鼠标驱动力，系统会将所有定义的动态作用，如弹簧、连接、接触等考虑在内。动态运动功能是一种连续的仿真模式，但是它只是执行计算而不保存计算，而且对于运动仿真没有时间结束的限制，这是它与仿真播放器进行的运动仿真的主要不同之处。

图 12-20　"零件运动"对话框

下面简单介绍动态"零件运动"对话框和操作步骤。

（1）单击"运动仿真"选项卡"结果"面板上的"动态运动"按钮，打开图 12-20 所示的"零件运动"对话框。此时可以看到机构在已添加的力和约束下会运动。

（2）单击"暂停"按钮 ，可以停止由已经定义的动态参数产生的任何运动。单击"暂停"按钮 后，"开始"按钮 将代替"暂停"按钮。单击"开始"按钮 后，将启动使用鼠标施加力后产生的运动。

（3）在运动部件上，选择驱动力的着力点，同时按住鼠标左键并移动鼠标对部件施加驱动力。对零件施加的外力与零件上的点到鼠标光标位置之间的距离成正比，拖动方向为施加的力的方向。零件将根据此力移动，但只会以物理环境允许的方式移动。在移动过程中，参数项中"应用的力"显示框 将显示鼠标仿真力的大小，该字段的值会随着鼠标的每次移动而发生更改。而且只能通过在图形窗口中移动鼠标来更改此选项的值。

当鼠标驱动力需要鼠标有很大位移才能驱动运动部件（或鼠标移动很小距离便产生很大的力）的时候，可以更改参数项中"放大鼠标移动的系数" 0.010 文本框中的值，这将增大或减小应用于零件上的点到光标位置之间距离与力的比例。比例系数增大的时候，很小的鼠标位移可以产生很大的力；比例系数变小的时候，则相反。默认情况下，此因子值为 0.01。

当需要限制驱动力大小的时候，可以选择更改参数项中"最大力" ▭ 100.000 N 文本框中应用的力的最大值。当设定最大值后，无论力的应用点到鼠标光标之间的距离多大，所施加的力最大只能为设定值。默认力的最大值为 100 N。

下面介绍"零件运动"对话框中的其他几个按钮。

（1）"抑制驱动条件"按钮 ▣：默认情况下，强制运动在动态零件运动模式下不处于激活状态。此外，如果此连接上的强制运动受到了抑制，单击"解除抑制驱动条件"按钮 ▣，可以使此强制运动影响此零件的动作。

（2）阻尼类型：阻尼的大小对于机构的运动起到的影响不可小视，Inventor 2018 的"零件运动"提供了以下 4 种可添加给机构的阻尼类型。

● 在计算时将机械装置阻尼考虑在内 ▣。
● 在计算时忽略阻尼 ▥。
● 在计算时考虑弱阻尼 ▥。
● 在计算时考虑强阻尼 ▱。

（3）"将此位置记录为初始位置"按钮 ▣：有时为了仿真的需要，要保存图形窗口中的位置作为机构的初始位置。此时必须先停止仿真，单击"将此位置记录为初始位置"按钮 ▣，然后，系统会退出仿真模式返回构造模式，使机构位于新的初始位置。此功能对于找出机构的平衡位置非常有用。

（4）"重新启动仿真"按钮 ◀：当需要使机构回到仿真开始时的位置并重新启动计算时，可以单击"重新启动仿真"按钮 ◀。此时会保留先前使用的选项，如阻尼等。

（5）"退出零件运动"按钮 ✕：在完成了"零件运动"模拟后，单击"退出零件运动" ✕ 按钮，可以返回构造环境。

12.3　仿真及结果的输出

在给模型添加了必要的连接，指定了运动约束，并添加了与实际情况相符合的力、力矩以及运动后，就构建了正确的仿真机构，此时可以进行机构的仿真以观察机构的运动情况，并输出各种形式的仿真结果。下面按照进行仿真的一般步骤对仿真过程以及结果的分析做简要介绍。

12.3.1　运动仿真设置

在进行仿真之前，熟悉仿真的环境设置以及如何更改环境设置，对正确而有效地进行仿真是很有帮助的。打开一个部件的运动仿真模式后，"仿真播放器"对话框将自动开启，如图 12-21 所示，下面简单介绍"仿真播放器"对话框的使用。

图 12-21　"仿真播放器"对话框

1. 工具栏

单击按钮 ▶ 开始运行仿真；单击按钮 ■ 停止仿真；单

击按钮 使仿真返回到构造模式，可以从中修改模型；单击按钮 回放仿真；单击按钮 直接移动到仿真结束；单击按钮 可以在仿真过程中取消激活屏幕刷新，仿真将运行，但是没有图形表达；单击按钮 循环播放仿真直到单击"停止"按钮。

2. 最终时间

最终时间决定了仿真过程持续的时间，默认为 1 s，仿真开始的时间永远为零。

3. 图像

"图像"选项显示仿真过程中要保存的图像数（帧），其数值大小与"最终时间"是有关系的。默认情况下，当"最终时间"为默认的 1.000 s 时，图像数为 100，最多为 500 000 个图像。更改"最终时间"的值时，"图像"选项中的值也将自动更改以使其与新"最终时间"的比例保持不变。

帧的数目决定了仿真输出结果的表现细腻程度，帧的数目越多，则仿真的输出动画播放越平缓。相反如果机构运动较快，但是帧的数目又较少的话，则仿真的输出动画就会出现快速播放甚至跳跃的情况。这样就不容易仔细观察仿真的结果及其运动细节。

> **注意：**
> 这里的帧的数目是帧的总数目而非每秒的帧数。另外，不要混淆机构运动速度和帧的播放速度的概念，前者和机构中部件的运动速度有关，后者是仿真结果的播放速度，主要取决于计算机的硬件性能。计算机硬件性能越好，则能够达到的播放速度就越快，也就是说每秒能够播放的帧数就越多。

4. 过滤器

过滤器可以控制帧显示步幅。例如，如果过滤器为 1，则每隔 1 帧显示 1 个图像；如果为 5，则每隔 5 帧显示 1 个图像。只有仿真模式处于激活状态且未运行仿真时，才能使用该选项。默认为 1 个图像。

5. 模拟时间、百分比和计算实际时间

"模拟时间"值显示机械装置运动的持续时间；"百分比"显示仿真完成的百分比；"计算实际时间"值显示运行仿真实际所花的时间。

12.3.2 运行仿真

当仿真环境设置完毕以后，就可以进行仿真了。可参照上一节介绍的"仿真播放器"对话框，控制仿真过程。需要注意的是，通过拖动滑动条的滑块位置，可以将仿真结果动画拖动到任何一帧处停止，以便观察指定时间和位置处的仿真结果。运行仿真的一般步骤如下。

（1）设置好仿真的参数。

（2）打开"仿真播放器"对话框，可以单击按钮 开始运行仿真。

（3）仿真结束后，产生仿真结果。

（4）同时可以利用播放控制按钮来回播放仿真动画。可以改变仿真方式，同时观察仿真过程中的时间和帧数。

12.3.3 仿真结果输出

在完成了仿真之后，可以将仿真结果以各种形式输出，以便仿真结果的观察。

注意：
只有当仿真全部完成之后才可以输出仿真结果。

1. 输出仿真结果为 AVI 文件

如果要将仿真的动画保存为视频文件，以便在任何时候和地点方便地观看仿真过程，可以使用运动仿真的发布电影功能。具体的步骤如下。

（1）单击"运动仿真"选项卡"动画制作"面板中的"发布电影"按钮，打开"发布电影"对话框，如图 12-22 所示。

（2）通过"浏览"按钮可以选择 AVI 文件的保存路径和文件名。选择完毕后单击"保存"按钮，则打开"视频压缩"对话框，如图 12-23 所示。"视频压缩"对话框可以指定要使用的视频压缩编解码器，默认的视频压缩编解码器是"Microsoft video 1"。可以使用"压缩质量"选项中的指示栏来更改压缩质量，一般均采用默认设置。设置完毕后单击"确定"按钮。

图 12-22 "发布电影"对话框

图 12-23 "视频压缩"对话框

（3）单击按钮▶开始或重放仿真。

（4）仿真结束时，再次单击"发布电影"按钮以停止记录。

2. 输出图示器

输出图示器可以用来分析仿真。在仿真过程中和仿真完成后，将显示仿真中所有输入和输出变量的图形和数值。"输出图示器"窗口包含工具栏、浏览器、时间步长窗格和图形区域。

单击"运动仿真"选项卡"结果"面板上的"输出图示器"按钮，打开如图 12-24 所示的"输出图示器"窗口。

图 12-24 "输出图示器"窗口

多次单击"输出图示器"按钮，可以打开多个"输出图示器"窗口。

注意:

与动态零件运动参数、输入图示器参数类似，在"参数"对话框中输出图示器参数不可用。

输出图示器中的变量含义见表 12-1。

表 12-1 变量含义

变 量	含 义	特 性
p	位置	
v	速度	
a	加速度	
U	关节动力	
Ukin	驱动力	
fr	力	
mm	力矩（转矩）	
frc	接触力	
status_ct	接触状态	对于无接触的情况，状态为 0，对于永久接触，状态为 1。当状态为 0.5 时，则表示存在碰撞后回弹
roll_ct	滑动状态	对于沿连接坐标系 X 轴的滑动，状态为 0；对于沿连接坐标系-X 轴的滑动，状态为 -1；而对于滚动（但是无滑动），状态为 1
frs	弹簧力	>0 的 frs 为牵引，<0 的 frs 为压缩
ls	弹簧长度	
vs	弹簧应变率	弹簧连接点的相对线速度
frl	滚动连接力和滑动连接力	
mml	滚动连接转矩和滑动连接转矩	
pen_max	三维接触连接的最大穿透	
nb_cp	三维接触连接施加的最大力	

(续)

变 量	含 义	特 性
*frcp*_max	三维接触连接施加的最大力	
*frcp*1	三维接触连接对第一个零件施加的力	力作用在第一个零件上的 3 个分量以绝对框架表示
*mmcp*1	三维接触连接对第一个零件施加的力矩	对于第二个零件,第一个零件上的力(或力矩)的结果将显示在零件坐标系中
*frcp*2	三维接触连接对第二个零件施加的力	
*mmcp*2	三维接触连接对第二个零件施加的力矩	
*p*_ptr	跟踪位置	
*v*_ptr	跟踪速度	
*a*_ptr	跟踪加速度	
*fr*_ptr	外部载荷力	
*mm*_ptr	外部载荷力矩	
fr '?'	未知力	
mm '?'	未知力矩	
internal_step	两个图像之间内部计算的值	
hyperstatic	冗余的值	
shock	接触连接的两个零部件之间接触状态的值	

可以使用输出图示器进行以下操作。

(1)显示任何仿真变量的图形。

(2)对一个或多个仿真变量应用"快速傅里叶变换"。

(3)保存仿真变量。

(4)将当前变量与上次仿真时保存的变量相比较。

(5)使用仿真变量从计算中导出变量。

(6)准备 FEA 的仿真结果。

(7)将仿真结果发送到 Excel 和文本文件中。

下面简要介绍"输出图示器"窗口中的部分工具按钮。

● "清除"按钮 ：清除输出图示器中的所有仿真结果。

● "全部不选"按钮 ：用以取消所有变量的选择。

● "自动缩放"按钮 ：自动缩放图形区域中显示的曲线,以便可以看到整条曲线。

● "将数据导出到 Excel"工具按钮 ：将图形区域中当前显示结果输出到 Microsoft Excel 表格中。

其余几个按钮,如打开、保存、打印等几个工具和 Windows 窗口中的使用方法相同,这里不再赘述。

3.将结果导出到 FEA

FEA(Finite Element Analysis,即有限元分析)分析方法在固体力学领域、机械工程、土木工程、航空结构、热传导、电磁场、流体力学、流体动力学、地质力学、原子工程和生物医学工程等各个具有连续介质和场的领域中获得了越来越广泛的应用。

有限元法的基本思想就是把一个连续体人为地分割成有限个单元,即把一个结构看成是由若干通过结点相连的单元组成的整体。先进行单元分析,再把这些单元组合起来代表原来的结构。这种先化整为零、再积零为整的方法就称为有限元法。

从数学的角度来看，有限元法是将一个偏微分方程化成一个代数方程组，利用计算机求解。有限元法是采用矩阵算法，借助计算机这个工具可以快速地算出结果。在运动仿真中可以将仿真过程中得到的力的信息按照一定的格式输出为其他有限元分析软件（如 SAP、NASTRAN、ANSYS 等）所兼容的文件。这样就可以借助这些有限元分析软件的强大功能来进一步分析所得到的仿真数据。

注意：
在运动仿真中，要求零部件的力必须均匀分布在某个几何形状上，这样导出的数据才可以被其他有限元分析软件所利用。如果某个力作用在空间的一个三维点上，那么该力将无法被计算。运动仿真能够很好地支持求解零部件支撑面（或者边线）上的受力，包括作用力和反作用力。

可以在创建约束、力（力矩）、运动等元素的时候选择承载力的表面或者边线，也可以在将仿真数据结果导出到 FEA 的时候再选择。这些表面或者边线只需要定义一次，在以后的仿真或者数据导出中它们都会发挥作用。

注意：
在将仿真结果导出到 FEA 时，一次只能够导出某一个时刻的仿真结果数据，也就是说某一个时刻的仿真数据构成单独的一个文件，有限元软件只能够分析这一个时刻的数据。虽然运动仿真也能够将某一个时间段的数据一起导出，但是也是导出到不同的文件中，与分别导出这些文件的结果没有任何区别，只是导出的效率提高了。

简要说明一下导出到 FEA 的操作步骤。

（1）选择要输出到有限元分析（FEA）的零件。

（2）根据"分析设置"对话框中的设置，可以将必要的数据与相应的零件文件相关联，以使用 Inventor 应力分析进行分析，或者将数据写入文本文件中以进行 ANSYS 模拟。

（3）进行 Inventor 分析的时候，单击"运动仿真"选项卡"应力分析"面板上的"导出到 FEA"按钮，打开图 12-25 所示"导出到 FEA"对话框。

图 12-25　"导出到 FEA"对话框

（4）在图形窗口中，单击要进行分析的零件，作为 FEA 分析零件。

用户也可以选择多个零件。要取消选择某个零件，可在按住〈Ctrl〉键的同时单击该零件。按照系统提示选择完零件和承载面后选择"确定"按钮。

12.4　综合实例——球摆运动仿真

对图 12-26 所示的球摆进行运动仿真。

操作步骤

（1）打开文件。单击"快速入门"选项卡"启动"面板中的"打开"按钮 📁，打开"打开"对话框，选择"球摆"装配文件，单击"打开"按钮，打开球摆装配体文件，如图12-26所示。

（2）单击"环境"选项卡"开始"面板中的"运动仿真"按钮 〰，进入运动仿真环境。打开"仿真播放器"对话框，如图12-27所示。

图12-26 球摆

图12-27 "仿真播放器"对话框

（3）在运动仿真浏览器中选择外部载荷下的重力，单击鼠标右键，在弹出的快捷菜单中选择"定义重力"选项，如图12-28所示。打开"重力"对话框，选择"矢量分量"单选项，输入 g[X]分量为"100mm/s^2"，如图12-29所示，单击"确定"按钮，显示的重力如图12-30所示。

图12-28 快捷菜单

图12-29 "重力"对话框

图12-30 显示重力

（4）在"仿真播放器"对话框中输入最终时间为"100 s"，单击"运行"按钮 ▶，进行运动仿真，如图 12-31 所示。

图 12-31　运动仿真